普通高等教育"十一五"国家级规划教材

中国石油和化学工业优秀教材奖一等奖

化学反应工程

第三版

郭　锴　唐小恒　周绪美　编

冯元鼎　主审

化学工业出版社

·北京·

本书在第二版基础上作了部分修改，更正了上一版中的错误和不妥之处，部分章后增加了深入讨论和一些习题。

全书包括绪论和九章，系统介绍了均相单一反应动力学和理想反应器、复合反应与反应器选型、非理想流动反应器、气固相催化反应本征动力学、气固相催化反应宏观动力学、气固相催化反应固定床反应器、气固相催化反应流化床反应器、气液相反应过程与反应器、反应器的热稳定性和参数灵敏性等内容。章后附有本章小结和习题，并在书后附有习题答案，以方便读者自学。

本书是根据本科教学大纲编写的化学反应工程学简明教材，可作为高校化学工程与工艺专业本科教材（50～60学时）。除去部分章节后，亦可作为大专教学之用。本书简明扼要、通俗易懂的特点为从事化学工程与工艺的工程技术人员或非本专业的本科、研究生作学习参考提供了方便，并可供准备参加注册化工工程师考试的化工专业设计人员备考之用。

图书在版编目（CIP）数据

化学反应工程/郭锴，唐小恒，周绪美编. —3版. —北京：化学工业出版社，2017.7 （2025.3重印）
普通高等教育"十一五"国家级规划教材 中国石油和化学工业优秀教材奖一等奖
ISBN 978-7-122-29798-3

Ⅰ.①化… Ⅱ.①郭… ②唐… ③周… Ⅲ.①化学反应工程-高等学校-教材 Ⅳ.①TQ03

中国版本图书馆 CIP 数据核字（2017）第 120784 号

责任编辑：赵玉清　　　　　　　　　　　　　文字编辑：周　偁
责任校对：边　涛　　　　　　　　　　　　　装帧设计：关　飞

出版发行：化学工业出版社（北京市东城区青年湖南街 13 号　邮政编码 100011）
印　　装：河北延风印务有限公司
787mm×1092mm　1/16　印张 15½　字数 346 千字　2025 年 3 月北京第 3 版第 12 次印刷

购书咨询：010-64518888　　　　　　　　售后服务：010-64518899
网　　址：http://www.cip.com.cn
凡购买本书，如有缺损质量问题，本社销售中心负责调换。

定　　价：35.00 元

前　言

　　《化学反应工程》第二版已经出版近十年。这些年来，经多个高校使用，师生给出了不少有益的建议，发现了不少问题，有必要作再次的修订。

　　化学反应工程是一门工程技术学科，涉及许多概念和公式，在多年的教学实践中一直被认为是比较困难的一门课。整个知识体系中看似不相关的章节也有一定的连贯性。而且，与它的前端课程如物理化学、化工原理等有比较密切的联系，也需要比较扎实的数学基础。

　　本次修订注意到这些问题，改正了上一版中已经发现的错误，增加了部分习题。这部分习题可能对加深对本学科的认识有益。统一了部分章节的符号，以解决连贯性问题。

　　课程的学习，其意义不仅在于课程本身。书上讲述的具体内容在工作中遇到很少，这并不意味着学这些没用。具体的公式，如果不做工程设计的话的确用处不大，因为这类工程问题的计算方法往往不止一个。各个教材彼此相互冲突也是有的。一个化学反应的动力学方程有几十个亦是常有的事。但是，对于工程、科学问题的处理方法却是一致的，这种一致性不是一门课程可以表达清楚的。学生学习了几门化工类课程后可能会发现处理一类问题大体的思想方法是相同的。了解了这一点，对于课堂上没有学习过的问题也知道应该怎样处理。学习这门课程不要把主要精力放在背公式上，而是要知道要处理的问题到底是"怎么回事儿"。

　　本次修订由郭锴完成。希望本次修订对本领域的学生、教师、工程技术人员有所帮助，特别是能对准备参加注册化工工程师执业资格考试的考生尽些微薄之力。

郭锴

2017 年 4 月

第一版前言

本书是根据教育部面向 21 世纪化学工程与工艺专业的教学计划要求，由北京化工大学、北京联合大学两校合作，按照授课学时数为 50～60 学时而编写化学反应工程课程教材，其目的是为了适应教学改革中关于"厚基础、宽专业"及课时数减少的需要。

本书是在两所学校近 18 年来反应工程教学实践的基础上，吸取了十几位教师教学经验，并借鉴国内外相关教材的特色编写而成的。本书在编写上力求达到以下特点：①基本概念准确、清晰，基本原理分析透彻，基本方法能学以致用，以此达到简明、基础的特色；②例题、习题全面且有代表性，以帮助读者对化学反应工程内容的理解和消化吸收；③每章后附有知识小结，以突出各章的重点和难点，从而方便读者的复习或自学。本书篇幅明显较其他同类书籍小，这是由本书简明基础的特色决定的。篇幅减小并不意味着教学内容的压缩或删减，而是摒除了一部分与教学大纲联系不十分紧密的内容。学生需扩大视野或希望了解更多、更深的有关化学反应工程知识，可参阅相关文献或书籍。本书可供高等院校化学工程、化工工艺等专业本科及专科学生作为教材使用，同时也可作为化工类相关专业学生及相关技术人员的参考资料。

全书由周绪美编写第 1、2、3 章并负责统稿，郭锴编写第 4、8、9 章，唐小恒编写第 5、6、7 章，冯元鼎教授指导了全书的编写工作，并对本书进行了审阅。

本书的编写得到北京化工大学化新教材建设基金的资助，此外，郭奋、陈建铭、陶凤云等同志对本书的编写也给予了支持和帮助，在此一并表示衷心的感谢。

由于编者水平有限，书中错误和疏漏之处，恳请读者批评指正。

编者
1999 年 12 月

第二版前言

《化学反应工程》第一版于 2000 年由化学工业出版社出版发行，至今已经印刷 7 次，印数达到 27000 册，受到广大师生、读者的欢迎。也正是由于读者的厚爱，使本书的第二版进入了普通高等教育"十一五"国家级规划教材的行列。

一本教材，最大的读者群是学生。教材的编写，要从学生的角度出发，用心体验学生对问题的理解能力。一本好的教材，要求编写者逐字逐句地斟酌，避免歧义，并将重要的概念，无可置疑地表述清楚。许多时候，教师认为不成问题的地方恰恰是学生学习的障碍。教材上少写一句话，学生就要多用几个小时去揣摩，因此本教材在编写中尽量避免这种情况发生。

本修订版的特色是：

（1）基本概念力求清晰、突出基础、淡化专业，着重讲解解决问题的思想方法；

（2）突出课程的重点和难点，删除一些与教学大纲联系不十分密切的和重复的内容；

（3）由于教学手段的进步，多媒体课件的引入，使得教学进度有所提高。在课时不变的情况下可以介绍更多的内容。为此，增加了流化床反应器一章；

（4）增加习题与答案，便于学生练习。

（5）提供全书教学用多媒体课件素材，可以在化学工业出版社教学资源网：www.cipedu.com.cn 下载。

本次修订，由郭锴、唐小恒进行。郭锴编写流化床反应器一章，周绪美、冯元鼎统览全书，郭奋、李建伟对本教材的修订提出了很好的建议，钱智、马丽丽、沈淑玲、赵光磊、付景坤、曹会博、张魁等对书稿进行了认真的校对。

教材编写过程中难免有错误疏漏之处，恳请广大师生和读者批评指正。需要本书中各章习题解答的老师可以联系：guok@mail.buct.edu.cn。

郭锴

2007 年 11 月

目　　录

3　非理想流动反应器 / 072

4　气固相催化反应本征动力学 / 099

5　气固相催化反应宏观动力学 / 130

6　气固相催化反应固定床反应器 / 157

7　气固相催化反应流化床反应器 / 181

8　气液相反应过程与反应器 / 197

9 反应器的热稳定性和参数灵敏性 / 218

0

绪　论

化学反应工程学是一门研究涉及化学反应的工程问题的学科。对于已经在实验室中实现的化学反应，如何将其在工业规模上实现是化学反应工程学的主要任务。为了实现这一目标，化学反应工程学不仅研究化学反应速率与反应条件之间的关系，即化学反应动力学，而且着重研究传递过程对宏观化学反应速率的影响，研究不同类型反应器的特点及其与化学反应结果之间的关系。

化学工业产品繁杂，生产工艺千差万别，但都存在一个共同点"原料借助化学反应获得产品"。以石油化工为例，可以直接用于化工原料和内燃机燃料的成分，大约只占原油的30%，其余的重组分需要经过裂解反应才能成为化工生产的原料。任何化工生产，从原料到产品都可以概括为原料的预处理、化学反应过程和产物的后处理这三个组成部分，而化学反应过程是整个化工生产的核心。

工业规模的化学反应较之实验室规模要复杂得多，在实验室规模上影响不大的质量和热量传递因素，在工业规模上可能起着主导作用。在工业反应器中既有化学过程，又有物理过程。化学过程与物理过程相互影响，相互渗透，有可能导致工业反应器内的反应结果与实验室获得的结果大相径庭。

工业反应器中对反应结果产生影响的主要物理过程是：①由物料的不均匀混合和停留时间不同引起的传质过程；②由化学反应的热效应产生的传热过程；③多相催化反应中在催化剂微孔内的扩散与传热过程。这些物理过程与化学反应过程同时发生。

从本质上说，物理过程不会改变化学反应过程的动力学规律，即化学反应速率与温度浓度之间的关系并不因为物理过程的存在而发生变化。但是流体流动、传质、传热过程会影响实际反应场所的温度和参与反应的各组分浓度在时间、空间上的分布，最终影响到反应的结果。

从学科角度讲，化学反应规律属化学学科，物理过程规律属工程学科。化学反应工程学是这两个学科的汇合，它研究化学过程和物理过程相结合而产生出的新的、有趣的现象，并从这些现象中引申出化学反应工程学理论。这些理论将指导工业反应过程的开发，即选择适宜的反应器结构、型式、操作方式和工艺条件。

化学反应工程学与其它相关学科有着密切的联系，如下列所述。

反应动力学研究反应速率与浓度、温度、压力以及催化剂之间的定量关系。为了实现某一反应过程，要选定合适的反应器型式、结构、尺寸及操作条件等，这些都紧紧依赖于对反应动力学特性的认识。

化工传递过程研究流体的流动及混合与分离、热量的传递。它涉及化学反应器设计的核心：浓度、温度分布与宏观反应结果的关系。为了解决反应器的设计和放大及化学反应与分离耦合问题，必须认真研究反应装置中动量、质量、热量传递的情况。"三传"和反应动力学一起，构成了反应工程学的核心。

化工热力学研究反应过程的可能性和限度，如计算平衡常数和平衡组成等。同时确定物系的各种物性常数，如热容、反应热等，以及高温高压等特殊条件下的 $p\text{-}V\text{-}T$ 关系。

催化剂工程学主要研究固体催化剂颗粒中的传热、反应物及产物在催化剂微孔中的扩散、活性组分在催化剂中的分布、催化剂制备与使用条件对其结构性能的影响、催化剂的活化和再生等。

20 世纪 30 年代，德国科学家坦克莱（Damköhler）研究了传质过程对化学反应的影响；40 年代，豪根（Hougen）和瓦森（Watson）系统阐述了催化反应动力学。在 1957 年举行的第一次欧洲反应工程会议上确立了"化学反应工程"这一学科的名称，以后逐步形成了今日的化学反应工程学体系。

化学反应工程学主要包括以下几方面的内容。

（1）化学反应动力学特性的研究

无论任何反应，动力学规律并不因物理过程的存在而发生变化。研究反应机制及动力学特性是反应工程学的主要任务之一，其中尤其重要的是动力学方程的获得，它是反应器设计、分析的基础。

（2）流动、传递过程对反应的影响

流体在反应器内的流动、传热和传质会影响实际反应场所温度、浓度在时间、空间上的分布，从而影响反应的最终结果。只有定量地描述这种影响，才能对反应过程进行分析，才能进行反应器设计和放大。

（3）反应器设计计算、过程分析及最佳化

将反应动力学特性和反应器中流动、传递特征结合起来，建立数学模型，利用计算机进行模拟计算，得到过程数据，以便对反应器进行优化设计和过程优化控制。

化学反应工程学涉及的化工产品种类繁多，每一产品都有各自的反应过程及相应的反应装置。化学反应和反应器的分类方法很多，常按下列四种方法进行分类。

（1）按反应系统涉及的相态分类，分为：①均相反应，包括气相均相反应和液相均相反应；②非均相反应，包括气-固相、气-液相、液-固相、气-液-固相反应。

（2）按操作方式分类，分为：①间歇操作，是指一批物料投入反应器后，经过一定时间的反应再取出的操作方式；②连续操作，指反应物料连续地通过反应器的操作方式；③半连续操作，指反应器中的物料，有一些是分批地加入或取出，而另一些则是连续流动通过反应器。

（3）按反应器型式来分类，分为：①管式反应器，一般长径比大于 30；②槽式反应器，一般高径比为 1～3；③塔式反应器，一般高径比在 3～30 之间。

（4）按传热条件分类，分为：①等温反应器，整个反应器维持恒温操作；

②绝热反应器，反应器与外界没有热量交换，全部反应热效应使反应物系升温或降温；③非等温非绝热反应器，与外界有热量交换，但不等温。

化学反应工程的基本研究方法是数学模型法。数学模型法是对复杂的、难以用数学全面描述的客观实体，人为地做某些假定，设想出一个简化模型，并通过对简化模型的数学求解，达到利用简单数学方程描述复杂物理过程的目的。其主要步骤为：

（1）建立简化物理模型

对复杂客观实体，在深入了解基础上，设想一个物理过程（模型）代替实际过程来描述实体的某一方面的特性。模型必须具有等效性，而且要与被描述的实体的那一方面的特性相近；模型必须进行合理简化，简化模型既要反映客观实体，又要便于数学求解和使用。

（2）建立数学模型

依照物理模型和相关的已知原理，写出描述物理模型的数学方程及其初始和边界条件。

（3）用模型方程的解讨论客体的特性规律

具体到利用数学模型解决化学反应工程问题，基本步骤为：①小试研究化学反应规律；②运用大型冷模实验研究传递过程规律；③利用计算机或其他手段综合反应规律和传递规律，预测大型反应器性能；④热模实验检验数学模型的等效性，寻找优化条件。

这些步骤，对过程进行了分解研究，研究反应过程内部规律性，并使过程简化，大大提高了开发速度和效率。这一方法是化学反应工程学采用的主要研究方法。本书中将采用此方法研究问题。

学习化学反应工程学，要掌握它处理问题的思想方法。化学反应工程学与其他学科一样，涉及的内容很多，教材不可能逐一介绍，这就需要利用教材教授的方法结合已有的知识来解决教材中未曾涉及的问题。

1

均相单一反应动力学和理想反应器

1.1 基本概念

1.1.1 化学反应式与化学反应计量方程

化学反应式

反应物经化学反应生成产物的过程用定量关系式予以描述时，该定量关系式称为化学反应式：

$$aA+bB+\cdots\longrightarrow rR+sS+\cdots \qquad (1.1\text{-}1)$$

式中，A、B⋯为反应物；R、S⋯为生成物，即产物；a、b⋯r、s⋯为参与反应的各组分的分子数，恒大于零，称为计量系数。

式(1.1-1)表示 a 摩尔 A 组分与 b 摩尔 B 组分等经化学反应后将生成 r 摩尔 R 组分与 s 摩尔 S 组分等。箭头表示了反应进行的方向，如果箭头为双向，则表示反应为可逆反应，即反应也可以向相反的方向进行。

化学反应计量式（化学反应计量方程）

$$aA+bB+\cdots = rR+sS+\cdots \qquad (1.1\text{-}2)$$

式(1.1-2)是一个方程式，允许按方程式的运算规则进行运算，如将各项移至等号的同一侧。

$$(-a)A+(-b)B+rR+sS+\cdots = 0$$

写成普遍形式：

$$\alpha_A A+\alpha_B B+\alpha_R R+\alpha_S S=\sum\alpha_I I = 0$$

式中，α_I 为 I 组分的计量系数。

习惯上，如果 I 组分是反应物，α_I 为负值，如果 I 组分是产物，α_I 为正值。因此，化学反应计量式中的计量系数与化学反应式中的计量系数之间有以下关系：若是产物，二者相等；若是反应物，二者数值相等，符号相反。

化学反应计量式只表示参与化学反应的各组分之间的计量关系，与反应历程及反应可以进行的程度无关。化学反应计量式不得含有除 1 以外的任何公因子。具体写法依习惯而定，$2SO_2+O_2 = 2SO_3$ 与 $SO_2+1/2O_2 = SO_3$ 均被认可，但通常将关键组分写在第一位，而且使其计量系数为 1，即 $\alpha = -\alpha_A = 1$。

1.1.2 反应程度

引入"反应程度"（反应进度）来描述反应进行的深度。

对于任一化学反应

$$(-a)A + (-b)B + rR + sS = 0$$

定义

$$\xi = \frac{n_I - n_{I0}}{\alpha_I} \tag{1.1-3}$$

称为反应程度。

式中，n_I 为体系中参与反应的任意组分 I 的物质的量；α_I 为其计量系数；n_{I0} 为起始时刻组分 I 的物质的量。

对于反应物，$n_I < n_{I0}$，$\alpha_I < 0$；对反应产物 $n_I > n_{I0}$，$\alpha_I > 0$，并且由化学反应的计量关系决定，各组分生成或消耗的量与其计量系数的比值均相同，即

$$\frac{n_A - n_{A0}}{\alpha_A} = \frac{n_B - n_{B0}}{\alpha_B} = \frac{n_R - n_{R0}}{\alpha_R} = \frac{n_S - n_{S0}}{\alpha_S}$$

因此，该量 ξ 可以作为化学反应进行程度的度量。ξ 恒为正值，具有广度性质，因次为 [mol]。

反应进行到某时刻，体系中各组分的物质的量与反应程度的关系为：

$$n_I = n_{I0} + \alpha_I \xi \tag{1.1-4}$$

1.1.3 转化率

目前普遍使用关键组分 A 的转化率来描述一个化学反应进行的程度，其定义为：

$$x_A = \frac{\text{反应消失了的 A 组分量}}{\text{A 组分的起始量}} = \frac{n_{A0} - n_A}{n_{A0}} \tag{1.1-5}$$

组分 A 的选取原则为：A 必须是反应物，它在原料中的量按照化学计量方程计算应当可以完全反应掉（与化学平衡无关），即转化率的最大值应当可以达到 100%。如果体系中有多于一个组分满足上述要求，则选取重点关注的、经济价值相对高的组分定义转化率。

转化率的定义，亦与起始状态有关。对反应物连续流动通过串联的反应器序列，在定义以第一个反应器入口为起始状态的总转化率的同时，也可以定义以其中某一反应器入口为起始状态的该反应器的分段转化率。对反应物有循环的复杂体系，可以定义以新鲜原料为基准的全程转化率以及原料一次通过反应器的单程转化率。

转化率与反应程度的关系，将式（1.1-4）与式（1.1-5）结合起来，可以得到：

$$x_A = \frac{-\alpha_A}{n_{A0}} \xi \tag{1.1-6}$$

亦可得到任意组分在某一时刻的物质的量

$$n_{\mathrm{I}}=n_{\mathrm{I0}}+\frac{\alpha_{\mathrm{I}}}{(-\alpha_{\mathrm{A}})}n_{\mathrm{A0}}x_{\mathrm{A}} \tag{1.1-7}$$

对 A 组分本身，将上式中的 I 用 A 代替，可得：

$$n_{\mathrm{A}}=n_{\mathrm{A0}}(1-x_{\mathrm{A}}) \tag{1.1-8}$$

1.1.4 化学反应速率

反应速率定义为单位反应体系内反应程度随时间的变化率。对不同反应过程可以取不同的单位反应体系。如，气液反应可以取单位气液相界面积，气固相催化反应可以取单位催化剂质量等。对于均相反应过程，单位反应体系是指单位反应体积。

$$r=\frac{1}{V}\frac{\mathrm{d}\xi}{\mathrm{d}t} \tag{1.1-9}$$

式(1.1-9)为化学反应速率的严格定义。在一个均匀的反应体系中，任意瞬时只有一个反应速率，就是由式(1.1-9)表示的反应速率。

由于反应程度 ξ 是描述反应进行程度的、对所有参与反应的组分为同一值的物理量，所以由单位时间单位反应体积中该量的变化所定义的反应速率，也就成为度量所有参与反应的组分变化速率的统一物理量。以反应程度定义的反应速率虽然严格，但不够直观。习惯上使用以反应体系中各个组分的生成或消耗速率来表示的反应速率。

对于反应 $5A+4B\Longrightarrow3C+2D$，参与反应的任意组分 I 的生成速率为：

$$r_{\mathrm{I}}=\frac{1}{V}\frac{\mathrm{d}n_{\mathrm{I}}}{\mathrm{d}t}$$

与以反应程度定义的反应速率 r 之间的关系为：

$$r=\frac{1}{V}\frac{\mathrm{d}\xi}{\mathrm{d}t}=\frac{1}{\alpha_{\mathrm{I}}}\frac{1}{V}\frac{\mathrm{d}n_{\mathrm{I}}}{\mathrm{d}t}=\frac{r_{\mathrm{I}}}{\alpha_{\mathrm{I}}}$$

在参与反应的所有组分中，无论是反应物还是反应产物，其反应速率 r_{I} 总是以该组分的生成速率来定义的。

在上述反应中，A 组分是反应物，它的量在反应体系中随着反应的进行不断减少，$\dfrac{\mathrm{d}n_{\mathrm{A}}}{\mathrm{d}t}$ 为负值，A 的生成速率亦为负值：

$$r_{\mathrm{A}}=\frac{1}{V}\frac{\mathrm{d}n_{\mathrm{A}}}{\mathrm{d}t}<0$$

为计算方便，计算时对反应物使用其消耗速率，对反应产物使用其生成速率，二者皆为正值。A 的消耗速率：

$$-r_{\mathrm{A}}=-\frac{1}{V}\frac{\mathrm{d}n_{\mathrm{A}}}{\mathrm{d}t} \tag{1.1-10}$$

运算中，将 $-r_{\mathrm{A}}$ 视为一个整体。意为反应物 A 的消耗速率，同时也是反应物 A 生成速率的负值。

同理：反应物 B 的消耗速率为：

$$-r_{\mathrm{B}}=-\frac{1}{V}\frac{\mathrm{d}n_{\mathrm{B}}}{\mathrm{d}t} \tag{1.1-11}$$

反应产物 C 的生成速率为：

$$r_C = \frac{1}{V}\frac{dn_C}{dt} \tag{1.1-12}$$

反应产物 D 的生成速率为:

$$r_D = \frac{1}{V}\frac{dn_D}{dt} \tag{1.1-13}$$

化学反应计量关系决定了

$$\frac{1}{5}(-r_A) = \frac{1}{4}(-r_B) = \frac{1}{3}r_C = \frac{1}{2}r_D$$

即

$$-r_A = \frac{5}{4}(-r_B) = \frac{5}{3}r_C = \frac{5}{2}r_D$$

值得指出的是,在复杂的反应体系中,有的组分在某个反应中是反应物,而在同时发生的另外反应中是产物。在这种情况下,反应速率写作 $-r_I$ 或 r_I 都是可以的,当然有 $(-r_I) = -(r_I)$。

不难推出,以反应程度定义的反应速率和某一反应组分的生成速率之间的关系 $r = \frac{r_I}{\alpha_I}$。由式(1.1-8) $n_A = n_{A0}(1-x_A)$,$dn_A = -n_{A0}dx_A$,代入式(1.1-10)后得:

$$-r_A = \frac{n_{A0}}{V}\frac{dx_A}{dt} \tag{1.1-14}$$

由式(1.1-10),对于恒容体系,即反应体积不随反应程度变化的体系,有:

$$-r_A = -\frac{1}{V}\frac{dn_A}{dt} = -\frac{d\left(\dfrac{n_A}{V}\right)}{dt} = -\frac{dc_A}{dt} \tag{1.1-15}$$

对变容体系:

$$-r_A = -\frac{1}{V}\frac{dn_A}{dt} = -\frac{1}{V}\frac{d(c_AV)}{dt} = -\frac{dc_A}{dt} - \frac{c_A}{V}\frac{dV}{dt} \tag{1.1-16}$$

恒容体系 $\dfrac{dV}{dt} = 0$,式(1.1-16) 还原成式(1.1-15)。

1.1.5　化学反应动力学方程

定量描述反应速率与影响反应速率诸因素之间的关系的表达式称为反应动力学方程。大量实验表明,均相反应的速率是反应物系组成、温度和压力的函数。对于气相反应,反应压力可以由反应物系的组成和温度通过状态方程来确定,不是独立变量。对于液相反应,由于液体的不可压缩性,液相体积与压力几乎无关,只要压力不是非常高,压力对反应速率没有影响。所以在一般计算中,通常只考虑反应物系组成和温度对反应速率的影响。

化学反应动力学方程有多种形式。对于均相反应,方程多数可以写为(或可以近似写为,至少在一定浓度范围之内可以写为)幂函数形式,反应速率与反应物浓度的某一方次呈正比。

对于体系中只进行一个不可逆反应且 $a=1$ 的过程,有:

$$aA + bB \longrightarrow rR + sS$$

$$r = -r_A = k_c c_A^m c_B^n \tag{1.1-17}$$

式中，k_c 为以浓度表示的反应速率常数，随反应级数的不同有不同的因次；c_A、c_B 为 A、B 组分的浓度，$mol \cdot m^{-3}$；m、n 为 A、B 组分的反应级数，$m+n$ 为此反应的总级数。

如果反应级数与反应组分的化学计量系数相同，即 $m=a$ 并且 $n=b$，此反应可能是基元反应。基元反应的总级数一般为 1 或 2，极个别有 3，没有大于 3 级的基元反应。对于非基元反应，m、n 多数为实验测得的经验值，可以是整数、小数、甚至是负数。

k_c 是温度的函数，在一般工业精度上，符合阿累尼乌斯关系：

$$k_c = k_{c0} e^{\frac{-E}{RT}} \tag{1.1-18}$$

式中，k_{c0} 为指前因子，又称频率因子，与温度无关，具有和反应速率常数相同的因次；E 为活化能，$J \cdot mol^{-1}$，从化学反应工程的角度看，活化能仅反映了反应速率对温度变化的敏感程度。

把化学反应定义式和化学反应动力学方程相结合，可以得到：

$$-r_A = -\frac{1}{V}\frac{dn_A}{dt} = kc_A^m c_B^n$$

值得注意的是，反应速率是依照物质的量变化定义的，但反应速率受体系中反应物浓度的影响。由化学反应造成的反应物浓度的变化当然会影响反应速率，然而在反应过程中通过某些物理方法，如膜分离、精馏等同样可以改变反应物浓度，进而对反应速率产生影响。这就提出了一种强化反应的可能性，即在反应发生的同时利用分离手段将产物或其它不参与反应但影响反应物浓度的组分从体系中分离出去以保持反应物的较高浓度水平，提高反应速率。

在等温条件下对上式直接积分，可获得化学反应动力学方程的积分形式。例如，对一级不可逆反应，恒容过程，有：

$$-r_A = -\frac{dc_A}{dt} = kc_A \qquad \text{（一级不可逆反应动力学方程的微分形式）}$$

$$kt = \ln\frac{c_{A0}}{c_A} = \ln\frac{1}{1-x_A} \qquad \text{（一级不可逆反应动力学方程的积分形式）}$$

由上式可以看出，对于一级不可逆反应，达到一定转化率所需的时间与反应物的初始浓度 c_{A0} 无关。

半衰期 定义反应转化率从 0 变为 50% 所需时间为该反应的半衰期。除一级不可逆反应外，反应的半衰期是初始浓度的函数。

在等温恒容条件下，常见的简单级数不可逆反应动力学积分式见表 1-1。

表 1-1　常见的简单级数不可逆反应动力学积分式

反应	速率方程	速率方程积分式
零级反应　A $\longrightarrow$ P	$-\dfrac{dc_A}{dt} = k$	$kt = c_{A0} - c_A = c_{A0}x_A$
一级反应　A $\longrightarrow$ P	$-\dfrac{dc_A}{dt} = kc_A$	$kt = \ln\dfrac{c_{A0}}{c_A} = \ln\dfrac{1}{1-x_A}$
二级反应　2A $\longrightarrow$ P 或 A+B $\longrightarrow$ P$(c_{A0}=c_{B0})$	$-\dfrac{dc_A}{dt} = kc_A^2$	$kt = \dfrac{1}{c_A} - \dfrac{1}{c_{A0}} = \dfrac{1}{c_{A0}}\left(\dfrac{x_A}{1-x_A}\right)$

反应	速率方程	速率方程积分式
二级反应　$A+B \longrightarrow P(c_{A0} \neq c_{B0})$	$-\dfrac{dc_A}{dt}=kc_A c_B$	$kt=\dfrac{1}{c_{B0}-c_{A0}}\ln\dfrac{c_B c_{A0}}{c_A c_{B0}}$ $=\dfrac{1}{c_{B0}-c_{A0}}\ln\left(\dfrac{1-x_B}{1-x_A}\right)$
n 级反应　$A \longrightarrow P$ $n \neq 1$	$-\dfrac{dc_A}{dt}=kc_A^n$	$kt=\dfrac{1}{n-1}(c_A^{1-n}-c_{A0}^{1-n})$ $=\dfrac{1}{c_{A0}^{n-1}(n-1)}[(1-x_A)^{1-n}-1]$

动力学方程的积分形式建立了在一个等温封闭体系中反应持续时间与反应组分浓度的一一对应关系；达到一定反应深度所需要的反应时间可以由积分形式的动力学方程直接计算。

1.2　建立动力学方程的方法

动力学方程表现的是化学反应速率与反应物温度、浓度之间的关系。而建立一个动力学方程，就是要通过实验数据回归出上述关系。

对于某些复杂的动力学关系，回归过程是相当繁杂的。首先对未知的化学反应要选择适当的模型骨架，然后在等温条件下由实验确定模型参数的数值，再改变温度确定模型参数与温度的关系。亦可通过正交试验设计，同时改变温度浓度，进行计算机多元非线性回归，完成模型识别和参数估值，得到动力学方程。

对于一些相对简单的动力学关系，如简单级数反应，在等温条件下，回归可以由简单计算手工进行。这种回归，可以由物料在间歇反应器中的浓度与时间的变化关系间接得到，称为积分法。也可以通过在一定温度浓度下求得化学反应速率，直接回归，称为微分法。然后再改变温度，求得反应的活化能和指前因子。

1.2.1　积分法

（1）首先根据对该反应的初步认识，先假设一个不可逆反应动力学方程，如 $(-r_A)=kf'(c_A)$，经过积分运算后得到 $f(c_A)=kt$ 的关系式。如第一节中积分得到的：

零级反应 $$c_{A0}-c_A=kt \tag{1.2-1}$$

一级反应 $$\ln\dfrac{c_{A0}}{c_A}=kt \tag{1.2-2}$$

二级反应 $$\dfrac{1}{c_A}-\dfrac{1}{c_{A0}}=kt \tag{1.2-3}$$

（2）将实验中得到的 t_i 下的 c_i 数据代 $f(c_i)$ 函数中，得到各 t_i 下的 $f(c_i)$ 数据。

（3）以时间 t 为横坐标，$f(c_i)$ 为纵坐标，将 t_i-$f(c_i)$ 数据标绘出来，如

图 1-1 所示。如果得到过原点的直线，则表明所假设的动力学方程是可取的（即假设的级数是正确的），其直线的斜率即为反应速率常数 k。否则重新假设另一动力学方程，再重复上述步骤，直到得到直线为止。如果简单级数反应都假设完（通常是 0 级、一级和二级反应）还得不到直线，说明这个反应不是整数级的简单级数反应，不宜用积分法进行动力学数据处理。

为了求取活化能 E，可再选若干温度，做同样的实验，得到各温度下的等温、恒容均相反应的实验数据，并据此求出相应的 k 值。

由于
$$k = k_0 e^{\frac{-E}{RT}}, \quad \ln k = \ln k_0 - \frac{E}{R}\left(\frac{1}{T}\right) \tag{1.2-4}$$

故以 $\ln k$ 对 $1/T$ 作图，将得到如图 1-2 所示的那样一条直线，其斜率即为 $-E/R$，可求得 E。可将 n 次实验所求得 k 和与之相对应的 $1/T$ 代入式(1.2-4)中求得 n 个 k_0 值，取平均值作为最后结果。

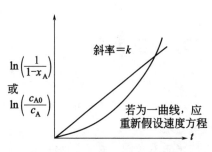

图 1-1 一级不可逆反应的 c-t 关系

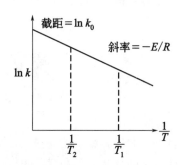

图 1-2 阿累尼乌斯式的标绘

例 1-1 等温条件下进行醋酸（A）和丁醇（B）的酯化反应：
$$CH_3COOH + C_4H_9OH \Longrightarrow CH_3COOC_4H_9 + H_2O$$
醋酸和丁醇的初始浓度分别为 $0.2332 \mathrm{kmol \cdot m^{-3}}$ 和 $1.16 \mathrm{kmol \cdot m^{-3}}$。测得不同时间下醋酸转化量如表例 1-1a 所示。

表例 1-1a　醋酸转化量随时间变化关系

t/h	0	1	2	3	4	5	6	7	8
醋酸转化量 $\times 10^2/(\mathrm{kmol \cdot m^{-3}})$	0	1.636	2.732	3.662	4.525	5.405	6.086	6.833	7.398

试求反应的速率方程。

解：由于题目中给的数据均是醋酸转化率较低时的数据，可以忽略逆反应的影响，而丁醇又大大过量，反应过程中丁醇浓度可视为不变。所以反应速率方程为：

$$(-r_A) = -\frac{dc_A}{dt} = k c_B^m c_A^n = k' c_A^n$$

以 0 级、1 级和 2 级反应积分上式，得

当 $n=0$ 时 $\qquad\qquad c_{A0} - c_A = k' t$

当 $n=1$ 时 $\qquad\qquad \ln\frac{c_{A0}}{c_A} = k' t$

当 $n=2$ 时 $\qquad\qquad \frac{1}{c_A} - \frac{1}{c_{A0}} = k' t$

将实验数据分别按 0 级、1 级和 2 级处理并得到 t-$f(c_A)$ 的关系，如表例 1-1b 和图例 1-1 所示。

表例 1-1b t-$f(c_A)$ 变化关系

t/h	c_A /(kmol·m^{-3})	$c_{A0}-c_A$ /(kmol·m^{-3})	$\ln\left(\dfrac{c_{A0}}{c_A}\right)$	$\left(\dfrac{1}{c_A}-\dfrac{1}{c_{A0}}\right)$ /(m^3·kmol^{-1})
0	0.2332	0	0	0
1	0.2168	0.01636	0.0727	0.3235
2	0.2059	0.02732	0.1246	0.5690
3	0.1966	0.03662	0.1708	0.7988
4	0.1879	0.04525	0.2157	1.0324
5	0.1792	0.05405	0.2637	1.2937
6	0.1723	0.06086	0.3024	1.5143
7	0.1649	0.06833	0.3467	1.7772
8	0.1592	0.07398	0.3816	1.9925

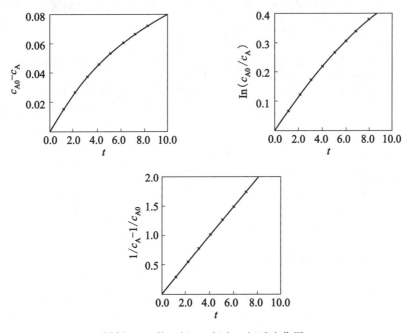

图例 1-1 按 0 级、1 级和 2 级反应作图

从图例 1-1 可知，以 $\dfrac{1}{c_A}-\dfrac{1}{c_{A0}}$ 对 t 作图为一直线，则说明 $n=2$ 是正确的，故该反应对醋酸为二级反应，从直线的斜率可以求得在此温度下包含丁醇浓度的 k' 值。而丁醇的反应级数 m 可以用保持醋酸浓度不变的方法求得，二者结合可以求得反应在此温度下的速率常数 k。

1.2.2 微分法

微分法是根据不同实验条件下在间歇反应器中测得的数据 c_A-t 直接进行处理得到动力学关系的方法。在等温下实验，得到反应器中不同时间反应物浓度的数据。将这组数据以时间 t 为横坐标，反应物浓度 c_A 为纵坐标直接作图。将图上的实验点连成光滑曲线（要求反映出动力学规律，而不必通过每一个点），用测量各点斜率的方法进行数值或图解微分，得到若干组不同 t 时刻的反应速率 $\left(-\dfrac{dc_A}{dt}\right)$ 数据。再将不可逆反应速率方程如 $-\dfrac{dc_A}{dt}=kc_A^n$ 线性化，两边取对数得：

$$\ln\left(-\frac{dc_A}{dt}\right)=\ln k+n\ln c_A \tag{1.2-5}$$

以 $\ln c_A$ 为横坐标，$\ln\left(-\dfrac{dc_A}{dt}\right)$ 为纵坐标将实验数据绘图，所得直线的斜率为反应级数 n，截距为 $\ln k$，以此求得 n 和 k 值。

速率仅是一个反应物浓度的函数时，采用上述方法是有效的。然而，用过量法也可以判定反应速率（$-r_A$）与其他反应物浓度的关系。如下反应：

$$A+B\longrightarrow P$$

相应的速率方程是

$$-r_A=kc_A^m c_B^n \tag{1.2-6}$$

式中的 k、m 和 n 都是未知的。首先让反应在 B 大大过量的情况下进行，反应过程中，c_B 基本上保持不变，则

$$-r_A=k'c_A^m \tag{1.2-7}$$

$$k'=kc_B^n\approx kc_{B0}^n \tag{1.2-8}$$

在确定 m 和 k' 后，让反应在 A 大大过量的情况下进行，这时速率方程可表示为：

$$-r_A=k''c_B^n \tag{1.2-9}$$

$$k''=kc_A^m\approx kc_{A0}^m \tag{1.2-10}$$

可以确定出 n 和 k''，结合 c_{A0} 和 c_{B0} 可以求得 k。

微分法的优点在于可以得到非整数的反应级数，缺点在于图上微分时可能出现的人为误差比较大。

1.2.3　最小方差分析法

（1）线性回归　当速率方程取决于多于二个组分浓度，也不能使用过量法的情况下，可使用线性回归法。有三个以上参数时，常用若干次测量数据来求取速率方程参数的最佳值。如下列动力学方程：

$$-r_A=kc_A^m c_B^n\cdots$$

两边取对数

$$\ln(-r_A)=\ln k+m\ln c_A+n\ln c_B+\cdots \tag{1.2-11}$$

设　　　　　$y=\ln(-r_A)$，$a_0=\ln k$，$x_1=\ln c_A$，$x_2=\ln c_B$，$\cdots$

则

$$y=a_0+mx_1+nx_2+\cdots \tag{1.2-12}$$

令

$$\Delta=\sum_{i=1}^{q}\left[(a_0+mx_1+nx_2+\cdots)_i-y_i\right]^2 \tag{1.2-13}$$

式中，q 为实验点个数。

调用计算机寻优程序，选取适当的 a_0、m、$n\cdots$ 使 Δ 最小。

（2）非线性回归　确定速率方程参数另一普遍的方法是直接搜寻这些参数值，使得测量反应速率和计算反应速率的方差和最小。如果进行 N 次实验，想

确定参数值（即 k_0、E、m、n 等），则方差值：

$$\sigma^2 = \sum_{i=1}^{N} \frac{(r_{ei} - r_{ci})^2}{N - K - 1} \qquad (1.2\text{-}14)$$

式中，N 为实验次数；K 为待定的参数个数；r_{ei} 为第 i 次实验中测得的反应速率；r_{ci} 为根据第 i 次实验的条件计算的反应速率。

调用计算机寻优程序，选取适当的 k_0、E、m、n 等使 σ^2 最小。

非线性回归的优点在于可以对任何形式的动力学式进行处理，尤其是无法进行线性化的形式，缺点是计算量比较大，对各动力学参数的初值选取要求较高，不同初值可能得出不同的结果。

1.3　化学反应器设计基础

反应器的开发大致有下述三个任务：①根据化学反应动力学特性来选择合适的反应器型式；②结合动力学和反应器两方面特性来确定操作方式和优化操作条件；③根据给定的产量对反应装置进行设计计算，确定反应器的几何尺寸并进行评价。

本章讨论均相理想反应器模型：间歇反应器、连续流动搅拌槽式反应器、活塞流反应器并进行各种理想反应器的设计分析。这些讨论是研究工业反应器的基础，不但对正确选择反应器的类型和操作方式有用，而且还可以帮助我们思考处理和解决以后各章要涉及的较复杂的化学反应工程问题。

1.3.1　反应器的分类

在工业上化学反应必然要在某种设备内进行，这种设备就是反应器。根据各种化学反应的不同特性，反应器的形式和操作方式有很大差异。在反应器的分类上也存在不同方法，这已经在绪论中有过介绍。

从本质上讲，反应器的形式并不会影响化学反应动力学特性，但是物料在不同类型的反应器中流动情况是不同的，物料在反应器中的流动必然会引起物料之间的混合。若相互混合的物料是在相同的时间进入反应器的，具有相同的反应深度，混合后的物料必然与混合前的物料完全相同。这种发生在停留时间相同的物料之间的均匀化过程，称之为简单混合。如果发生混合前的物料在反应器内停留时间不同，反应深度就不同，组成也不会相同。混合之后的物料组成与混合前必然不同，反应速率也会随之发生变化，这种发生在停留时间不同的物料之间的均匀化过程，称之为返混。存在返混现象时，反应器内物料的组成将受到返混的影响。尽管反应的动力学特性没有发生变化，但返混引起的物料组成变化影响了反应速率，进而影响了整个反应器内的反应情况。

因此，把物料在反应器内返混情况作为反应器分类的依据将能更好地反映出其本质上的差异。按返混情况及操作方式不同反应器被分为下述类型。

（1）间歇操作的充分搅拌槽式反应器（又称间歇反应器，BR）　在反应器中物料被充分混合，但由于间歇操作，所有物料均被视为同一时间进入，物料之间的混合过程属于简单混合，不存在返混。

（2）平推流反应器（又称理想置换反应器或活塞流反应器，PFR）　是一种连续操作的反应器。在反应器内物料允许作径向混合（属于简单混合），但不存在轴向混合（即无返混）。典型例子是物料在管内流速较快的管式反应器。

（3）连续操作的充分搅拌槽型反应器（又称全混流反应器，CSTR）　在这类反应器中进入的物料在瞬间与反应器内原有物料达到完美混合，物料的返混达最大值。

（4）非理想流动反应器　物料在这类反应器中存在一定的返混，其返混程度介于平推流反应器及全混流反应器之间。

第（1）、（2）、（3）类反应器被称为理想反应器，将是本章要详细讨论的内容。第（4）类为非理想流动反应器，在处理上比较复杂，要定量确定返混程度，然后结合反应过程的特性进行计算，这部分内容将放在第三章中予以讨论。

1.3.2　反应器设计的基础方程

反应器的工艺设计应包括两方面内容：一方面是在确定生产任务的条件下，即已知原料量、原料组成和对产品要求，通过设计计算，确定反应器的工艺尺寸，包括反应器直径、高度等；另一方面是反应器的校核计算，即对现有反应器（已知反应器大小），在确定产品达到一定质量要求的前提下，能否完成产量；或保持一定产量时，质量是否合格。

反应器设计计算所涉及的基础方程式就是动力学方程式、物料衡算方程式和热量衡算方程式。动力学方程式描述反应器内体系的温度、浓度（或压力）与反应速率的关系。这些内容在 1.1 节已阐述。在这里讨论的问题，是在此基础上建立物料衡算方程、热量衡算方程。

（1）物料衡算方程　物料衡算所针对的具体体系称为体积元。体积元有确定的边界，由这些边界围住的体积称为系统体积。在体积元中，物料温度、浓度必须是均匀的。在满足这个条件的前提下尽可能使体积元体积更大。在体积元中对关键组分 A 进行物料衡算，可写出下式：

$$
\begin{bmatrix} 单位时间进入 \\ 体积元的物料 \\ A量\ F_{in}\ [\mathrm{mol \cdot s^{-1}}] \end{bmatrix} - \begin{bmatrix} 单位时间排出 \\ 体积元的物料 \\ A量\ F_{out}\ [\mathrm{mol \cdot s^{-1}}] \end{bmatrix} -
$$

$$
\begin{bmatrix} 单位时间内体积 \\ 元中反应消失的 \\ 物料A量\ F_{r}\ [\mathrm{mol \cdot s^{-1}}] \end{bmatrix} = \begin{bmatrix} 单位时间内体积 \\ 元中物料 A 的积累 \\ 量\ F_{b}\ [\mathrm{mol \cdot s^{-1}}] \end{bmatrix} \qquad (1.3\text{-}1)
$$

用符号表示：

$$F_{in} - F_{out} - F_{r} = F_{b} \qquad (1.3\text{-}2)$$

更普遍地说，对于体积元内的任何物料，进入、排出、反应、积累量的代数和为 0。不同的反应器和操作方式，式(1.3-1)中某些项可能为 0。

（2）热量衡算方程　温度对化学反应速率有显著作用。为了正确应用式(1.3-2)，必须知道反应器内每一点的温度。而为了确定某一时间每一点温度和组成，必须将物料衡算方程与热量衡算方程结合处理。

对反应器中的体积元进行热量衡算，可写出下式：

$$\begin{bmatrix} 单位时间随物料 \\ 流入体积元的热 \\ 量\ Q_{in}\ [kJ \cdot s^{-1}] \end{bmatrix} - \begin{bmatrix} 单位时间随物料 \\ 流出体积元的热 \\ 量\ Q_{out}\ [kJ \cdot s^{-1}] \end{bmatrix} + \begin{bmatrix} 单位时间内体积 \\ 元与周围环境交换 \\ 的热量\ Q_u\ [kJ \cdot s^{-1}] \end{bmatrix} +$$

$$\begin{bmatrix} 单位时间内体积 \\ 元中化学反应的 \\ 热效应\ Q_r\ [kJ \cdot s^{-1}] \end{bmatrix} = \begin{bmatrix} 单位时间内体 \\ 积元中积累的 \\ 热量\ Q_b\ [kJ \cdot s^{-1}] \end{bmatrix} \tag{1.3-3}$$

用符号表示：

$$Q_{in} - Q_{out} + Q_u + Q_r = Q_b \tag{1.3-4}$$

式(1.3-3)不涉及化学反应做体积功的情况。热量衡算从体积元角度看，收到热量为正，散失热量为负。不同的反应器和操作方式，式(1.3-3)中某些项可能为0。

1.3.3　几个时间概念

在设计和分析反应器时，经常涉及反应时间、停留时间、空间时间和空间速度，现将这些概念阐述如下：

（1）反应持续时间 t_r　简称为反应时间，用于间歇反应器。指反应物料进行反应达到所要求的反应程度或转化率所需时间，其中不包括装料、卸料、升温、降温等非反应的辅助时间。

（2）停留时间 t 和平均停留时间 $\bar{t}$　停留时间用于连续流动反应器，指流体微元从反应器入口到出口经历的时间。在反应器中，由于流动状况的不同，物料微元体在反应器中的停留时间可能是各不相同的，存在一个分布，称为停留时间分布。各流体微元从反应器入口到出口所经历的平均时间称为平均停留时间，这些将在第三章中讨论。

（3）空间时间 τ　定义为反应器有效容积 V_R 与流体特征体积流率 V_0 之比值。即：

$$\tau = \frac{V_R}{V_0} \tag{1.3-5}$$

式中，V_0 为特征体积流率，是在反应器入口温度及入口压力下的体积流率。

空间时间是一个人为规定的参量，可以作为过程的自变量。用空间时间可以方便地表示连续流动反应器的基本设计方程。空间时间表示在进口条件下处理一个反应器体积的流体所需要的时间。如 $\tau = 1h$ 表示每小时可处理与反应器有效容积相等的物料量，反映了连续流动反应器的生产强度。空间时间不是停留时间，亦不是反应时间，只有当在反应过程中反应物流的体积不发生变化时，空间时间与停留时间或反应时间在数值上相等。

（4）空间速度 S_V　空速的定义比较繁杂。有空速和标准空速之分。空速的一般定义为在单位时间内投入单位有效反应器容积内的物料体积。即：

$$S_V = \frac{V_0}{V_R} \tag{1.3-6}$$

式中，V_0 为反应器入口条件下进口物流的体积流率。

标准空速定义为：

$$S_V = \frac{V_{NO}}{V_R} \qquad (1.3-7)$$

式中，V_{NO} 为进口流体在标准状态（液体为 298.15K，气体为 273.15K，0.1013MPa）下的体积流率。

标准空速通常用于比较设备生产能力的大小。对于液相反应，空速和标准空速几近相同，可以视为相应的空间时间的倒数；对于气相反应，温度和压强对物流的体积有比较大的影响，标准空速不能认为是相应的空间时间的倒数。对于气固相催化反应，空间速度的定义稍有不同，其定义为在单位时间内通过单位催化剂床层体积（或质量）的物料的进口或标准体积流率。

$$S_V = \frac{V_{NO}}{V_{cat}} \qquad (1.3-8)$$

$$S_V = \frac{V_{NO}}{W_{cat}} \qquad (1.3-9)$$

1.4 等温条件下理想反应器的设计分析

反应器设计计算所涉及的基础方程是反应的动力学方程、物料衡算方程、热量衡算方程的结合。对等温、恒压过程，一般只需动力学方程式结合物料衡算就足够了。这里，结合物料衡算与热量衡算讨论三种比较简单的理想反应器（间歇、平推流、全混釜）的计算。

1.4.1 间歇操作的充分搅拌槽式反应器

间歇操作的充分搅拌槽式反应器又称为间歇反应器，图 1-3 为常见的带有搅拌器的釜式反应器，通常设置有夹套或盘管以便加热或冷却釜内反应物料，控制反应温度。间歇操作是指反应物料一次性投入反应器内，在反应过程中不再向反应器内投料，也不向外排出，待反应达到要求的反应深度后，再全部放出反应物料。它的英文名称为 Batch Reactor，简称为 BR。充分混合是指反应器内的物料在机械搅拌的作用下参数（温度及浓度）各处均一。这种釜式反应器广泛用于液相反应，在液-固反应中亦有采用。通常用于产值高、批量小的产物如药品和精细化工产品等的生产。具有投资较小、转产灵活等优点。间歇操作的缺点是存在非反应时间（即每次投料、放料、清洗和物料加热或冷却等所需的时间），产物损失较大，人工及操作费用高等。

（1）间歇反应器特性 ①由于剧烈搅拌、混合，反应器内有效空间中各位置的物料温度、浓度都相同；②由于一次加料，一次出料，反应过程中没有加料、出料，所有物料在反应器中停留时间相同，不存在不同停留时间物料的混合，即无返混现象；③出料

图 1-3 间歇反应器示意图

搅拌器
进料口
夹套
出料口

组成与反应器内物料的最终组成相同；④为间歇操作，有辅助生产时间。一个完整的生产周期应包括反应时间、加料时间、出料时间、清洗时间、加热（或冷却）时间等。

（2）间歇反应器设计方程　由以上特点可知反应器有效容积中物料温度、浓度相同，故选择整个有效容积 V'_R 作为衡算体系。在单位时间内，对组分 A 作物料衡算：

$$\begin{bmatrix}单位时间进入\ V'_R\\的物料\ A\ 的量\end{bmatrix}-\begin{bmatrix}单位时间排出\ V'_R\\的物料\ A\ 的量\end{bmatrix}-$$

$$\begin{bmatrix}单位时间\ V'_R\ 内反应\\消失的物料\ A\ 的量\end{bmatrix}=\begin{bmatrix}单位时间内\ V'_R\ 中\\物料\ A\ 的积累量\end{bmatrix}$$

$$0-0-(-r_A)V'_R=\frac{dn_A}{dt} \tag{1.4-1}$$

由于

$$n_A=n_{A0}(1-x_A) \tag{1.1-8}$$

所以

$$dn_A=-n_{A0}dx_A$$

代入式(1.4-1)

$$(-r_A)V'_R=n_{A0}\frac{dx_A}{dt} \tag{1.4-2}$$

当起始转化率为 0 时，分离变量并积分得

$$t_r=\int_0^{t_r}dt=n_{A0}\int_0^{x_A}\frac{dx_A}{(-r_A)V'_R} \tag{1.4-3}$$

式(1.4-3)是间歇反应器设计计算的通式。它表达了在一定操作条件下，为达到所要求的转化率 x_A 所需的反应时间 t_r。式(1.4-3)可用解析法或数值积分法求解，也可用如图 1-4 或图 1-5 所示的图解积分法求得结果。

在间歇反应器中的反应，无论是液相或气相反应，绝大多数为恒容。因为在间歇反应过程中不断改变反应体积在技术上有相当的难度而且没有实际意义。在恒容条件下，式(1.1-8)可以变为：

$$c_A=c_{A0}(1-x_A) \tag{1.4-4}$$

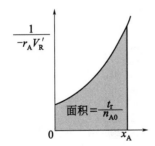
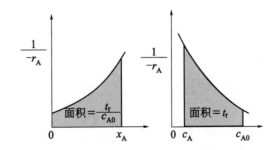

图 1-4　间歇反应器的图解计算　　　图 1-5　恒容情况间歇反应器的图解计算

式(1.4-3)可简化为：

$$t_r=c_{A0}\int_0^{x_A}\frac{dx_A}{-r_A}=-\int_{c_{A0}}^{c_A}\frac{dc_A}{-r_A} \tag{1.4-5}$$

从式(1.4-5)可见，间歇反应器内为达到一定转化率所需反应时间 t_r，只是动力学方程式的直接积分，与反应器大小及物料投入量无关。这就是为什么动力

学方程通常在间歇反应器内测定的原因。

间歇反应器通常用于速率比较低的反应，这类反应持续时间长，连续流动反应器难于满足要求。从经济性上考虑要求非生产时间相对于反应持续时间比较短。

间歇反应器通常不用于气相反应。这是由于气体密度比较低，单位反应体积的反应物少，反应结束后物料不易排出等，从生产的经济性上考虑不宜采用。鲜有气相间歇反应器的工业实例。

例1-2 由环氧乙烷水合反应间歇反应器数据确定速率常数 k。

在实验室间歇反应器中实验时，将 500ml 浓度为 2kmol·m^{-3} 的环氧乙烷水溶液与 500ml 含 0.9%（质量分数）硫酸的水溶液混合，在 55℃ 下进行反应，测得乙二醇浓度随反应时间的变化数据如表例 1-2a 所示。由这些数据确定 55℃ 的反应速率常数。由于水通常是过量存在，可以认为在反应过程中，水的浓度保持不变。反应对环氧乙烷来说是一级。

表例 1-2a　乙二醇浓度随反应时间变化数据

反应时间/min	0	0.5	1.0	1.5	2.0	3.0	4.0	6.0	10.0
乙二醇浓度/(kmol·m^{-3})	0.000	0.145	0.270	0.376	0.467	0.610	0.715	0.848	0.957

解：该反应为：

$$(CH_2)_2O + H_2O \xrightarrow{H_2SO_4} HOCH_2CH_2OH$$
$$A \quad + \quad B \xrightarrow{\text{催化剂}} \quad C$$

这一反应是等温液相反应，可以认为是恒容过程，设计计算式为：

$$t_r = -\int_{c_A}^{c_{A0}} \frac{dc_A}{-r_A}$$

由于水是大大过量的，在任意时刻水的浓度可以认为与初浓度相同，所以速率方程与水浓度无关，故速率方程为：

$$-r_A = kc_A$$

将速率方程与设计计算方程结合并积分，得到：

$$-r_A = -\frac{dc_A}{dt} = kc_A$$

$$\int_0^t dt = -\int_{c_A}^{c_{A0}} \frac{dc_A}{kc_A} \qquad \ln \frac{c_{A0}}{c_A} = kt$$

环氧乙烷在任意时刻的浓度 c_A 为：

$$c_A = c_{A0} e^{-kt}$$

在任意时刻乙二醇的浓度能由反应计量方程获得，反应消失的环氧乙烷就是生成的乙二醇：

$$c_C = c_{A0} - c_A = c_{A0}(1 - e^{-kt})$$

将上式重新排列，两边取对数得到：

$$\ln \frac{c_{A0} - c_C}{c_{A0}} = -kt$$

从上式可看到，以 $\ln \dfrac{c_{A0} - c_C}{c_{A0}}$ 对 t 作图，将得到一条直线，其斜率是 $-k$。

表例 1-2b 列出了 $\dfrac{c_{A0}-c_C}{c_{A0}}$ 与 t 的关系。然后 $\dfrac{c_{A0}-c_C}{c_{A0}}$ 以半对数坐标对 t 作图，结果如图例 1-2 所示，图中直线的斜率等于 $-k$。

在图中直线上任取两点，可以计算出线的斜率

$$k=0.311\text{min}^{-1}$$

反应的速率方程为：

$$-r_A=0.311c_A$$

可以用此方程设计反应器。

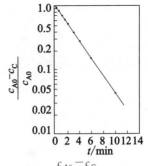

图例 1-2 $\dfrac{c_{A0}-c_C}{c_{A0}}$ 与 t 关系

（3）设计计算过程　对于给定的生产任务，即单位时间处理的原料量 $F_A(\text{kmol}\cdot\text{h}^{-1})$ 以及原料组成 $c_{A0}(\text{kmol}\cdot\text{m}^{-3})$、达到的产品要求 x_{Af} 及辅助生产时间 t'、动力学方程等，均作为给定的条件。设计计算过程是求出间歇反应器的体积的过程。其步骤如下。

表例 1-2b $\dfrac{c_{A0}-c_C}{c_{A0}}$ 与 t 的关系

时间 t/min	0	0.5	1.0	1.5	2.0	3.0	4.0	6.0	10.0
$\dfrac{c_{A0}-c_C}{c_{A0}}$	1.000	0.855	0.730	0.624	0.533	0.390	0.285	0.152	0.043

① 由式 $t_r=c_{A0}\displaystyle\int_0^{x_A}\dfrac{\mathrm{d}x_A}{-r_A}$ 计算反应时间 t_r；

② 计算一批料所需时间 t_t；

$$t_t=t_r+t' \tag{1.4-6}$$

式中，t' 为辅助生产时间。

③ 计算每批投放物料总量 n'_A；

$$n'_A=F_At_t \tag{1.4-7}$$

式中，n'_A 的单位为 kmol。

④ 计算反应器有效容积 V'_R；

$$V'_R=\frac{n'_A}{c_{A0}}\quad\text{或}\quad V'_R=V_0(t_r+t') \tag{1.4-8}$$

⑤ 计算反应器总体积 V_R。反应器总体积应包括有效容积、分离空间、辅助部件占有体积。通常有效容积占总体积分率为 $60\%\sim85\%$，该分率称为反应器装填系数 φ，由生产实际决定。

$$V_R=\frac{V'_R}{\varphi} \tag{1.4-9}$$

（4）校核计算过程

a. 当已知一间歇反应器大小 V_R，以及原料组成 c_{A0}、产品组成 c_{Af}、反应速率方程 $(-r_A)$，辅助生产时间及装填系数 φ，求能否满足处理量或产量的要求，其步骤如下：

① 由 c_{A0}、c_{Af} 计算相应的 x_{Af}：

恒容过程　　　　　　　　　$c_{Af}=c_{A0}(1-x_{Af})$ （1.4-4）

② 求 t_r：

$$t_r = c_{A0} \int_0^{x_{Af}} \frac{\mathrm{d}x_A}{-r_A} \tag{1.4-5}$$

③ 求一批料所需时间 t_t：

$$t_t = t_r + t' \tag{1.4-6}$$

④ 求处理量 $F_A = c_{A0} \dfrac{V_R \varphi}{t_t}$，看是否满足要求。

b. 当已知 V_R、c_{A0}、$(-r_A)$、t'、F_A、φ 时求出口组成 c_A 能否满足要求。其步骤如下：

① 求单位时间处理的体积：

$$V_0 = \frac{F_A}{c_{A0}} \tag{1.4-10}$$

② 求每批料所允许的总时间 t_t：

$$t_t = \frac{V_R \varphi}{V_0} \tag{1.4-8}$$

③ 求相应的允许反应时间：

$$t_r = t_t - t' \tag{1.4-6}$$

④ 求 c_{Af}：

由

$$t_r = c_{A0} \int_0^{x_A} \frac{\mathrm{d}x_A}{-r_A} = -\int_{c_{A0}}^{c_{Af}} \frac{\mathrm{d}c_A}{-r_A} \tag{1.4-5}$$

求出 c_{Af}。

⑤ 将计算出的 c_{Af} 与生产任务要求的 c_{Af} 相比较，若计算出的 c_{Af} 小于生产任务要求的 c_{Af}，则可认为该反应器能满足要求。

例 1-3　某厂生产醇酸树脂是使己二酸（A）与己二醇（B）以等摩尔比在 70℃用间歇釜并以 H_2SO_4 作催化剂进行缩聚反应而生产的，实验测得反应动力学方程为：

$$-r_A = k c_A c_B$$
$$k = 1.97 \times 10^{-3}\,\mathrm{m^3 \cdot kmol^{-1} \cdot min^{-1}}$$
$$c_{A0} = 4\,\mathrm{kmol \cdot m^{-3}}$$

若每天处理 2400kg 己二酸，每批操作辅助生产时间为 1h，反应器装填系数为 0.75，求：

（1）转化率分别为 $x_A = 0.5$、0.6、0.8、0.9 时，所需反应时间为多少？

（2）求转化率为 0.8、0.9 时，所需反应器体积为多少？

解：由于 A 与 B 的反应计量系数相同且在原料中的配比相同，因此在反应过程中浓度变化相同，恒有 $c_A = c_B$，反应式可以写为 $-r_A = k c_A^2$。

（1）达到要求的转化率所需反应时间为：

$$t_r = c_{A0} \int_0^{x_{Af}} \frac{\mathrm{d}x_A}{-r_A} = c_{A0} \int_0^{x_{Af}} \frac{\mathrm{d}x_A}{k c_{A0}^2 (1-x_A)^2} = \frac{1}{k c_{A0}} \frac{x_{Af}}{1-x_{Af}}$$

$x_A = 0.5$

$$t_r = \left(\frac{1}{1.97 \times 10^{-3} \times 4} \times \frac{0.5}{1-0.5} \times \frac{1}{60} \right) \mathrm{h} = 2.12\mathrm{h}$$

$x_A = 0.6$，$t_r = 3.17\mathrm{h}$；$x_A = 0.8$，$t_r = 8.46\mathrm{h}$；$x_A = 0.9$，$t_r = 19.0\mathrm{h}$

由上述结果可见，随转化率的增加，所需反应时间急剧增加。

（2）反应器体积的计算

$x_A = 0.8$ 时：

$$t_t = t_r + t' = (8.5 + 1)h = 9.5h$$

每小时己二酸进料量 F_{A0}，己二酸相对分子质量为146，则有：

$$F_{A0} = \frac{2400}{24 \times 146} kmol \cdot h^{-1} = 0.685 kmol \cdot h^{-1}$$

处理体积为：

$$V_0 = \frac{F_{A0}}{c_{A0}} = \frac{0.685}{4} kmol \cdot h^{-1} = 0.171 m^3 \cdot h^{-1}$$

反应器有效容积 V'_R：

$$V'_R = V_0 t_t = (0.171 \times 9.5)m^3 = 1.63 m^3$$

实际反应器体积 V_R：

$$V_R = \frac{V'_R}{\varphi} = \frac{1.63}{0.75} m^3 = 2.17 m^3$$

当 $x_A = 0.9$ 时：

$$t_t = (19 + 1)h = 20h; \quad V'_R = (0.171 \times 20)m^3 = 3.42m^3; \quad V_R = (3.42/0.75)m^3 = 4.56m^3$$

1.4.2 平推流反应器

平推流反应器是指通过反应器的物料沿同一方向以相同速度向前流动，像活塞一样在反应器中向前平推，故又称为活塞流或理想置换反应器，英文名称为Plug（Piston）Flow Reactor，简称PFR。

（1）平推流反应器的特性　①由于流体沿同一方向，以相同速度向前推进，在反应器内没有物料的返混，所有物料通过反应器的时间都是相同的；②在垂直于流动方向上的任一截面，不同径向位置的流体特性（组成、温度等）是一致的；③在定常态下操作，反应器内状态只随轴向位置改变，不随时间改变。实际生产中对于流动处于湍流条件下的管式反应器，列管固定床反应器等，常可按平推流反应器处理。

（2）等温平推流反应器的设计方程　在等温平推流反应器内，物料的组成沿反应器中物流流动方向，从一个截面到另一个截面不断变化。在反应器中垂直于物料流动方向上任意位置取长度为 dl、体积为 dV_R 的微元体系（固定在反应器上，不随物料流动），对关键组分 A 作物料衡算，如图 1-6 所示。这时 $dV_R = S_t dl$，式中 S_t 为截面积。

$$进入量 - 排出量 - 反应量 = 累积量$$

故
$$F_A - (F_A + dF_A) - (-r_A)dV_R = 0 \tag{1.4-11}$$

由于
$$F_A = F_{A0}(1 - x_A) \tag{1.4-12}$$

$$dF_A = -F_{A0}dx_A$$

所以
$$F_{A0}dx_A = (-r_A)dV_R \tag{1.4-13}$$

式（1.4-13）就是平推流反应器物料平衡方程的微分式。对整个反应器而言，应将式（1.4-13）积分，

$$\int_0^{V_R} \frac{dV_R}{F_{A0}} = \int_0^{x_A} \frac{dx_A}{-r_A}$$

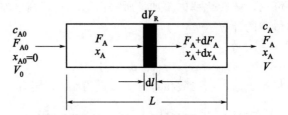

图 1-6 平推流反应器的物料衡算示意图

$$\frac{V_R}{F_{A0}} = \frac{V_R/V_0}{F_{A0}/V_0} = \frac{\tau}{c_{A0}} = \int_0^{x_A} \frac{\mathrm{d}x_A}{-r_A}$$

$$\tau = c_{A0} \int_0^{x_A} \frac{\mathrm{d}x_A}{-r_A} \tag{1.4-14}$$

式(1.4-14) 为平推流反应器的积分设计方程。若以下标 0 代表进入系统的物料转化率为 0 的状态，x_{A1} 代表进入该反应器物料 A 的转化率，x_{A2} 代表离开该反应器物料 A 的转化率，就可一般化地表达平推流反应器的设计方程：

$$\tau = c_{A0} \int_{x_{A1}}^{x_{A2}} \frac{\mathrm{d}x_A}{-r_A} \tag{1.4-15}$$

注意，对式(1.4-15) 表达的体系，空间时间 τ 仍然是以转化率 $x_A = 0$ 时的进口体积流量 V_0 为基准的，只是把将转化率由 x_{A1} 提高到 x_{A2} 的反应器视为串联的一系列反应器中的一个，而这一系列反应器统一由第一个反应器的进口体积流量而不是分别以各自反应器的进口体积流量来定义空间时间。

对于恒容过程：

$$c_A = c_{A0}(1 - x_A) \tag{1.4-4}$$

$$\mathrm{d}c_A = -c_{A0}\mathrm{d}x_A$$

$$\tau = -\int_{c_{A1}}^{c_{A2}} \frac{\mathrm{d}c_A}{-r_A} \tag{1.4-16}$$

以上设计方程关联了反应速率、转化率、反应器体积和进料量四个参数，可以根据给定条件从三个已知量求得另一个未知量。在作计算时，式中的 ($-r_A$) 要代入具体动力学方程式。当动力学方程式较简单时，可解析积分。对较复杂的动力学方程式，一般可用图解积分或数值积分，如图 1-7 所示。

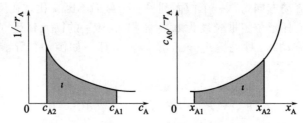

图 1-7 平推流反应器图解计算示意图

例 1-4 条件同例 1-3，计算转化率分别为 80%、90% 时所需平推流反应器的大小。

解：对 PFR

$$\tau = \frac{V_R}{V_0} = c_{A0} \int_{x_{A1}}^{x_{A2}} \frac{\mathrm{d}x_A}{-r_A}$$

$$\frac{V_R}{V_0} = c_{A0} \int_0^{x_{A2}} \frac{\mathrm{d}x_A}{kc_{A0}^2(1-x_A)^2} = \frac{1}{kc_{A0}} \frac{x_{A2}}{(1-x_{A2})}$$

代入数据 $x_A = 0.8$ 时：

$$V_R = \frac{0.171}{1.97 \times 10^{-3} \times 4} \times \frac{0.8}{(1-0.8)} \times \frac{1}{60} \mathrm{m}^3 = 1.45 \mathrm{m}^3$$

$x_A = 0.9$ 时：

$$V_R = \frac{0.171}{1.97 \times 10^{-3} \times 4} \times \frac{0.9}{(1-0.9)} \times \frac{1}{60} \mathrm{m}^3 = 3.26 \mathrm{m}^3$$

　　本例的平推流反应器与前例间歇反应器比较起来，所需反应器体积大小比较接近，这是由于间歇反应器需要辅助工作时间和装料系数，造成反应器体积稍大，如果不考虑这些因素反应器体积则完全相同。

　　(3) 变容反应过程　　平推流反应器是一种连续流动反应器，可以用于液相反应，也可以用于气相反应。用于液相反应时，反应前后液体的密度不会有很大变化，有理由将反应体积视为不变。用于气相反应时，有些反应，反应前后物质的量不同，在系统压力不变的情况下，反应会引起气体密度及体积发生变化。由1.1 节知道，反应速率是和反应物的浓度相关联的，物流体积的改变必然带来反应物浓度的变化，从而引起反应速率的变化。

　　为了表征由于反应物系体积变化给反应速率带来的影响，引入两个参数，膨胀因子和膨胀率。

　　膨胀因子：

反应式　　　　　　　　　　$a\mathrm{A} + b\mathrm{B} \longrightarrow r\mathrm{R} + s\mathrm{S}$

计量方程　　　　　　　　$\sum \alpha_I \mathrm{I} = \alpha_A \mathrm{A} + \alpha_B \mathrm{B} + \alpha_R \mathrm{R} + \alpha_S \mathrm{S} = 0$

定义膨胀因子　　　　　　　　$\delta_A = \frac{\sum \alpha_I}{(-\alpha_A)}$　　　　　　　　　(1.4-17)

即关键组分 A 的膨胀因子等于反应计量系数的代数和除以 A 组分计量系数的相反数。

例如反应　　　　　　$2\mathrm{A} + \mathrm{B} \longrightarrow 3\mathrm{C}$　　　$\delta_A = \frac{-2-1+3}{-(-2)} = 0$

　　膨胀因子的物理意义为：关键组分 A 消耗 1mol 时，引起反应物系物质的量的变化量。对于恒压的气相反应，物质的量的变化导致反应体积变化。$\delta_A > 0$ 是物质的量增加的反应，反应体积增加。$\delta_A < 0$ 是物质的量减少的反应，反应体积减小。$\delta_A = 0$ 是物质的量不变的反应，反应体积不变。

　　膨胀因子是由反应式决定的，一旦反应式确定，膨胀因子就是一个定值，与其他因素一概无关。但是，物系体积随转化率的变化不仅仅是膨胀因子的函数，而且与其他因素，如惰性物的存在等有关，因此引入第二个参数膨胀率。

　　定义膨胀率　　　　　　　$\varepsilon_A = \frac{V_{x_A=1} - V_{x_A=0}}{V_{x_A=0}}$　　　　　　　(1.4-18)

即 A 组分的膨胀率等于物系中 A 组分完全转化所引起的体积变化除以物系的初始体积。改写式(1.4-18)：

$$V_{x_A=1} = V_{x_A=0}(1 + \varepsilon_A)$$

由 δ_A 和 ε_A 的定义，并基于在理想气体状态方程的适用范围内，由反应带来的转化率变化和物系体积的变化之间为线性关系这一事实，可以得到：

$$V = V_0(1 + \varepsilon_A x_A) \tag{1.4-19}$$

在等温等压条件下，物系体积的变化是由物系中总物质的量的变化所引起：

$$\frac{V}{V_0} = \frac{n_t}{n_{t0}}$$

由式(1.1-7)
$$n_I = n_{I0} + \frac{\alpha_I}{(-\alpha_A)} n_{A0} x_A$$

$$n_t = \sum n_I = \sum \left[n_{I0} + \frac{\alpha_I}{(-\alpha_A)} n_{A0} x_A \right] = n_{t0} + n_{A0} x_A \frac{\sum \alpha_I}{(-\alpha_A)} = n_{t0} + n_{A0} x_A \delta_A$$

$$\frac{V}{V_0} = \frac{n_t}{n_{t0}} = \left(1 + \frac{n_{A0}}{n_{t0}} x_A \delta_A \right) = (1 + y_{A0} \delta_A x_A)$$

与式(1.4-19)对照，可知

$$\varepsilon_A = y_{A0} \delta_A \tag{1.4-20}$$

式(1.4-20)与式(1.4-18)等效。

恒压变容体系中各组分浓度、摩尔分数及分压可以由以下推导得到。

体系中任意组分的浓度
$$c_I = \frac{n_I}{V} = \frac{n_{I0} + \frac{\alpha_I}{(-\alpha_A)} n_{A0} x_A}{V_0 (1 + \varepsilon_A x_A)} = \frac{c_{I0} + \frac{\alpha_I}{(-\alpha_A)} c_{A0} x_A}{1 + \varepsilon_A x_A}$$
$$\tag{1.4-21}$$

对于反应物 A：

$$c_A = c_{A0} \frac{1 - x_A}{1 + \varepsilon_A x_A} \tag{1.4-22}$$

对反应物 B，$\alpha_B < 0$，而 $(-\alpha_A)$ 恒大于 0：

$$c_B = \frac{c_{B0} + \frac{\alpha_B}{(-\alpha_A)} c_{A0} x_A}{1 + \varepsilon_A x_A}$$

对产物 S，$\alpha_S > 0$：

$$c_S = \frac{c_{S0} + \frac{\alpha_S}{(-\alpha_A)} c_{A0} x_A}{1 + \varepsilon_A x_A}$$

体系中任意组分摩尔分数：

$$y_I = \frac{y_{I0} + \frac{\alpha_I}{(-\alpha_A)} y_{A0} x_A}{1 + \varepsilon_A x_A} \tag{1.4-23}$$

体系中任意组分的分压：

$$p_I = p_t y_I = p_t \frac{y_{I0} + \frac{\alpha_I}{(-\alpha_A)} y_{A0} x_A}{1 + \varepsilon_A x_A} = \frac{p_{I0} + \frac{\alpha_I}{(-\alpha_A)} p_{A0} x_A}{1 + \varepsilon_A x_A} \tag{1.4-24}$$

例 1-5 均相气相反应 $A \longrightarrow 3R$，其动力学方程为 $-r_A = kc_A$，该过程在 185℃，400kPa 下在一平推流反应器中进行，其中 $k = 10^{-2} \, s^{-1}$，进料量 $F_{A0} = 30 kmol \cdot h^{-1}$，原料含 50% 惰性气，为使反应器出口转化率达 80%，该反应器体积应为多大？

解：该反应为气相反应 $A \longrightarrow 3R$

$$\delta_A = \frac{3-1}{1} = 2$$

已知 $y_{A0} = 0.5$，因此 $\varepsilon_A = y_{A0}\delta_A = 1$

平推流反应器设计方程

$$\tau = c_{A0} \int_0^{x_A} \frac{\mathrm{d}x_A}{-r_A}$$

$$\tau = c_{A0} \int_0^{0.8} \frac{\mathrm{d}x_A}{kc_A} = c_{A0} \int_0^{0.8} \frac{\mathrm{d}x_A}{kc_{A0}\left(\frac{1-x_A}{1+\varepsilon_A x_A}\right)} = 100 \int_0^{0.8} \frac{1+x_A}{1-x_A} \mathrm{d}x_A$$

$$\tau = 100 \left[-x_A - 2\ln(1-x_A) \right] \Big|_0^{0.8} \mathrm{s} = 241.8 \mathrm{s}$$

$$V_0 = \frac{F_0 RT}{p} = \frac{(30/0.5) \times 8.314 \times (273.15+185)}{400} \mathrm{m^3 \cdot h^{-1}}$$

$$= 571.2 \mathrm{m^3 \cdot h^{-1}} = 0.1587 \mathrm{m^3 \cdot s^{-1}}$$

$$V_R = \tau V_0 = 241.8 \times 0.1587 \mathrm{m^3} = 38.4 \mathrm{m^3}$$

例 1-6　在一个平推流反应器中，由纯乙烷进料裂解制造乙烯。年设计生产能力为 14 万吨乙烯。反应是不可逆的一级反应，要求达到乙烷转化率为 80%，反应器在 1100K 等温，恒压 600kPa 下操作，已知反应活化能为 347.3kJ·mol^{-1}，1000K 时，$k = 0.0725\mathrm{s}^{-1}$。设计工业规模的管式反应器。（以每年生产 330 天计）

解：设 A 为乙烷，B 为乙烯，C 为氢气

$$C_2H_6 \longrightarrow C_2H_4 + H_2$$
$$\text{(A)} \qquad \text{(B)} \quad \text{(C)}$$

反应器流出的乙烯的摩尔流量是：

$$F_B = \frac{14 \times 10^7}{330 \times 24 \times 3600 \times 28} \mathrm{kmol \cdot s^{-1}} = 0.175 \mathrm{kmol \cdot s^{-1}}$$

进料乙烷的摩尔流量是：

$$F_{A0} = \frac{F_B}{x_A} = \frac{0.175}{0.8} \mathrm{kmol \cdot s^{-1}} = 0.219 \mathrm{kmol \cdot s^{-1}}$$

计算 1100K 时反应速率常数：

$$k = k_0 \mathrm{e}^{\frac{-E}{RT}}$$

$$\frac{k_{1100K}}{k_{1000K}} = \frac{k_0 \mathrm{e}^{\frac{-E}{1100R}}}{k_0 \mathrm{e}^{\frac{-E}{1000R}}} = \mathrm{e}^{\frac{E}{R} \times \frac{1100-1000}{1100 \times 1000}}$$

$$k_{1100K} = 0.0725 \mathrm{e}^{\frac{347.3 \times 10^3}{8.314} \times \frac{1100-1000}{1100 \times 1000}} \mathrm{s}^{-1} = 3.23 \mathrm{s}^{-1}$$

膨胀因子：

$$\delta_A = \frac{1+1-1}{1} = 1$$

膨胀率：

$$\varepsilon_A = y_{A0}\delta_A = 1 \times 1 = 1$$

进口体积流量：

$$V_0 = \frac{F_{A0} RT_0}{p_0} = \frac{0.219 \times 10^3 \times 8.314 \times 1100}{600 \times 10^3} \mathrm{m^3 \cdot s^{-1}} = 3.34 \mathrm{m^3 \cdot s^{-1}}$$

平推流反应器设计方程

$$\frac{V_R}{V_0} = \tau = c_{A0} \int_0^{x_A} \frac{dx_A}{-r_A}$$

$$\tau = c_{A0} \int_0^{x_A} \frac{dx_A}{-r_A} = c_{A0} \int_0^{x_A} \frac{dx_A}{kc_{A0}\left(\frac{1-x_A}{1+\varepsilon_A x_A}\right)}$$

$$= \int_0^{x_A} \frac{dx_A}{k\left(\frac{1-x_A}{1+x_A}\right)} = \frac{1}{3.23} \int_0^{x_A} \frac{1+x_A}{1-x_A} dx_A$$

$$= \frac{1}{3.23} \left[-x_A - 2\ln(1-x_A)\right]\Big|_0^{0.8} = 0.75s$$

$$V_R = V_0 \tau = 3.34 \times 0.75 = 2.50 m^3$$

如果使用管内径 $0.05m$，长 $12m$ 的管子，则管数为：

$$n = \frac{2.50}{\frac{\pi}{4} \times 0.05^2 \times 12} = 107$$

至于管子是串联还是并联要综合考虑，既要保持比较高的流速，使流体在管内呈平推流流动，又要将流速限制在一定范围内使压降不致过大。

流体在平推流反应器中的真实停留时间 由平推流反应器的定义可知，流体在反应器内不存在任何返混，所有流体微元的真实停留时间都等于平均停留时间。恒压变容反应，由于反应物系体积随转化率而变化，其真实停留时间与空间时间 τ 不同。如果反应物系体积膨胀，流体流速将逐渐加快，停留时间将小于空间时间；相反，如果反应物系体积缩小，停留时间将大于空间时间。亦可以这样理解：流体在反应器中的真实停留时间才是真正的反应时间，与间歇反应器中的反应持续时间意义相同。

$$\bar{t} = \int_0^{V_R} \frac{dV_R}{V} \tag{1.4-25}$$

由式(1.4-13)及式(1.4-19)，可知

$$\bar{t} = \int_0^{V_R} \frac{dV_R}{V} = \int_0^{x_A} \frac{F_{A0} dx_A}{(-r_A)V_0(1+\varepsilon_A x_A)} = c_{A0} \int_0^{x_A} \frac{dx_A}{(-r_A)(1+\varepsilon_A x_A)} \tag{1.4-26}$$

恒容条件下，$\varepsilon_A = 0$，上式还原为式(1.4-14)

$$\tau = c_{A0} \int_0^{x_A} \frac{dx_A}{-r_A}$$

作为特例，对于一级不可逆反应：

$$\bar{t} = c_{A0} \int_0^{x_A} \frac{dx_A}{-r_A(1+\varepsilon_A x_A)} = c_{A0} \int_0^{x_A} \frac{dx_A}{kc_A(1+\varepsilon_A x_A)}$$

$$= c_{A0} \int_0^{x_A} \frac{dx_A}{\frac{kc_{A0}(1-x_A)}{1+\varepsilon_A x_A}(1+\varepsilon_A x_A)}$$

$$\bar{t} = c_{A0} \int_0^{x_A} \frac{dx_A}{kc_{A0}(1-x_A)}$$

与恒容体系空间时间计算式(1.4-14)相同。仅此一例。这表明了，对于一级不可逆反应，变容过程真实反应时间与按照恒容过程计算不考虑体积变化得到的空

间时间相同。

1.4.3 全混流反应器

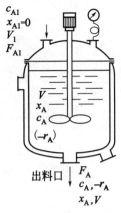

图 1-8 全混流釜式
反应器示意图

全混流反应器又称全混釜反应器或连续流动充分搅拌槽式反应器，英文名称为 Continuous Stirred-Tank Reactor，简称 CSTR。流入反应器的物料，在瞬间与反应器内的物料混合均匀，即在反应器中各处物料的温度、浓度都是相同的，如图 1-8 所示。

(1) 全混流反应器的特性　①物料在反应器内充分返混；②反应器内各处物料参数均一；③反应器的出口组成与器内物料组成相同；④反应过程中连续进料与出料，是一定常态过程。

(2) 全混流反应器的设计方程　全混釜中各处物料均一，故选整个反应器有效容积 V_R 为物料衡算体系，对组分 A 作物料衡算，则有：

$$\begin{bmatrix} 单位时间进入 V_R \\ 的物料 A 的量 \end{bmatrix} - \begin{bmatrix} 单位时间排出 V_R \\ 的物料 A 的量 \end{bmatrix} -$$

$$\begin{bmatrix} 单位时间 V_R 内反应 \\ 消失的物料 A 的量 \end{bmatrix} = \begin{bmatrix} 单位时间内 V_R 中 \\ 物料 A 的积累量 \end{bmatrix}$$

$$F_{A1} - F_{Af} - (-r_A)_f V_R = 0 \tag{1.4-27}$$

其中：

$$F_{A1} = F_{A0}(1 - x_{A1})$$
$$F_{Af} = F_{A0}(1 - x_{Af})$$

整理得到：

$$F_{A0}(x_{Af} - x_{A1}) = (-r_A)_f V_R$$

$$\frac{V_R}{F_{A0}} = \frac{x_{Af} - x_{A1}}{(-r_A)_f} \tag{1.4-28}$$

用空间时间表示：

由于

$$F_{A0} = V_0 c_{A0}$$

$$\tau = \frac{V_R}{V_0} = c_{A0} \frac{x_{Af} - x_{A1}}{(-r_A)_f} \tag{1.4-29}$$

当进口转化率为 0 时

$$\tau = c_{A0} \frac{x_{Af}}{(-r_A)_f} \tag{1.4-30}$$

恒容条件下又可以简化为：

$$\tau = \frac{c_{A1} - c_{Af}}{(-r_A)_f} \tag{1.4-31}$$

式(1.4-28)～式(1.4-31) 都是全混釜反应器的基础设计式。它比管式反应器更简单，仅是关联了 x_A、$(-r_A)$、V_R、F_{A0} 四个参数的代数方程，只要知道其中任意三个参数，就可解代数方程求得第四个参数值。其图解计算如图 1-9 所示。

例 1-7　条件同例 1-3 的醇酸树脂生产，若采用 CSTR 反应器，求己二酸转

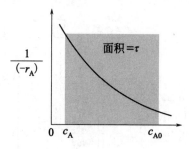

图 1-9　全混釜反应器
图解计算示意图

化率分别 80%、90% 时，所需反应器的体积。

解：由例 1-3 已知：

$$-r_A = kc_{A0}^2(1-x_A)^2$$

$$F_{A0} = 0.685 \text{kmol} \cdot \text{h}^{-1} = 0.0114 \text{kmol} \cdot \text{min}^{-1}$$

$$V_0 = 0.171 \text{m}^3 \cdot \text{h}^{-1}$$

由设计方程式 (1.4-28)

$$V_R = F_{A0} \frac{x_{Af} - x_{A1}}{kc_{A0}^2(1-x_A)^2}$$

代入数据，$x_{Af} = 0.8$ 时

$$V_R = \frac{0.0114 \times 0.8}{1.97 \times 10^{-3} \times 4^2 \times (1-0.8)^2} \text{m}^3 = 7.23 \text{m}^3$$

代入数据，$x_{Af} = 0.9$ 时

$$V_R = \frac{0.0114 \times 0.9}{1.97 \times 10^{-3} \times 4^2 \times (1-0.9)^2} \text{m}^3 = 32.6 \text{m}^3$$

将例 1-3，例 1-4，例 1-7 的结果列入表 1-2。

表 1-2　各种反应器的有效容积

反应器有效容积	平推流反应器	间歇釜式反应器	全混流反应器
$x_A = 0.8$	1.45m^3	2.17m^3	7.23m^3
$x_A = 0.9$	3.26m^3	4.56m^3	32.6m^3

从上表可看出，达到同样结果间歇反应器比平推流反应器所需反应体积略大一些，这是由于间歇过程需辅助工作时间所造成的。而全混釜反应器比平推流反应器、间歇反应器所需反应体积大得多，这是由于全混釜的返混造成反应速率下降所致。当转化率增加时，所需反应体积迅速增加，尤其是当转化率为 0.9 时，所需的全混釜体积 4.5 倍于转化率为 0.8 时的体积。应从技术经济角度研究选择多大出口转化率为最佳，不能无限制地追求高转化率。

例 1-8　如图例 1-8 所示，有一液相基元反应

$$A + B \underset{k_2}{\overset{k_1}{\rightleftharpoons}} P + R$$

在 $120℃$ 时，正、逆反应速率常数分别为 $k_1 = 8\text{m}^3 \cdot \text{kmol}^{-1} \cdot \text{h}^{-1}$，$k_2 = 1.7\text{m}^3 \cdot \text{kmol}^{-1} \cdot \text{h}^{-1}$。若反应在一全混流反应器中进行，其中物料容积为 100m^3，二股物料同时以等体积流量导入反应器，其中一股含 A $3.0\text{kmol} \cdot \text{m}^{-3}$，另一股含 B $2.0\text{kmol} \cdot \text{m}^{-3}$，求 B 的转化率为 80% 时，每股料液的进料体积流量为多少?

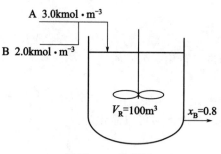

图例 1-8　物料图

解：液相反应，忽略密度变化，进口各组分浓度由于等体积混合进料，为各股进料浓度的二分之一。

$$c_{A0} = \frac{3.0}{2} \text{kmol} \cdot \text{m}^{-3} = 1.5 \text{kmol} \cdot \text{m}^{-3}$$

$$c_{B0} = \frac{2.0}{2} \text{kmol} \cdot \text{m}^{-3} = 1.0 \text{kmol} \cdot \text{m}^{-3}$$

$$c_{P0} = c_{R0} = 0$$

出口各组分浓度：

$$c_B = c_{B0}(1-x_B) = 1.0 \times (1-0.8) \text{kmol} \cdot \text{m}^{-3} = 0.2 \text{kmol} \cdot \text{m}^{-3}$$

$$c_A = c_{A0} - c_{B0}x_B = (1.5-1.0\times0.8)\text{kmol} \cdot \text{m}^{-3} = 0.7\text{kmol} \cdot \text{m}^{-3}$$

$$c_P = c_R = c_{B0}x_B = 1.0\times0.8\text{kmol} \cdot \text{m}^{-3} = 0.8\text{kmol} \cdot \text{m}^{-3}$$

对于可逆基元反应，有：

$$(-r_A)_f = (-r_B)_f = k_1 c_A c_B - k_2 c_P c_R$$
$$= (8\times0.7\times0.2 - 1.7\times0.8\times0.8)\text{kmol} \cdot \text{m}^{-3} \cdot \text{h}^{-1}$$
$$= 0.04\text{kmol} \cdot \text{m}^{-3} \cdot \text{h}^{-1}$$

恒容过程：

$$\tau = \frac{V_R}{V_0} = \frac{c_{B0}-c_B}{(-r_B)_f}$$

$$V_0 = \frac{V_R(-r_B)_f}{c_{B0}-c_B} = \frac{100\times0.04}{0.8}\text{m}^3 \cdot \text{h}^{-1} = 5\text{m}^3 \cdot \text{h}^{-1}$$

每股进料量应为 V_0 的一半，即 $2.5\text{m}^3 \cdot \text{h}^{-1}$。

（3）全混流反应器物料的平均停留时间（恒温、恒压下） 在全混流反应器中，物料微元体在反应器中的停留时间范围很宽，有的很短，有的很长，但其平均停留时间为：

$$\bar{t} = \frac{V_R}{V_f}$$

式中，V_f 为出口条件下物流的体积流量。

$$V_f = V_0(1+\varepsilon_A x_{Af})$$

$$\bar{t} = \frac{V_R}{V_0(1+\varepsilon_A x_{Af})} = \frac{\tau}{1+\varepsilon_A x_{Af}} \tag{1.4-32}$$

由此可以看出停留时间 $\bar{t}$ 与空间时间 τ 是两个不同的概念，在数值上也不相同。只有在恒容条件下，二者在数值上相等。

在反应过程中反应物系的体积发生变化的情况发生在连续流动过程，以平推流反应器为多。在间歇反应器中，设备通常不容许物系的体积发生变化。即使在间歇反应器中发生了反应前后物质的量不同的气相反应，也只会引起反应器压力的变化，依然是恒容过程。

在平推流反应器中，反应的转化率随着反应器的轴长是渐变的过程，相应地，反应物系的体积也是逐渐变化的；而在全混流反应器中，反应物一旦进入反应器立刻变成出口浓度，没有中间过程。物流的体积也是一样，只有初始状态和终了状态，没有中间过程。

全混流反应器的非稳态操作：仅以恒容条件下一级不可逆反应作为示例加以说明，改变动力学表达式即可对其它级数反应进行计算。

一级不可逆反应，全混流，连续操作，恒容体系，反应器入口浓度 c_{A0}。

由式（1.4-27），非稳态过程反应器内积累项不为 0。

$$F_{A1} - F_{Af} - (-r_A)_f V_R = V_R \frac{dc_A}{dt}$$

$$v_0 c_{A0} - v_0 c_A - k c_A V_R = V_R \frac{dc_A}{dt}$$

初始条件： $t = 0, c_A = c_{A1}$

对此方程求解：

$$V_R \frac{dc_A}{dt} + (v_0 + k V_R) c_A = v_0 c_{A0}$$

$$\frac{dc_A}{dt} + \left[\frac{1}{\tau} + k \right] c_A = \frac{c_{A0}}{\tau}$$

为一一阶线性非齐次微分方程，其通解为对应的齐次方程的通解加它本身的一个特解。

$$\frac{dc_A}{dt} = - \left[\frac{1}{\tau} + k \right] c_A \qquad c_A = const \cdot e^{-\left(\frac{1}{\tau}+k\right)t}$$

$$\frac{dc_A}{dt} = const (-) \left[\frac{1}{\tau} + k \right] e^{-\left(\frac{1}{\tau}+k\right)t} + \frac{dconst}{dt} e^{-\left(\frac{1}{\tau}+k\right)t}$$

$$const (-) \left[\frac{1}{\tau} + k \right] e^{-\left(\frac{1}{\tau}+k\right)t} + \frac{dconst}{dt} e^{-\left(\frac{1}{\tau}+k\right)t} + \left[\frac{1}{\tau} + k \right] const \cdot e^{-\left(\frac{1}{\tau}+k\right)t} = \frac{c_{A0}}{\tau}$$

$$\frac{dconst}{dt} e^{-\left(\frac{1}{\tau}+k\right)t} = \frac{c_{A0}}{\tau}$$

$$const = \frac{c_{A0}}{\tau} \frac{1}{\left[\frac{1}{\tau} + k \right]} e^{\left(\frac{1}{\tau}+k\right)t} + C$$

$$c_A = \left[\frac{c_{A0}}{\tau} \frac{1}{\left[\frac{1}{\tau} + k \right]} e^{\left(\frac{1}{\tau}+k\right)t} + C \right] e^{-\left(\frac{1}{\tau}+k\right)t}$$

$$c_{A1} = \left[\frac{c_{A0}}{\tau} \frac{1}{\left[\frac{1}{\tau} + k \right]} + C \right]$$

$$C = c_{A1} - \frac{c_{A0}}{\tau} \frac{1}{\left[\frac{1}{\tau} + k \right]}$$

$$c_A = \left[\frac{c_{A0}}{\tau} \frac{1}{\left[\frac{1}{\tau} + k \right]} e^{\left(\frac{1}{\tau}+k\right)t} + c_{A1} - \frac{c_{A0}}{\tau} \frac{1}{\left[\frac{1}{\tau} + k \right]} \right] e^{-\left(\frac{1}{\tau}+k\right)t}$$

$$c_A = \frac{c_{A0}}{(1+k\tau)} + \left(c_{A1} - \frac{c_{A0}}{(1+k\tau)} \right) e^{-\left(\frac{1}{\tau}+k\right)t} \qquad (1.4\text{-}33)$$

① 如果没有反应， $k = 0$ ，且 $c_{A1} = 0$ ，为标准全混流停留时间分布（见第 3 章）。

$$c_A = c_{A0} + (c_{A1} - c_{A0}) e^{-\left(\frac{t}{\tau}\right)} = c_{A0} (1 - e^{-\theta}) \qquad (3.2\text{-}33 \text{ 的变形})$$

② 如果有反应但反应器内初始浓度为 0。 $c_{A1} = 0, k \neq 0$ ，带有一级不可逆反应的停留时间分布，浓度下降比没有反应要快。

$$c_A = \frac{c_{A0}}{(1+k\tau)} + \left(c_{A1} - \frac{c_{A0}}{(1+k\tau)} \right) e^{-\left(\frac{1}{\tau}+k\right)t}$$

$$c_A = \frac{c_{A0}}{(1+k\tau)} (1 - e^{-\left(\frac{1}{\tau}+k\right)t}) \qquad (1.4\text{-}34)$$

$$c_A = \frac{c_{A0}}{(1+k\tau)}(1 - e^{-\theta}e^{-kt}) \tag{1.4-35}$$

③ 初始时反应器内全是原料。$c_{A1} = c_{A0}$，$k \neq 0$

$$c_A = \frac{c_{A0}}{(1+k\tau)} + \left[c_{A1} - \frac{c_{A0}}{(1+k\tau)}\right]e^{-\left(\frac{1}{\tau}+k\right)t}$$

$$c_A = \frac{c_{A0}}{(1+k\tau)} + c_{A0}\left[1 - \frac{1}{(1+k\tau)}\right]e^{-\left(\frac{1}{\tau}+k\right)t} \tag{1.4-36}$$

④ 如果没反应，$k = 0$，$c_{A1} = c_{A0}$

$$c_A \equiv c_{A0}$$

1.5 非等温条件下理想反应器的设计

反应器的设计计算必然涉及反应物料与外界的热交换、反应器内温度的确定等问题，这就需要由热量衡算来解决。即使在等温条件下，反应器的设计也要涉及热量衡算问题。由于反应器处于等温条件，动力学方程中的反应速率常数是定值，根据动力学方程结合物料衡算关系便可确定反应器的大小。但在反应过程中有反应热产生且热量将是变化的，需要随时调节反应器与外界的热交换量，这必须依靠热量衡算来解决。对于非等温反应器，热量衡算更是设计计算不可缺少的。不同类型的反应器，其热量衡算是不相同的，现分别予以讨论。

1.5.1 间歇反应器的热量衡算

在间歇反应器中，任一瞬间反应器内物料的参数（温度与组成）是均一的，与物料衡算相同，进行热量衡算的体积元仍取反应器的有效容积。

$$\begin{bmatrix}单位时间随物料\\流入体积元的热\\量\,Q_{in}\,[kJ \cdot s^{-1}]\end{bmatrix} - \begin{bmatrix}单位时间随物料\\流出体积元的热\\量\,Q_{out}\,[kJ \cdot s^{-1}]\end{bmatrix} + \begin{bmatrix}单位时间内体积\\元与周围环境交换\\的热量\,Q_u\,[kJ \cdot s^{-1}]\end{bmatrix} +$$

$$\begin{bmatrix}单位时间内体积\\元中化学反应的\\热效应\,Q_r\,[kJ \cdot s^{-1}]\end{bmatrix} = \begin{bmatrix}单位时间内体\\积元中积累的\\热量\,Q_b\,[kJ \cdot s^{-1}]\end{bmatrix} \tag{1.3-3}$$

衡算式中各项分别为：

单位时间内随物料流入的热量＝0

单位时间内随物料流出的热量＝0

单位时间内体积元与周围交换热量＝$KA(T_W - T)$

式中，K 为物料与换热介质之间的总传热系数，$kW \cdot m^{-2} \cdot K^{-1}$；$A$ 为物料与换热介质的传热面积，m^2；T 为物料温度，℃；T_W 为反应器壁面温度，℃。

单位时间内体积元中化学反应的热效应＝$V_R(-r_A)(-\Delta H_r)$

单位时间内体积元中积累热量＝$V_R \rho c_p \dfrac{dT}{dt}$

式中，$(-\Delta H_r)$ 为化学反应热，$kJ \cdot mol^{-1}$；ρ 为物料密度，$kg \cdot m^{-3}$；c_p 为物料热容，$kJ \cdot kg^{-1} \cdot K^{-1}$。

则热量衡算式为：

$$KA(T_w - T) + V_R(-r_A)(-\Delta H_r) = V_R \rho c_p \frac{dT}{dt}$$

由此可得体系温度随时间的变化率为：

$$\frac{dT}{dt} = \frac{1}{\rho c_p}\left[\frac{KA}{V_R}(T_w - T) + (-r_A)(-\Delta H_r)\right] \qquad (1.5\text{-}1)$$

物料衡算方程［式(1.4-2)］：

$$\frac{dx_A}{dt} = \frac{(-r_A)V_R'}{n_{A0}} \qquad (1.5\text{-}2)$$

物料衡算式与热量衡算式二式联立，并结合化学反应动力学方程：

$$(-r_A) = f(T, x_A) \qquad (1.5\text{-}3)$$

求解这一常微分方程组便可求出非等温条件下间歇反应器内温度浓度随时间的变化关系。

例如，在等温条件下，

$$\frac{dT}{dt} = 0$$

此时反应速率常数 k 将是定值，仅通过物料衡算方程和反应动力学方程就可求出反应物浓度与时间的变化关系，进而得到反应持续时间。

但要保证 $\frac{dT}{dt} = 0$，必须要求

$$\frac{KA}{V_R}(T_w - T) + (-r_A)(-\Delta H_r) = 0$$

即

$$T_w = T - \frac{V_R}{KA}(-r_A)(-\Delta H_r)$$

由于 $(-r_A)$ 随反应时间而变，要维持反应器恒温操作，反应器的壁温要依上式作相应调整。

1.5.2　平推流反应器的热量衡算

在对平推流反应器作热量衡算时，所取体积元与物料衡算时所取的体积元相同，取截面积为管截面积 S_t、长度为 dl 的微元体。

$$dV_R = S_t\, dl$$

热量衡算式中各项分别为：

单位时间内流入物料带入热 $= Gc_p T$

单位时间内流出物料带走热 $= Gc_p(T + dT)$

单位时间内体积元与外界换热 $= KA(T_w - T) = K\pi d_T(T_w - T)dl$

单位时间内体积元中反应放热 $= (-r_A)(-\Delta H)dV_R = (r_A)(-\Delta H)S_t\, dl$

单位时间内体积元内积累热量 $= 0$

热量衡算式为：

$$-Gc_p\, dT + K\pi d_T(T_w - T)dl + (-r_A)(-\Delta H_r)S_t\, dl = 0$$

整理后可得：

$$\frac{\mathrm{d}T}{\mathrm{d}l}=\frac{1}{Gc_p}\left[K\pi d_T(T_W-T)+(-r_A)(-\Delta H_r)S_t\right] \tag{1.5-4}$$

结合平推流反应器的物料衡算式(1.4-13)：

$$\frac{\mathrm{d}x_A}{\mathrm{d}l}=\frac{S_t(-r_A)}{F_{A0}} \tag{1.5-5}$$

化学反应动力学方程：

$$(-r_A)=f(T,x_A) \tag{1.5-3}$$

求解这一常微分方程组便可求出非等温条件下平推流反应器内温度浓度随反应器轴长的变化关系。

由于反应速率和温度之间高度的非线性关系，通常无解析解，只能得到数值解。

1.5.3 全混流反应器的热量衡算

全混流反应器在作热量衡算时的体积元与物料衡算时的体积元相同，为反应器的体积 V_R。热量衡算中各项分别为：

单位时间内流入体积元的物料带入热量 $=Gc_pT_1$

单位时间内流出体积元的物料带走热量 $=Gc_pT_2$

单位时间内体积元与外界的热交换量 $=KA(T_W-T_2)$

单位时间内体积元内反应的热效应 $=V_R(-r_A)(-\Delta H_r)$

单位时间内体积元内积累热 $=0$

热量衡算式为：

$$Gc_p(T_1-T_2)+KA(T_W-T_2)+(-r_A)(-\Delta H_r)V_R=0 \tag{1.5-6}$$

与物料衡算式(1.4-28)

$$\frac{V_R}{F_{A0}}=\frac{x_{Af}-x_{A1}}{(-r_A)_f} \tag{1.4-28}$$

和动力学方程式：

$$(-r_A)=f(T,x_A) \tag{1.5-3}$$

联立成为代数方程组，解之，可得进口和壁温一定的条件下反应器出口的温度浓度。

本章小结

1. 反应程度

$$\xi=\frac{n_I-n_{I0}}{\alpha_I} \tag{1.1-3}$$

式中，α_I 为化学反应计量系数，对反应物为负，对产物为正。

2. 转化率

$$x_A=\frac{n_{A0}-n_A}{n_{A0}} \tag{1.1-5}$$

任意组分物质的量与转化率关系

$$n_I = n_{I0} + \frac{\alpha_I}{(-\alpha_A)} n_{A0} x_A \qquad (1.1\text{-}7)$$

3. 反应速率定义

（1）反应速率：
$$r = \frac{1}{V} \frac{d\xi}{dt} \qquad (1.1\text{-}9)$$

（2）针对某一反应物或产物而言，其生成速率为：
$$r_I = \frac{1}{V} \frac{dn_I}{dt}$$

（3）常用以反应物 A 的生成速率表示的反应速率：
$$-r_A = -\frac{1}{V} \frac{dn_A}{dt}$$

（4）以反应物 A 的生成速率表示的反应速率与反应速率的关系：
$$r = \frac{r_I}{\alpha_I}$$

用转化率表示：
$$-r_A = \frac{n_{A0}}{V} \frac{dx_A}{dt}$$

对于恒容过程：
$$-r_A = -\frac{dc_A}{dt}$$

4. 不可逆反应动力学方程
$$r = -r_A = k_c c_A^m c_B^n \qquad (1.1\text{-}17)$$

5. 不可逆反应动力学方程的积分形式（表 1-1）

零级反应 $\quad kt = c_{A0} - c_A = c_{A0} x_A$

一级反应 $\quad kt = \ln \frac{c_{A0}}{c_A} = \ln \frac{1}{1-x_A}$

$c_{A0} = c_{B0}$ 的二级反应 $kt = \frac{1}{c_A} - \frac{1}{c_{A0}} = \frac{1}{c_{A0}} \left(\frac{x_A}{1-x_A} \right)$

6. 建立动力学方程的积分法、微分法。

7. 返混：连续流动反应器中不同停留时间的物料之间的均匀化过程，称之为返混。

8. 反应持续时间 t_r：间歇反应器中反应物料进行化学反应达到所要求的反应程度或转化率所需时间，其中不包括装料、卸料、升温、降温等非反应的辅助时间。

9. 停留时间 t 和平均停留时间 $\bar{t}$：停留时间又称接触时间，用于连续流动反应器，指流体微元从反应器入口到出口经历的时间。

10. 空间时间 τ：反应器有效容积 V_R 与流体在反应器入口温度及入口压力下的体积 V_0 之比值。

11. 空速定义

12. 膨胀因子
$$\delta_A = \frac{\sum \alpha_I}{(-\alpha_A)} \tag{1.4-17}$$

13. 膨胀率
$$\varepsilon_A = \frac{V_{x_A=1} - V_{x_A=0}}{V_{x_A=0}} \tag{1.4-18}$$

二者关系
$$\varepsilon_A = y_{A0}\delta_A \tag{1.4-20}$$

14. 总物质的量与膨胀因子关系 $n_t = n_{t0} + n_{A0}x_A\delta_A$

15. 膨胀因子、转化率与浓度、摩尔分数、分压的关系

$$c_I = \frac{c_{I0} + \frac{\alpha_I}{(-\alpha_A)}c_{A0}x_A}{1 + \varepsilon_A x_A} \tag{1.4-21}$$

$$y_I = \frac{y_{I0} + \frac{\alpha_I}{(-\alpha_A)}y_{A0}x_A}{1 + \varepsilon_A x_A} \tag{1.4-23}$$

$$p_I = \frac{p_{I0} + \frac{\alpha_I}{(-\alpha_A)}p_{A0}x_A}{1 + \varepsilon_A x_A} \tag{1.4-24}$$

16. 间歇反应器设计方程
$$t_r = \int_0^{t_r} dt = n_{A0}\int_0^{x_A}\frac{dx_A}{(-r_A)V'_R} \tag{1.4-3}$$

恒容时
$$t_r = c_{A0}\int_0^{x_A}\frac{dx_A}{(-r_A)} = -\int_{c_{A0}}^{c_A}\frac{dc_A}{(-r_A)} \tag{1.4-5}$$

有效容积：
$$V'_R = \frac{n'_A}{c_{A0}} \text{ 或 } V'_R = V_0(t_r + t') \tag{1.4-8}$$

总容积：
$$V_R = \frac{V'_R}{\varphi} \tag{1.4-9}$$

17. 平推流反应器设计方程
$$\tau = \frac{V_R}{V_0} = c_{A0}\int_{x_{A1}}^{x_{A2}}\frac{dx_A}{-r_A} \tag{1.4-15}$$

恒容时
$$\tau = \frac{V_R}{V_0} = -\int_{c_{A1}}^{c_{A2}}\frac{dc_A}{-r_A} \tag{1.4-16}$$

平均停留时间

$$\bar{t} = \int_0^{V_R}\frac{dV_R}{V} = \int_0^{x_A}\frac{F_{A0}dx_A}{(-r_A)V_0(1+\varepsilon_A x_A)} = c_{A0}\int_0^{x_A}\frac{dx_A}{(-r_A)(1+\varepsilon_A x_A)}$$
$$\tag{1.4-26}$$

18. 全混流反应器设计方程
$$\tau = \frac{V_R}{V_0} = c_{A0}\frac{x_{Af} - x_{A1}}{(-r_A)_f} \tag{1.4-29}$$

恒容时：
$$\tau = \frac{c_{A1} - c_{Af}}{(-r_A)_f} \tag{1.4-31}$$

平均停留时间：
$$\bar{t} = \frac{V_R}{V_0(1+\varepsilon_A x_{Af})} = \frac{\tau}{1+\varepsilon_A x_{Af}} \tag{1.4-32}$$

1.本章讨论的三种反应器均为理想反应器，在工业生产中并不真实存在，只是为了计算方便而构建的与其特性相近的真实反应器的理想化模型。

2.对于间歇反应器，理想化过程忽略了以下两点：①加料、卸料、升温、降温过程所需的时间及其在此期间可能发生的反应；②反应热效应引发的温度分布的不均匀及其由此引起的反应速率、反应物组成的不均匀。

3.对于平推流反应器，理想化过程忽略了管内流流速分布不同、近壁处的层流边界层。

4.对于全混流反应器，理想化过程忽略了搅拌混合达到物料均匀化的时效。

5.在间歇反应器中进行的只能是恒容反应，即使是反应前后分子数不同的气相反应。对于在间歇反应器中进行的反应前后分子数不同的气相反应，反应器压力会随反应的进行发生变化，在理想气体状态方程的适用范围内，这种压力的变化对反应进程一般不会产生影响，但压力的改变可以显示出反应进行的深度。

6.由于具有相同的0返混的特性，理想间歇反应器与平推流反应器的设计方程相同。所不同的是对间歇反应器计算得到的是反应持续时间，而平推流反应器计算得到的是空间时间。只有当反应过程中反应物流的密度（体积）不随反应进程发生变化时空间时间才等于反应持续时间。

7.关于初始浓度 c_{A0}，对间歇反应器，是已经装入反应器中，在反应开始前一刻的物料浓度；对连续流动反应器，是反应器进口处在反应器进口温度、压力条件下的物料浓度。

8.理想流动反应器中的非稳态过程在全混流反应器一节已经介绍，如果是平推流反应器呢？请考虑以下问题：某平推流反应器，如果进口物流中 c_{A0} 提高 50%，出口转化率变为多少？出口处多长时间能够反映出来？还是这个反应器，如果进口体积流量提高 50%，出口转化率变为多少？出口转化率随时间如何变化？

1.化学反应式与化学计量方程有何异同？化学反应式中计量系数与化学计量方程中的计量系数有何关系？

2.何谓基元反应？基元反应的动力学方程中活化能与反应级数的含义是什么？何谓非基元反应？非基元反应的动力学方程中活化能与反应级数含义是什么？

3.若将反应速率写成 $-r_A = -\dfrac{dc_A}{dt}$，有什么条件？

4.为什么均相液相反应过程的动力学方程实验测定采用间歇反应器？

5.现有如下基元反应过程，请写出各组分生成速率与浓度之间关系。

(1) $\begin{cases} A+2B \longleftrightarrow C \\ A+C \longleftrightarrow D \end{cases}$

$$(2)\begin{cases}A+2B\Longleftrightarrow C\\B+C\Longleftrightarrow D\\C+D\longrightarrow E\end{cases}$$

$$(3)\begin{cases}2A+2B\Longleftrightarrow C\\A+C\Longleftrightarrow D\end{cases}$$

6. 气相基元反应 $A+2B\longrightarrow 2P$ 在 30℃和常压下的反应速率常数 $k_c=2.65\times 10^4 m^6\cdot kmol^{-2}\cdot s^{-1}$。现以气相分压来表示速率方程，即 $(-r_A)=k_P p_A p_B^2$，求 $k_P=?$（假定气体为理想气体）

7. 有一反应在间歇反应器中进行，经过 8min 后，反应物转化掉 80%，经过 18min 后，转化掉 90%，求表达此反应的动力学方程式。

8. 反应 $A(g)+B(l)\longrightarrow C(l)$ 气相反应物 A 被 B 的水溶液吸收，吸收后 A 与 B 生成 C。反应动力学方程为：$-r_A=kc_Ac_B$。由于反应物 B 在水中的浓度远大于 A，在反应过程中可视为不变，而反应物 A 溶解于水的速率极快，以至于 A 在水中的浓度恒为其饱和溶解度。试求此反应器中液相体积为 $5m^3$ 时 C 的生成量。已知 $k=1m^3\cdot kmol^{-1}\cdot h^{-1}$，$c_{B0}=3kmol\cdot m^{-3}$，$c_{A饱和}=0.02kmol\cdot m^{-3}$，水溶液流量为 $10m^3\cdot h^{-1}$。

9. 反应 $2H_2+2NO\longrightarrow N_2+2H_2O$，在恒容下用等物质的量 H_2、NO 进行实验，测得以下数据

总压/MPa	0.0272	0.0326	0.0381	0.0435	0.0543
半衰期/s	265	186	135	104	67

求此反应的级数。

10. 考虑反应 $A\longrightarrow 3P$，其动力学方程为 $-r_A=-\dfrac{1}{V}\cdot\dfrac{dn_A}{dt}=k\dfrac{n_A}{V}$ 试推导在恒容条件下以总压表示的动力学方程。

11. A 和 B 在水溶液中进行反应，在 25℃下测得下列数据，试确定该反应反应级数和反应速度常数。

时间/s	116.8	319.8	490.2	913.8	1188	∞
$c_A/kmol\cdot m^{-3}$	99.0	90.6	83.0	70.6	65.3	42.4
$c_B/kmol\cdot m^{-3}$	56.6	48.2	40.6	28.2	22.9	0

12. 丁烷在 700℃，总压为 0.3MPa 的条件下热分解反应：

$$C_4H_{10}\longrightarrow 2C_2H_4+H_2$$
$$(A)\qquad (R)\qquad (S)$$

起始时丁烷为 116kg，当转化率为 50% 时 $-\dfrac{dp_A}{dt}=0.24MPa\cdot s^{-1}$，求此时 $\dfrac{dp_R}{dt}$、$\dfrac{dn_S}{dt}$ 和 $-\dfrac{dy_A}{dt}$。

13. 某二级液相不可逆反应在初始浓度为 $5kmol\cdot m^{-3}$ 时，反应到某一浓度需要 285s，初始浓度为 $1kmol\cdot m^{-3}$ 时，反应到同一浓度需要 283s，那么，从初始浓度为 $5kmol\cdot m^{-3}$ 反应到 $1kmol\cdot m^{-3}$ 需要多长时间？

14. 在间歇搅拌槽式反应器中，用醋酸与丁醇生产醋酸丁酯，反应式为：

$$CH_3COOH + C_4H_9OH \xrightarrow{H_2SO_4} CH_3COOC_4H_9 + H_2O$$
$$\text{(A)} \qquad \text{(B)} \qquad\qquad \text{(R)} \qquad \text{(S)}$$

反应物配比为：A(mol)：B(mol)＝1：4.97，反应在100℃下进行。A转化率达50%需要时间为24.6min，辅助生产时间为30min，每天生产2400kg醋酸丁酯（忽略分离损失），计算反应器体积。混合物密度为750kg·m^{-3}，反应器装填系数为0.75。

15. 反应 $(CH_3CO)_2O + H_2O \longrightarrow 2CH_3COOH$ 在间歇反应器中15℃下进行。已知一次加入反应物料50kg，其中 $(CH_3CO)_2O$ 的浓度为216mol·m^{-3}，物料密度为1050kg·m^{-3}。反应为拟一级反应，速率常数为 $k = 5.708 \times 10^7 \exp(-E/RT)$ min^{-1}，$E = 49.82$kJ·mol^{-1}。求 $x_A = 0.8$ 时，在等温操作下的反应时间。

16. 在100℃下，纯A在恒容间歇反应器中发生下列气相反应：

$$2A \longrightarrow R + S$$

A组分分压与时间关系见下表：

t/s	0	20	40	60	80	100	120	140	160
p_A/MPa	0.1	0.096	0.080	0.056	0.032	0.018	0.008	0.004	0.002

试求在100℃，0.1MPa下，进口物流中包含20%惰性物，A组分流量为100mol·h^{-1}，达到95%转化率所需的平推流反应器的体积。

17. 间歇操作的液相反应 $A \longrightarrow R$，反应速率测定结果列于下表。欲使反应物浓度由 $c_{A0} = 1.3$kmol·m^{-3} 降到0.3 kmol·m^{-3} 需多少时间？

c_A/kmol·m^{-3}	0.1	0.2	0.3	0.4	0.5	0.6	0.7	0.8	1.0	1.3	2.0
$(-r_A)$/kmol·m^{-3}·min^{-1}	0.1	0.3	0.5	0.6	0.5	0.25	0.10	0.06	0.05	0.045	0.042

18. 一气相分解反应在常压间歇反应器中进行，在400K和500K温度下，其反应速率均可表达为 $-r_A = 23 p_A^2$ mol·m^{-3}·s^{-1}，式中 p_A 的单位为kPa。求该反应的活化能。

19. 有如下化学反应

$$CH_4 + C_2H_2 + H_2 = C_2H_4 + CH_4$$
$$\text{(I)} \quad \text{(A)} \quad \text{(B)} \qquad \text{(P)} \quad \text{(I)}$$

在反应前各组分的物质的量分别为 $n_{I0} = 1$mol；$n_{A0} = 2$mol；$n_{B0} = 3$mol；$n_{P0} = 0$，求化学膨胀率（用两种方法）。

20. 在555K及0.3MPa下，在平推流管式反应器中进行气相一级反应 $A \longrightarrow P$，已知进料中含A 30%（摩尔分数），其余为惰性物料，总加料流量为6.3mol·s^{-1}，动力学方程式为 $-r_A = 0.27 c_A$ mol·m^{-3}·s^{-1} 为了达到95%转化率，试求：

(1) 所需空速为多少？

(2) 反应器容积大小？

21. 液相一级不可逆分解反应 $A \longrightarrow B + C$ 于常温下在一个 $2m^3$ 全混流反应器（CSTR，MFR，连续搅拌槽式反应器）中等温进行。进口反应物浓度为1kmol·m^{-3}，体积流量为1m^3·h^{-1}，出口转化率为80%。因后续工段设备故障，出口物流中断。操作人员为此紧急停止反应器进料。半小时后故障排除，生产恢复。试计算生产恢复时反应器内物料的转化率为多少？

22. 第 17 题中的反应，（1）当 $c_{A0}=1.2\text{kmol} \cdot \text{m}^{-3}$，进料速率 $1\text{kmol A} \cdot \text{h}^{-1}$，转化率为 75%；（2）$c_{A0}=1.3\text{kmol} \cdot \text{m}^{-3}$，进料速率 $2\text{kmol A} \cdot \text{h}^{-1}$，出口为 $0.3\text{kmol} \cdot \text{m}^{-3}$；（3）$c_{A0}=2.4\text{kmol} \cdot \text{m}^{-3}$，出口仍然为 $0.3\text{kmol} \cdot \text{m}^{-3}$，进料速率为 $1\text{kmol A} \cdot \text{h}^{-1}$。计算三种情况下，用全混流反应器的体积各为多少？

23. 反应 $A+B \longrightarrow R+S$，已知 $V_R=0.001\text{m}^3$，物料进料速率 $V_0=0.5 \times 10^{-3}\text{m}^3 \cdot \text{min}^{-1}$，$c_{A0}=c_{B0}=5\text{mol} \cdot \text{m}^3$，动力学方程式为 $-r_A=kc_A c_B$，其中 $k=100\text{m}^3 \cdot \text{kmol}^{-1} \cdot \text{min}^{-1}$。求：（1）反应在平推流反应器中进行时出口转化率为多少？（2）欲用全混流反应器得到相同的出口转化率，反应器体积应多大？（3）若全混流反应器体积 $V_R=0.001\text{m}^3$，可达到的转化率为多少？

24. 在全混流反应器中进行如下等温液相反应：

$2A \longrightarrow B+C$	$r_C=k_1 c_A^2$
$A+B \longrightarrow 2D$	$r_D=2k_2 c_A c_B$

A 的初始浓度为 $2.5\text{kmol} \cdot \text{m}^{-3}$，A 和 C 的出口浓度分别为 $0.45\text{kmol} \cdot \text{m}^{-3}$ 和 $0.75\text{kmol} \cdot \text{m}^{-3}$。假设进口物流中不含 B、C、D，反应时间为 1250s，求：

（1）出口物流中 B 和 D 的浓度；

（2）k_1 和 k_2。

2

复合反应与反应器选型

化学反应动力学关联温度及单位反应体积内反应物的物质的量（浓度）与反应速率的函数关系。而反应速率讲的是单位反应体积内反应物（或产物）物质的量随时间的变化率。二者都涉及"单位反应体积"。化学反应工程学重视反应体积的概念，强调在反应器中不同时间、不同位置上的局部浓度可能不相同。这就造成了同一个反应发生在不同反应器中会有不同的结果。

前一章，介绍了三种理想反应器，间歇反应器、平推流反应器完全没有返混和全混流反应器的返混达到极大的程度。从间歇反应器的特性可以看出，化学反应在间歇反应器中进行，反应器内各点的温度、浓度、物料在反应器中的停留时间以及反应速率完全相同。这是一个均匀的体系。无论反应器有多大，只要用反应器内某个反应物（或产物）的物质的量除以反应器体积，就可以得到它的浓度，而且，在反应器内任何位置都相同。

由化学反应速率的定义式（什么是反应速率）：

$$-r_A = -\frac{1}{V}\frac{dn_A}{dt} \tag{1.1-10}$$

和化学反应动力学方程（温度和浓度如何影响反应速率）：

$$-r_A = k_c c_A^m c_B^n \tag{1.1-17}$$

相结合，就可以得到反应物物质的量随时间的变化关系。

为说明问题，姑且假定为恒容过程：

$$-\frac{dc_A}{dt} = k_c c_A^m c_B^n$$

积分上式得到 $c_A = f(t)$，就是组分浓度（物质的量）随时间逐渐发生改变的过程。以上推导，没有涉及反应器，只是反应速率的定义与它的影响因素的结合。而得到的结果，正是在间歇反应器中发生的实际过程。究其根源，就是因为间歇反应器中没有返混，化学反应在其中进行，反应器内各点的温度、浓度、物料在反应器中的停留时间以及反应速率完全相同。

平推流反应器在结构和操作方式上与间歇反应器截然不同，一个没有搅拌一个有搅拌；一个连续操作一个间歇操作；一个是管式一个是釜式。但有一点是共同的，就是二者都没有返混，所有物料在反应器内的停留时间都相同。既然停留时间都相同，没有不同停留时间（即不同转化率，不同浓度）物料的混合，两种反应器在相同的进口（初始）条件和反应时间下，就应该得到相同的反应结果。

前一章的推导证明了这一点［式(1.4-3) 和式(1.4-14)］。

为了加深对问题的理解，我们可以这样考虑。在间歇反应器中，所有物料微元在同一时间开始、同一时间结束反应，经历相同的反应时间；在平推流反应器中，物料微元依次于不同时间进入反应器开始反应，经历了相同的反应时间后，又依次于不同时间离开反应器。就某个物料微元来说，在这两种反应器中，除了反应起始时间不同外，没有其他不同。这样，两种反应器在相同的进口 (初始) 条件和反应时间下，可以得到相同的反应结果，就是理所当然的了。

从化学反应工程的角度看，间歇反应器和平推流反应器在本质上是相同的，都是没有返混的反应器。而全混流反应器则是返混达到极大程度的另一类反应器。间歇反应器和平推流反应器的相同体现在二者的设计方程相同，至于两个设计方程的自变量不同 (间歇反应器是反应时间，平推流反应器是反应器轴向长度)，可以通过在平推流反应器中流体的线速度，轻而易举地把反应器轴长变量转换成时间变量。因此，在进行反应器比较时，只对平推流和全混流进行分析即可。

反应器的选型，其实就是根据不同反应的特性，选择适合这种反应类型的操作方式。对于正级数的简单反应，前一章的例题已经清楚地表明，在反应体积相同时，平推流反应器可以得到更高的转化率；在出口转化率相同的条件下，平推流反应器的体积小于全混流。对于其他类型的反应，需要考虑的因素不只是反应器体积，还需要仔细研究反应特性与反应器之间的关系。这就是本章主要研究的问题。

在工业规模化学反应器中进行的过程，是比较复杂的。其中既有化学反应过程，又有传质、传热和不均匀流动等物理过程，物理过程与化学反应过程相互影响、相互渗透，影响反应结果。

从本质上说，物理过程不改变反应过程的动力学规律。也就是说，反应的动力学方程并不因为物理过程的存在而发生变化。但是，流体的流动、传质、传热过程会影响实际反应场所的浓度和温度在时间、空间上的分布，从而影响反应的最终结果。也就是同一反应动力学方程，但物料的浓度与温度不同，则反应速度也将是不同的。

对某个具体反应，选择反应器、操作条件和操作方式主要考虑化学反应本身的特征与反应器特征，最终选择的依据将取决于所有过程的经济性。过程的经济性主要受两个因素影响：一是反应器的大小；二是产物分布 (选择性、收率等)。对于单一反应来说，其产物是确定的，没有产物的分布问题，在反应器设计评比中比较重要的因素是反应器的大小；而对于复合反应，首先要考虑产物分布。因此，根据这两大类不同的反应，分别进行讨论。

2.1 单一不可逆反应过程与反应器

2.1.1 单一不可逆反应过程平推流反应器与全混流反应器的比较

一个单一反应，如 A ——→ P 的反应，在这两种理想反应器中进行时，由于反应器

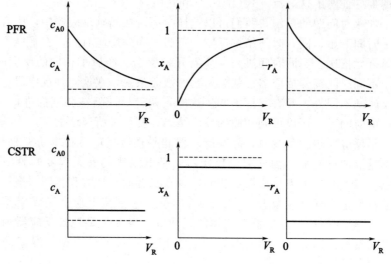

图 2-1　不同反应器中浓度（c_A）、转化率（x_A）、反应速率（$-r_A$）的变化图

的性能特征不同，表现出不同的结果。若分别以 c_A-V_R，x_A-V_R，$(-r_A)$-V_R 作图，结果如图 2-1 所示。

若反应为 n 级反应，其反应动力学方程为：

$$-r_A = -\frac{1}{V}\frac{dn_A}{dt} = kc_A^n = kc_{A0}^n\left(\frac{1-x_A}{1+\varepsilon_A x_A}\right)^n \tag{2.1-1}$$

对于平推流反应器，在恒温下进行，其设计式为：

$$\tau_P = \frac{1}{kc_{A0}^{n-1}}\int_0^{x_A}\left(\frac{1+\varepsilon_A x_A}{1-x_A}\right)^n dx_A \tag{2.1-2}$$

对于全混流反应器，在恒温下进行，其设计式为：

$$\tau_m = \frac{x_A}{kc_{A0}^{n-1}}\left(\frac{1+\varepsilon_A x_A}{1-x_A}\right)^n \tag{2.1-3}$$

式(2.1-2)、式(2.1-3) 中下标 p、m 分别代表平推流和全混流的情况，以式(2.1-2) 除式(2.1-3)，当初始条件和反应温度相同时，得：

$$\frac{\tau_m}{\tau_p} = \frac{(V_R)_m}{(V_R)_p} = \frac{x_A\left[\dfrac{1+\varepsilon_A x_A}{1-x_A}\right]^n}{\displaystyle\int_0^{x_A}\left(\frac{1+\varepsilon_A x_A}{1-x_A}\right)^n dx_A} \tag{2.1-4}$$

对恒容系统 $\varepsilon = 0$ 上式简化为：

$$\frac{\tau_m}{\tau_p} = \frac{\left[\dfrac{x_A}{(1-x_A)^n}\right]}{\left[\dfrac{(1-x_A)^{1-n}-1}{n-1}\right]} \qquad n\neq 1 \tag{2.1-5}$$

$$\frac{\tau_m}{\tau_p} = \frac{\left[\dfrac{x_A}{1-x_A}\right]}{-\ln(1-x_A)} \qquad n=1 \tag{2.1-6}$$

将式(2.1-4) 以图解型式表示在图 2-2 中，其直接表示了达到一定转化率时，两种反应器体积比率。

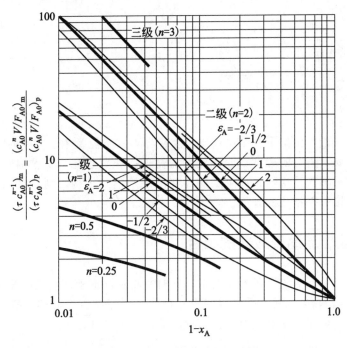

图 2-2　n 级反应在简单反应器中性能比较

从图 2-1 和图 2-2 中可见：①在图 2-1 中，对平推流反应器，当工艺条件一旦确定，过程的反应速率取决于（$1-x_A$）值的大小及其分布。在全混流反应器的 x_A-V_R 图中可见，由于返混达到最大，反应器内反应物浓度即为出料中的浓度，因而整个反应过程处于低浓度范围操作。由此可得这样的结论：对同一个单一正级数反应，在相同的工艺条件下，为达到相同的转化率，平推流反应器所需反应器体积为最小，而全混流所需的反应器体积为最大。换句话说，若反应体积相同，则平推流反应器可达的转化率为最大，全混流反应器可达的转化率为最小。从图 2-2 中也可见到 $(\tau c_{A0}^{n-1})_m / (\tau c_{A0}^{n-1})_p$ 总是大于 1 的。②从图 2-2 可以看出，当转化率很小时，反应器性能受流动状况的影响较小，当转化率趋于零时，平推流与全混流的体积比等于 1，随着转化率的增加，两者体积相差就愈来愈显著。由此可得出这样的结论：过程要求进行的程度（转化率）越高，返混的影响也越大。③从图 2-2 中可以看到，当转化率一定时，随着反应级数 n 的增加，全混釜所需体积与平推流反应器所需的体积之比迅速增大。而对零级反应，流动状况对所需反应体积的大小没有影响，二者之比等于 1。④如果反应引起密度降低（物料体积膨胀），会增加全混流与平推流的体积比率，也就是说它进一步导致全混流反应器的效率下降。如果反应引起密度增加（体积缩小），则出现相反的结果。然而密度变化对两反应器大小的影响与流动状况的影响相比要小得多（如图 2-2 所示，细实线在粗实线附近），它通常属于较次要的因素。⑤对于恒容条件下的二级反应，两种反应器性能的比较在图 2-2 中刚好是对角线，这可以在以下数学推导中证明：

$$\frac{(\tau c_{A0}^{1-n})_m}{(\tau c_{A0}^{1-n})_p} = \frac{\left[\dfrac{x_A}{(1-x_A)^n}\right]_m}{\left[\dfrac{(1-x_A)^{1-n}-1}{n-1}\right]_p} \qquad (2.1\text{-}5)$$

$$n=2$$

$$\frac{\tau_m}{\tau_p}=\frac{\left[\dfrac{x_A}{(1-x_A)^2}\right]}{\left[\dfrac{(1-x_A)^{-1}-1}{1}\right]}=\frac{x_A}{(1-x_A)^2\left[(1-x_A)^{-1}-1\right]}$$

$$=\frac{x_A}{(1-x_A)-(1-x_A)^2}=\frac{x_A}{-x_A+2x_A-x_A^2}=\frac{1}{1-x_A}$$

从以上讨论可得出下列结论：确定反应器型式不但要考虑反应的级数，而且要考虑过程要求进行的程度，即转化率的高低；级数越高，要求的转化率也高，这时应采用平推流反应器；如果反应器只能采用釜式结构，则可采用多釜串联，使之尽可能接近平推流的性能。

2.1.2 理想流动反应器的组合

工业生产上，为了满足不同要求，有时常将相同或不同型式的简单反应器组合在一起。如 N 个全混流反应器的串联操作，可以减少返混的影响，而循环反应器可以使平推流反应器具有全混流反应器的某种特征。

2.1.2.1 理想流动反应器的并联操作

（1）平推流反应器的并联操作　需要解决的问题是：有若干个相同或不同体积的平推流反应器并联在一起，如何使最终转化率达到最高或使反应器体积最小。如有两个并联 PFR

$$V_R=V_{R1}+V_{R2} \tag{2.1-7}$$

因为是并联操作，总物料体积流量等于通过各反应器的体积流量之和：

$$V_0=V_{01}+V_{02} \tag{2.1-8}$$

由平推流反应器的设计方程(1.4-14)

$$\tau=\frac{V_R}{V_0}=c_{A0}\int_0^{x_A}\frac{\mathrm{d}x_A}{-r_A} \tag{1.4-14}$$

可以看出，在等温条件下，同一动力学方程下，空间时间和出口转化率之间形成一一对应关系。尽可能减少返混是保持高转化率的前提条件，而只有当并联各支路之间的转化率相同时返混最小。如果各支路之间的转化率不同，就会出现不同转化率的物流相互混合，即不同停留时间的物流的混合，就是返混。因此，平推流反应器并联各支路的空间时间相同时最终转化率最高或者达到一定转化率所需的反应器体积最小。即：

$$\tau_1=\tau_2 \tag{2.1-9}$$

当然，各支路之间体积流量的分配要服从：

$$V_{R1}:V_{R2}=V_{01}:V_{02} \tag{2.1-10}$$

（2）全混流反应器的并联操作　多个全混流反应器并联操作时，达到相同转化率使反应器体积最小，与平推流并联操作同样道理，必须满足式(2.1-9)和式(2.1-10)。

2.1.2.2 理想流动反应器的串联操作

（1）平推流反应器的串联操作　考虑 N 个平推流反应器的串联操作，如图

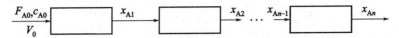

图 2-3 平推流反应器串联操作

2-3 所示。设 x_{A1}，x_{A2}，…，x_{An} 分别为反应组分 A 离开第 1，2，…，N 个反应器时的转化率。对反应组分 A 作每个反应器的物料衡算，并积分得：

$$\frac{V_{Ri}}{F_{A0}} = \frac{\tau_i}{c_{A0}} = \int_{x_{Ai-1}}^{x_{Ai}} \frac{\mathrm{d}x_A}{(-r_A)} \qquad (2.1\text{-}11)$$

对串联的 N 个反应器而言

$$\frac{V_R}{F_{A0}} = \sum \frac{V_{Ri}}{F_{A0}} = \sum \int_{x_{Ai-1}}^{x_{Ai}} \frac{\mathrm{d}x_A}{(-r_A)} = \int_0^{x_{An}} \frac{\mathrm{d}x_A}{(-r_A)}$$

N 个平推流反应器串联操作，由总体积 V_R 获得的转化率与一个具有体积为 V_R 的单个平推流反应器所能获得的转化率相同。

（2）全混流反应器的串联操作　N 个全混流反应器串联操作在工业生产上经常遇到。其中各釜均能满足全混流假设，且认为釜与釜之间符合平推流假定，没有返混，也不发生反应。如图 2-4 所示。

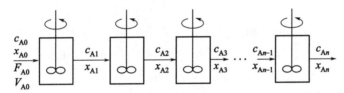

图 2-4　多釜串联操作示意图

对任意第 i 釜中关键组分 A 作物料衡算。

对恒容、定常态流动系统，V_0 不变，$\dfrac{V_{Ri}}{V_0} = \tau_i$，故有：

$$\tau_i = \frac{c_{A0}(x_{Ai} - x_{Ai-1})}{(-r_A)_i} = \frac{c_{Ai-1} - c_{Ai}}{(-r_A)_i} \qquad (2.1\text{-}12)$$

对于 N 釜串联操作的系统，总空间时间：

$$\tau = \tau_1 + \tau_2 + \cdots + \tau_N$$

τ 小于单个全混釜达到相同转化率 x_{AN} 操作时的空间时间，如图 2-5 所示。

$$显然\ \tau_1 + \tau_2 + \cdots + \tau_N < \frac{c_{A0}(x_{AN} - x_{A0})}{(-r_A)_N} \qquad (2.1\text{-}13)$$

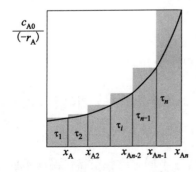

图 2-5　多釜串联反应器的空间时间

这是由于釜与釜之间不存在返混，故总的返混程度小于单个全混釜。

式(2.1-13) 既可用于各釜体积与温度相同的反应系统，也可用于计算各釜体积与温度不相同的操作情况。

解析法计算出口浓度或转化率

对于一级反应：

$$\tau_1 = \frac{c_{A0} - c_{A1}}{k c_{A1}} \qquad c_{A1} = \frac{c_{A0}}{1 + k\tau_1}$$

$$\tau_2 = \frac{c_{A1} - c_{A2}}{k c_{A2}} \qquad c_{A2} = \frac{c_{A1}}{1 + k\tau_2} = \frac{c_{A0}}{(1 + k\tau_1)(1 + k\tau_2)}$$

依此类推：

$$c_{AN} = \frac{c_{A0}}{\prod\limits_{i=1}^{N}(1 + k\tau_i)}$$

上式表明，对于发生在多个串联的大小不同的全混流反应器中的一级不可逆反应，其最终达到的反应结果与各个反应器的排列顺序无关。

如果各釜体积相同，即停留时间相同 $\tau_i = \tau_j$，则：

$$c_{AN} = \frac{c_{A0}}{(1 + k\tau_i)^N} \tag{2.1-14}$$

同理可证，串联体系的总空间时间：

$$\tau_N = N\tau_i = \frac{N}{k}\left[\left(\frac{c_{A0}}{c_{AN}}\right)^{1/N} - 1\right] \tag{2.1-15}$$

对于二级反应，以上面方法，可以推出：

$$c_{Ai} = \frac{-1 + \sqrt{1 + 4k\tau_i c_{Ai-1}}}{2k\tau_i} \tag{2.1-16}$$

例 2-1 条件同例 1-3 的醇酸树脂生产，若采用四个体积相同的全混釜串联操作，求己二酸转化率为 80% 时，各釜出口己二酸的浓度和所需反应器的体积。

解：已知 $-r_A = 1.97 \times 10^{-3} c_A c_B$，$V_0 = 0.171 \mathrm{m^3 \cdot h^{-1}}$，$c_{A0} = c_{B0} = 4 \mathrm{kmol \cdot m^{-3}}$，$x_{Af} = 0.8$

要求第四釜出口转化率为 80%，即

$$c_{A4} = c_{A0}(1 - x_{Af}) = 4 \times (1 - 0.8) \mathrm{kmol \cdot m^{-3}} = 0.8 \mathrm{kmol \cdot m^{-3}}$$

以试差法确定每釜出口浓度

设 $\tau_i = 3\mathrm{h}$ 代入式 (2.1-16)

$$c_{Ai} = \frac{-1 + \sqrt{1 + 4k\tau_i c_{Ai-1}}}{2k\tau_i}$$

由 c_{A0} 求出 c_{A1}，然后依次求出 c_{A2}、c_{A3}、c_{A4}，看是否满足 $c_{A4} = 0.8$ 的要求。将以上数据代入，求得：

$$c_{A4} = 0.824 \mathrm{kmol \cdot m^{-3}}$$

结果稍大，说明反应时间不够，重新假设 $\tau_i = 3.14\mathrm{h}$，求得：

$c_{A1} = 2.202 \mathrm{kmol \cdot m^{-3}}$，$c_{A2} = 1.437 \mathrm{kmol \cdot m^{-3}}$，$c_{A3} = 1.037 \mathrm{kmol \cdot m^{-3}}$，$c_{A4} = 0.798 \mathrm{kmol \cdot m^{-3}}$

基本满足精度要求。

$$V_{Ri} = V_0 \times \tau_i = 0.171 \times 3.14 \mathrm{m^3} = 0.537 \mathrm{m^3}$$

$$V_R = 4 \times 0.537 \mathrm{m^3} = 2.15 \mathrm{m^3}$$

这一结果远小于例 1-7 中单个全混流反应器的体积 $7.23\mathrm{m^3}$，当然大于例 1-4 中平推流反应器的 $1.45\mathrm{m^3}$。

图解法计算

对于某些动力学方程比较复杂的反应，或各釜大小不同，或各釜操作温度不同，直接求解式 (2.1-12) 有困难，可以采用计算机编程或图解法求解。

将式（2.1-12）重排，得到：

$$(-r_A)_i = \frac{c_{A0}}{\tau_i}x_{Ai} - \frac{c_{A0}}{\tau_i}x_{Ai-1} \qquad (2.1\text{-}17)$$

式（2.1-17）表示 i 釜进口转化率 x_{Ai-1} 一定时，出口转化率 x_{Ai} 与该釜中反应速率 $(-r_A)_i$ 之间呈线性关系。在 x_A-$(-r_A)$ 图上（见图 2-6）为一直线，斜率为 c_{A0}/τ_i，该直线与 x_A 轴交于 x_{Ai-1}。出口转化率不仅要满足物料衡算关系，还应满足动力学关系 $(-r_A)$。两线交点 P_i 的横坐标 x_{Ai} 即为该釜的转化率。

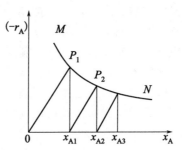

图 2-6　转化率与反应速度关系

方法步骤如下：①根据动力学方程 $(-r_A)=kf(x)$ 之关系，在 x_A-$(-r_A)$ 坐标图上作出曲线 MN；②根据第一釜物料衡算式，$x_{Ai-1}=0$，过坐标原点，作斜率为 c_{A0}/τ 的直线（注意，如果各釜大小相同，各直线斜率均相同），与 MN 曲线交于 P_1 点，P_1 点的横坐标 x_{A1} 为第一釜出口转化率；③若各个反应器体积相等，以 x_{A1} 为起点，c_{A0}/τ 为斜率，作直线 $x_{A1}P_2$，交 MN 曲线于 P_2 点，P_2 点横坐标即为 x_{A2}；④依此类推，一直到所得 x_{Ai} 值达到要求的出口转化率为止。当釜数一定时，达到一定转化率需要确定有效容积 V_R 或体积流量 V_0 时（即确定 τ_i），可试差得到。

多釜串联的反应器，由于釜间无返混，使返混程度减少，当 $N \rightarrow \infty$ 时，多釜串联全混反应器组的操作就相当于平推流反应器。通常在工业中常采用 $3 \sim 4$ 釜串联操作，这样设备投资合理。为了利于维修多数 V_{Ri} 都取相同大小和结构的设备。

2.1.3　不同型式反应器的组合

若反应器的型式、大小已经确定，如何把它们组合起来，以在确定的动力学条件下，发挥更大的效益。不同的化学反应，其动力学千差万别，但究其反应速率与反应物浓度的关系，无非是单调递增、单调递减、有最大值、有最小值四种情况如图 2-7 所示。

对于图 2-7(a)，反应物浓度愈高，反应速率愈大。在选用组合反应器的型式或选取加料方式时，应使反应物尽可能维持最高浓度。平推流反应器，物料不发生返混，其反应物浓度沿流动方向的变化正是反应过程浓度的分布，即它维持了反应物浓度的最高水平。全混流反应器内没有浓度分布，只是在一个最低浓度水平下反应，这个最低浓度水平是在进口浓度一定，进料速率一定时，随着物料的

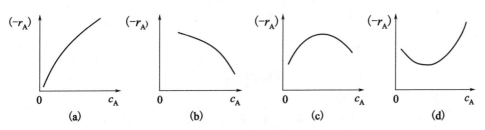

图 2-7　反应速率与浓度的几种关系

平均停留时间的增长而降低，即随着反应器体积增大，器内浓度减小。因此，对图 2-7(a) 的情况，应选用平推流反应器。假若现有平推流、小全混釜、大全混釜三个反应器，要求最优组合，应该按物流方向，其连接顺序为平推流→小全混釜→大全混釜。对于图 2-7(b)，应选用全混釜。当有不同型式反应器时，其最优组合顺序与 (a) 相反。对于图 2-7(c)、图 2-7(d)，可以从极值点把曲线分成如 (a)、(b) 那样的两段，按 (a)、(b) 所述原则选择不同型式反应器的组合。

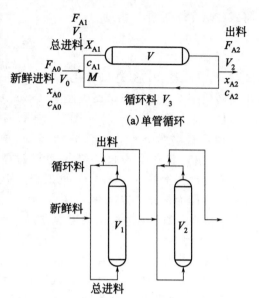

(a)单管循环

(b)多管循环

图 2-8　循环反应器示意图

2.1.4　循环反应器

在工业生产上，有时为了控制反应物的合适浓度，以便于控制温度、转化率和收率，或为了提高原料的利用率，常常采用部分物料循环的操作方法，如图 2-8 所示。

循环反应器的基本假设：①反应器内为理想活塞流流动；②管线内不发生化学反应；③整个体系处于定常态操作。

如图 2-8(a) 所示，新鲜进料中 A 物质摩尔流量为 F_{A0}，转化率为 $x_{A0}=0$，离开反应器系统的 A 物质摩尔流量为 F_{A2}，转化率为 x_{A2}；循环物料中 A 物质摩尔流量为 F_{A3}，转化率仍为 x_{A2}。

根据第一条基本假设，该反应器体积可按下式计算：

$$V_R = V_1 c_{A0} \int_{x_{A1}}^{x_{A2}} \frac{\mathrm{d}x_A}{(-r_A)} \tag{2.1-18}$$

但该式计算时要求解决物料处理量 V_1 以及反应器进口转化率 x_{A1} 的计算。为方便起见，设循环物料体积流量与离开反应系统物料的体积流量之比为循环比 β，因为 V_2，V_3 为相同的物料，组成相同，体积流量之比即为摩尔流量之比：

$$\beta = \frac{V_3}{V_2} = \frac{F_{A3}}{F_{A2}} \tag{2.1-19}$$

对图 2-8(a) 中 M 点作物料衡算：

$$c_{A1} = \frac{F_{A1}}{V_1} = \frac{F_{A0} + F_{A3}}{V_0 + V_3} = \frac{F_{A0} + \beta F_{A2}}{V_0 + \beta V_2}$$

对整个体系而言，有：

$$F_{A2} = F_{A0}(1 - x_{A2})$$
$$V_2 = V_0(1 + \varepsilon_A x_{A2})$$

代入上式

$$c_{A1} = \frac{F_{A0}[1 + \beta(1 - x_{A2})]}{V_0[1 + \beta(1 + \varepsilon_A x_{A2})]} = \frac{c_{A0}[1 + \beta(1 - x_{A2})]}{1 + \beta(1 + \varepsilon_A x_{A2})}$$

$$\frac{c_{A1}}{c_{A0}} = \frac{[1 + \beta(1 - x_{A2})]}{1 + \beta(1 + \varepsilon_A x_{A2})} \tag{2.1-20}$$

作为计算基准，在任何意义上均有：

$$c_{A1} = \frac{n_{A1}}{V_1} = \frac{n_{A0}(1 - x_{A1})}{V_0(1 + \varepsilon_A x_{A1})} = c_{A0} \frac{1 - x_{A1}}{1 + \varepsilon_A x_{A1}} \tag{1.4-22}$$

从中解出 x_{A1}

$$x_{A1} = \frac{1 - \dfrac{c_{A1}}{c_{A0}}}{1 + \varepsilon_A \dfrac{c_{A1}}{c_{A0}}}$$

将式（2.1-20）代入上式可得：

$$x_{A1} = \frac{\beta}{1 + \beta} x_{A2} \tag{2.1-21}$$

平推流反应器设计方程中，转化率的基准应当与反应器入口处体积流量及这一体积流量下转化率为 0 时的 A 组分的摩尔流量对应：

$$V_R = F'_{A0} \int_{x_{A1}}^{x_{A2}} \frac{\mathrm{d}x_A}{-r_A} \tag{2.1-22}$$

式中，F'_{A0} 是一个虚拟的值，它由两部分组成，新鲜进料 F_{A0} 和循环回来的物流 V_3 中当转化率为 0 时应当具有的 A 的摩尔流量。即：

$$F'_{A0} = F_{A0} + (F_{A3})_{x=0}$$

据定义，无论转化率为多少，

$$F_{A3} = \beta F_{A2}$$
$$F'_{A0} = F_{A0} + (\beta F_{A2})_{x=0} = F_{A0} + \beta(F_{A2})_{x=0}$$
$$= F_{A0} + \beta(F_{A2})_{x=0}$$

F_{A2} 是反应器出口的摩尔流量，当转化率为 0 时，自然就是 F_{A0}。

$$F'_{A0} = F_{A0} + \beta F_{A0} = (1 + \beta) F_{A0}$$

由此得到循环反应器体积：

$$V_R = (1 + \beta) F_{A0} \int_{\frac{\beta}{1+\beta} x_{A2}}^{x_{A2}} \frac{\mathrm{d}x_A}{-r_A} \tag{2.1-23}$$

空间时间：

$$\tau = \frac{V_R}{V_0} = (1 + \beta) c_{A0} \int_{\frac{\beta}{1+\beta} x_{A2}}^{x_{A2}} \frac{\mathrm{d}x_A}{-r_A} \tag{2.1-24}$$

在式（2.1-23）和式（2.1-24）的推导过程中考虑到了变容的因素，因此适用于任何膨胀率 ε_A。

当循环比 β 为 0 时，式（2.1-23）和式（2.1-24）还原为普通平推流反应器设计方程。

$$\frac{V_R}{F_{A0}} = \int_0^{x_{A2}} \frac{\mathrm{d}x_A}{-r_A}$$

当循环比 $\beta \to \infty$ 时，式（2.1-23）和式（2.1-24）变为全混流反应器设计方程〔式（1.4-30）〕。

$$\lim_{\beta \to \infty}(1+\beta)\int_{\frac{\beta}{1+\beta}x_{A2}}^{x_{A2}}\frac{\mathrm{d}x_A}{-r_A}=\lim_{\beta \to \infty}\frac{\int_{\frac{\beta}{1+\beta}x_{A2}}^{x_{A2}}\frac{\mathrm{d}x_A}{-r_A}}{\frac{1}{1+\beta}}=\frac{x_{A2}}{(-r_A)_{x_{A2}}}$$

当 $0<\beta<\infty$ 时，反应器属于非理想流动反应器。

实际上，只要 β 足够大，如 $\beta>25$ 时，即可认为是等浓度操作。大循环比操作的反应过程对在实验室中研究反应动力学非常重要，这可使气相反应实现全混流操作并可使动力学数据处理大为简化，使反应器保持较好的等温状态。

2.2 自催化反应特性与反应器选型

自催化反应是复合反应中的一类。其主要特点是反应产物在反应进程的某个阶段能对该反应进程起加速作用。这类反应频繁出现在生化反应过程中。

反应 1 $$A \xrightarrow{k_1} P \tag{2.2-1}$$

反应 2 $$A+P \xrightarrow{k_2} P+P \tag{2.2-2}$$

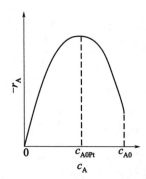

图 2-9 自催化反应的
反应速率 $-r_A$ 与 c_A 关系

通常 k_2 值远大于 k_1。在反应初期尽管反应物的浓度较高，但产物浓度很低，所以总反应速率不大。随着反应的进行，产物浓度不断增加，反应物浓度虽然降低，但其值仍然较高。因此，反应速率将是增加的。当反应进行到某一时刻时，反应物浓度的降低对反应速率的影响超过了产物浓度增加对反应速率的影响，反应速率开始下降。图 2-9 为自催化反应速率随浓度变化的示意图。

假设反应 1、2 均为基元反应，反应 1 的动力学方程为：

$$-r_{A1}=k_1 c_A \tag{2.2-3}$$

反应 2 的动力学方程为：

$$-r_{A2}=k_2 c_A c_P \tag{2.2-4}$$

A 组分的消耗速率为：

$$-r_A=(-r_{A1})+(-r_{A2})=k_1 c_A+k_2 c_A c_P \tag{2.2-5}$$

在整个反应过程中，A 组分被反应掉了，但生成了等量的 P 组分，则 A 与 P 的总物质的量是恒定的，即

$$c_{A0}+c_{P0}=c_A+c_P=c_0 \tag{2.2-6}$$

$$c_P=c_{A0}+c_{P0}-c_A \tag{2.2-7}$$

A 组分的消耗速率为：

$$-r_A=k_1 c_A+k_2 c_A(c_{A0}+c_{P0}-c_A)$$

$$-\frac{\mathrm{d}c_A}{\mathrm{d}t}=k_1 c_A\left[1+\frac{k_2}{k_1}(c_{A0}+c_{P0}-c_A)\right]$$

分离变量积分得：

$$[k_1 + k_2(c_{A0} + c_{P0})]t = \ln\frac{c_{A0}}{c_A} + \ln\frac{k_1 + k_2 c_P}{k_1 + k_2 c_{P0}} \tag{2.2-8}$$

根据求极值原理，有：

$$\frac{\mathrm{d}(-r_A)}{\mathrm{d}c_A} = 0$$

最大反应速率对应的反应物浓度为：

$$c_{Aopt} = \frac{k_1 + k_2(c_{A0} + c_{P0})}{2k_2} \tag{2.2-9}$$

（1）平推流与全混流反应器 ①低转化率的自催化反应，如图 2-10(c) 所示，全混流反应器优于平推流反应器；②转化率足够高时，如图 2-10(a) 所示，用平推流反应器是较适宜的。但应注意，自催化反应使用平推流反应器要求进料中必须保证有一些产物，否则平推流反应器是不适宜的，此时应采用循环反应器。

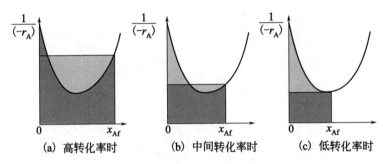

图 2-10　两种反应器用于自催化反应时的性能比较

（2）循环反应器 前面我们已推导出循环反应器的基础设计式为：

$$V_R = (1+\beta)F_{A0}\int_{\frac{\beta}{1+\beta}x_{A2}}^{x_{A2}} \frac{\mathrm{d}x_A}{-r_A} \tag{2.1-23}$$

当 $\beta = 0$，为平推流反应器。当 $\beta \to \infty$，为全混流反应器。通过调节循环比 β，可以改变反应器流动性能，对于一定的反应，可以使得反应器体积最小，这时的循环比称为最佳循环比。

可由：

$$\frac{\mathrm{d}(V_R/F_{A0})}{\mathrm{d}\beta} = 0$$

得到：

$$\left(\frac{1}{-r_A}\right)_{x_{A1}} = \frac{\int_{x_{A1}}^{x_{A2}}\frac{\mathrm{d}x_A}{(-r_A)}}{x_{A2} - x_{A1}} \tag{2.2-10}$$

它表示最佳循环比应使反应器进口物料的反应速率的倒数等于反应器内反应速率倒数的平均值。如图 2-11 所示，图中 KL 代表反应器进口的 $\frac{1}{-r_A}$ 值，PQ 代表整个反应器的平均 $\frac{1}{-r_A}$ 值。循环比适当时，$KL = PQ$。

（3）反应器组合 为了使得反应器组的总体积最小，设计这样一组反应器，在这组反应器中，反应大部分控制在最高速率点或接近最高速率点处进行。为此，可使用一个全混釜式反应器，它可以不必经过较低反应速率的中间组成，而直接控制在最高速率组成下操作。为了使反应能进行得比较完全，即达到较高的

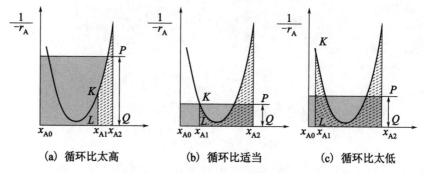

(a) 循环比太高　　　　(b) 循环比适当　　　　(c) 循环比太低

图 2-11　自催化反应合适的循环比

转化率，再用一个平推流反应器来达到最终组成，如图 2-12(a) 所示。这样的组合，既优于单一的平推流或单一的全混流反应器，也优于单一的循环反应器。

反应器的最优组合

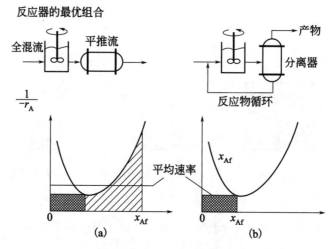

图 2-12　反应器的最优组合

仅就反应器体积最小考虑，最优组合是全混流串联分离装置，即在最高速率下操作的全混釜流出的物流，经过一个分离器后，将产物分离，反应物又返回反应器，如图 2-12 （b） 所示。由于未反应物分离返回所需的全混流反应器比图 2-12 （a） 表示的要大些，如果分离装置的投资和运行费用都比反应器低得多，这种组合是有意义的。

2.3　可逆反应特性与反应器选型

这里讨论的可逆反应，是指那些在工业生产条件下，正、逆反应均以显著速率进行的反应，如合成氨反应：$N_2 + 3H_2 \Longleftrightarrow NH_3$。

设可逆反应：

$$a A + b B \underset{k_2}{\overset{k_1}{\rightleftharpoons}} r R + s S \tag{2.3-1}$$

这是一个复合反应过程，按复合反应动力学的要求，可分解为两个简单反应过程。

$$反应 1（正反应）\quad aA + bB \xrightarrow{k_1} rR + sS \tag{2.3-2}$$

动力学方程（A 组分的消耗速率）为：$-r_{A1} = ak_1 c_A^a c_B^b = k_1 f(x_A)$ $\qquad$ (2.3-3)

$$反应 2（逆反应）\quad rR + sS \xrightarrow{k_2} aA + bB \tag{2.3-4}$$

动力学方程（A 组分的生成速率）为：$r_{A2} = ak_2 c_R^r c_S^s = k_2 g(x_A)$ $\qquad$ (2.3-5)

总反应速率（$-r_A$）为正逆反应速率之差：

$$-r_A = -r_{A1} - r_{A2} = ak_1 c_A^a c_B^b - ak_2 c_R^r c_S^s = k_1 f(x_A) - k_2 g(x_A) \tag{2.3-6}$$

当正逆反应速率相等时，总反应速率为零，反应达到平衡（$-r_A$）$=0$。

此时：

$$\frac{k_1}{k_2} = \frac{g(x_{Ae})}{f(x_{Ae})} = K_c \tag{2.3-7}$$

式中，K_c 为此反应在当前反应温度下以浓度表示的平衡常数，因次为浓度单位的 Δn 次方；x_{Ae} 为平衡转化率。

平衡常数 K 为热力学参数，无因次，与反应速率及其表达式无关，可以通过参与此反应的各组分的标准生成自由焓求得。

$$\Delta G^0 = rG_R^0 + sG_S^0 - aG_A^0 - bG_B^0 = -RT\ln K = -RT\ln \frac{\left[\frac{f}{f^0}\right]_R^r \left[\frac{f}{f^0}\right]_S^s}{\left[\frac{f}{f^0}\right]_A^a \left[\frac{f}{f^0}\right]_B^b} \tag{2.3-8}$$

式中，f 为各组分在平衡状态下的逸度；f^0 为该组分在与 G_i^0 相同的标准状态下的逸度。

以浓度表示的平衡常数：

$$K_c = \frac{c_R^r c_S^s}{c_A^a c_B^b} \tag{2.3-9}$$

对理想气体间的反应，K 与 K_c 的关系：$K = K_c \left(\frac{RT}{p^0}\right)^{\Delta n}$ $\qquad$ (2.3-10)

式中，$\Delta n = r + s - a - b$；$p^0 = 101.3\text{kPa}$。

平衡常数与温度的关系：

$$\frac{\mathrm{d}(\ln K)}{\mathrm{d}T} = \frac{\Delta H_r}{RT^2} \tag{2.3-11}$$

如果忽略反应热效应随温度的变化，可以通过下式由已知的一个温度下的平衡常数求得另一个温度下的平衡常数：

$$\ln \frac{K_2}{K_1} = -\frac{\Delta H_r}{R}\left[\frac{1}{T_2} - \frac{1}{T_1}\right] \tag{2.3-12}$$

由式(2.3-7)，将反应速率常数 k 表示成 $k = k_0 \mathrm{e}^{\frac{-E}{RT}}$，可以推导出平衡转化率与平衡温度之间的关系：

$$T_e = \frac{E_1 - E_2}{R\left[\ln\dfrac{k_{10}}{k_{20}} + \ln\dfrac{f(x_{Ae})}{g(x_{Ae})}\right]} \tag{2.3-13}$$

可逆反应过程有如下特点：

（1）关键组分转化率对反应速率的影响　在温度恒定时，随关键组分转化率 x_A 的增加，正反应速率 $k_1 f(x_A)$ 将随之下降；逆反应速率 $k_2 g(x_A)$ 将随之上升；总反应速率 $-r_A = ak_1 f(x_A) - ak_2 g(x_A)$ 将随之下降，用数学可表达为：

$$\left[\frac{\partial(-r_A)}{\partial x_A}\right]_T < 0 \qquad (2.3\text{-}14)$$

（2）温度对反应速率的影响　　为研究温度对速率的影响，将式(2.3-6)对 T 求导：

$$\left[\frac{\partial(-r_A)}{\partial T}\right]_{x_A} = f(x_A)\frac{\mathrm{d}k_1}{\mathrm{d}T} - g(x_A)\frac{\mathrm{d}k_2}{\mathrm{d}T} \qquad (2.3\text{-}15)$$

正、逆反应速率常数与温度的关系符合阿累尼乌斯方程，则有：

$$\frac{\mathrm{d}k_1}{\mathrm{d}T} = \frac{E_1}{RT^2}k_1 \qquad \frac{\mathrm{d}k_2}{\mathrm{d}T} = \frac{E_2}{RT^2}k_2$$

式中，E_1、E_2 分别为正逆反应的活化能。

将上两式代入式(2.3-15) 得：

$$\left[\frac{\partial(-r_A)}{\partial T}\right]_{x_A} = \frac{E_1 k_1}{RT^2}f(x_A) - \frac{E_2 k_2}{RT^2}g(x_A) \qquad (2.3\text{-}16)$$

考虑 $(-r_A) > 0$ 时，$k_1 f(x_A) > k_2 g(x_A)$，同时可逆吸热反应 $E_1 > E_2$，则：

$$\frac{E_1 k_1}{RT^2}f(x_A) > \frac{E_2 k_2}{RT^2}g(x_A) \qquad (2.3\text{-}17)$$

$$\left[\frac{\partial(-r_A)}{\partial T}\right]_{x_A} > 0 \qquad (2.3\text{-}18)$$

这就是说，在一定转化率下，可逆吸热反应的速率总是随着温度的升高而增加，图 2-13 为可逆吸热反应的反应速率与温度、转化率的关系图。图 2-13 中曲线为等速率线，即曲线上所有点的反应速率相等。$r=0$ 的曲线为平衡曲线，相应的转化率称为平衡转化率，是反应所能达到的极限。可逆吸热反应的平衡转化率随温度升高而增加。位于平衡曲线下方的其它曲线为非零的等速率线，其反应速率的大小次序是：$r_4 > r_3 > r_2 > r_1$。由图 2-13 可知，如果反应温度一定，则反应速率随转化率的增加而下降；若转化率一定，则反应速率随温度升高而增加。

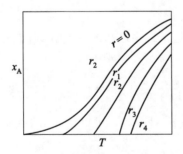

图 2-13　可逆吸热反应的反应速率
与温度及转化率的关系

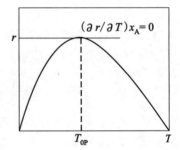

图 2-14　可逆放热反应的反应速率
与温度的关系

可逆放热反应，$E_1 < E_2$，但 $k_1 f(x_A) > k_2 g(x_A)$，故 $\left[\frac{\partial(-r_A)}{\partial T}\right]_{x_A} \gtrless 0$ 即为可逆放热反应的反应速率随温度的变化规律，如图 2-14 所示。当温度较低时，反应净速率随温度升高而加快，到达某一极大值后，随着温度的继续升高，净反应速率反而下降。这是因为当温度较低时，过程远离平衡，动力学是主要影响因素，其斜率表现为$\left[\dfrac{\partial(-r_A)}{\partial T}\right]_{x_A}>0$。但在高温时，因为$E_2>E_1$，逆反应速率的增加值大于正反应速率的增加值，使平衡常数下降，随着温度的继续升高，其斜率表现为$\left[\dfrac{\partial(-r_A)}{\partial T}\right]_{x_A}<0$。曲线的极大点，斜率为零，即$\left[\dfrac{\partial(-r_A)}{\partial T}\right]_{x_A}=0$。

对于可逆放热反应，在一定条件下（气体组成、转化率、催化剂等一定）反应速率最大时的温度称为最佳温度或最适宜温度。求取最佳温度与平衡温度之间的关系，可用求极值的方法，即：

$$\left[\frac{\partial(-r_A)}{\partial T}\right]_{x_A}=0 \tag{2.3-19}$$

即

$$\frac{E_1 k_1}{RT^2}f(x_A)=\frac{E_2 k_2}{RT^2}g(x_A)$$

$$\frac{E_1 k_{10}e^{-\frac{E_1}{RT_{opt}}}}{E_2 k_{20}e^{-\frac{E_2}{RT_{opt}}}}=\frac{g(x_A)}{f(x_A)} \tag{2.3-20}$$

当反应达到平衡时，$-r_A=0$

$$\frac{g(x_A)}{f(x_A)}=\frac{k_1}{k_2}=\frac{k_{10}e^{-\frac{E_1}{RT_e}}}{k_{20}e^{-\frac{E_2}{RT_e}}} \tag{2.3-21}$$

式中，T_e为对应转化率x_A时的平衡温度。

将式(2.3-21)代入式(2.3-20)得：

$$\frac{E_1 k_{10}e^{-\frac{E_1}{RT_{opt}}}}{E_2 k_{20}e^{-\frac{E_2}{RT_{opt}}}}=\frac{k_{10}e^{-\frac{E_1}{RT_e}}}{k_{20}e^{-\frac{E_2}{RT_e}}} \tag{2.3-22}$$

将上式化简后两边取对数，得：

$$\frac{1}{T_{opt}}-\frac{1}{T_e}=\frac{R}{E_m} \tag{2.3-23}$$

式中，E_m为正逆反应活化能的对数平均值。

$$E_m=\frac{E_2-E_1}{\ln\dfrac{E_2}{E_1}} \tag{2.3-24}$$

平衡温度是转化率的函数，故最佳温度也是转化率的函数。因此，对应于任一转化率x_A，必然有其对应的平衡温度T_e和最佳温度T_{opt}。将各个转化率下的平衡温度和最佳温度描绘在T-x_A图上，如图2-15所示，该曲线分别称为平衡曲线（$r=0$）和最佳温度曲线（虚线）。在平衡曲线上反应速率等于零。在最佳温度曲线上，反应速率在相应的转化率下最大。随着转化率的提高，最佳温度是下降的。在工业上应尽可能接近最佳温度曲线操作。

总之，在一定温度之下，无论反应放热或吸热，可逆或不可逆，反应速率总是随转化率的增

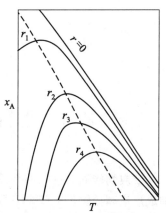

图2-15　可逆放热反应的反应速率与温度及转化率的关系

加而下降；在一定转化率下，可逆吸热反应的速率随温度的上升而升高，可逆放热反应的速率随温度的升高有最大值；不同转化率下的最大值构成了最佳温度曲线。

下面分别讨论可逆吸热反应和可逆放热反应的操作方式及选择反应器的问题。

（1）可逆吸热反应　首先研究随着反应的进行，即随着转化率的变化，反应速率的变化趋势。

由式（2.3-14）可知

$$\left[\frac{\partial(-r_A)}{\partial x_A}\right]_T < 0 \qquad\qquad (2.3\text{-}14)$$

随着反应进行，反应速率是下降的，为使反应器体积最小，应选用平推流反应器。

下一步研究温度对反应速率的影响。由式（2.3-18）可知：

$$\left[\frac{\partial(-r_A)}{\partial T}\right]_{x_A} > 0 \qquad\qquad (2.3\text{-}18)$$

这就是说，在一定转化率下，可逆吸热反应的速率总是随着温度的升高而增加，同时，从化学平衡角度考虑，因是吸热反应，升高温度，平衡转化率也将升高。所以，升高温度对过程是有利的，故反应应在尽可能高的温度下进行。这当然要考虑设备材质耐热情况。

（2）可逆放热反应　式（2.3-14）无论对吸热反应还是放热反应都适用。可逆放热反应随着反应的进行，即随着转化率的提高，反应速率也将变小。同可逆吸热反应一样，应选用物料在反应器中原料浓度较高的平推流反应器。

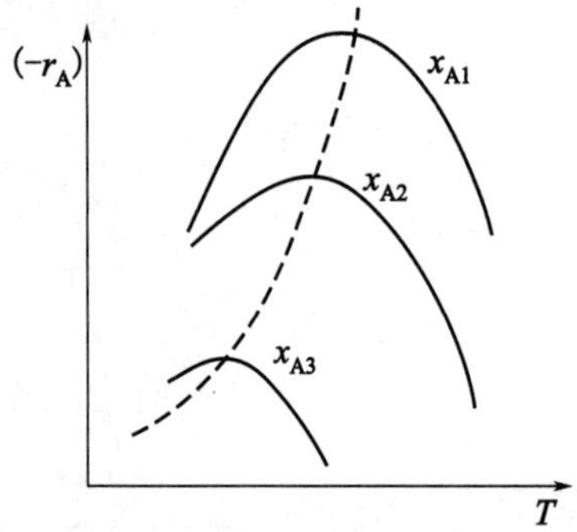

温度对可逆放热反应的影响要复杂得多。$\left[\frac{\partial(-r_A)}{\partial T}\right]_{x_A} \gtreqqless 0$，反应速率随温度的变化如图 2-16 所示。当温度低时，反应速率随温度升高而加快，当到某一极大值后，再升高温度，反应速率反而下降。显然，反应过程沿着或接近最佳温度曲线进行时，所需反应器体积最小，但这在工业上实施是有困难的。因此通常选择 CSTR 串联组，使每一釜中物料的浓度与温度落在最佳温度曲线上。

图 2-16　可逆放热反应的反应速率
与温度的关系

2.4　平行反应特性与反应器选型

反应物能同时进行两个或两个以上的反应，称为平行反应。许多取代反应、加成反应和分解反应都是平行反应。甲苯硝化生成邻位、对位、间位硝基苯就是一个典型的例子。

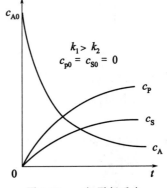

一般情况下，在平行反应生成的多个产物中，只有一个是需要的目的产物，而其余为不希望产生的副产物。在工业生产上，总是希望在一定反应器和工艺条件下，能够获得所期望的最大目的产物量，副产物量尽可能小。

考虑下列等温、恒容基元反应：

$$A \longrightarrow P（目的产物）$$
$$A \longrightarrow S（副产物）$$

反应物 A 的消耗速率为：

$$-r_A = -\frac{dn_A}{dt} = k_1 c_A^{n_1} + k_2 c_A^{n_2}$$

产物 P、S 的生成速率为：

$$r_P = \frac{dc_P}{dt} = k_1 c_A^{n_1}$$

$$r_S = \frac{dc_S}{dt} = k_2 c_A^{n_2}$$

当两个反应都是一级时，可以积分求得：

$$c_A = c_{A0} e^{-(k_1 + k_2)t} \tag{2.4-1}$$

$$c_P = \frac{k_1}{k_1 + k_2} c_{A0} (1 - e^{-(k_1 + k_2)t}) \tag{2.4-2}$$

$$c_S = \frac{k_2}{k_1 + k_2} c_{A0} (1 - e^{-(k_1 + k_2)t}) \tag{2.4-3}$$

根据式（2.4-1）、式（2.4-2）和式（2.4-3），以浓度对时间作图可得到图 2-17。

平行反应是一种典型的复合反应，流动状况不但影响其所需反应器大小，而且还影响反应产物的分布。优化的主要技术指标是目的产物的选择性。

$$a_1 A + b_1 B \xrightarrow{k_1} p P \quad （目的产物）\tag{2.4-4}$$

$$a_2 A + b_2 B \xrightarrow{k_2} s S \quad （副产物）\tag{2.4-5}$$

生成目的产物的反应速率：

$$-r_{A1} = a_1 k_1 c_A^{a_1} c_B^{b_1} \tag{2.4-6}$$

生成副产物的反应速率：

$$-r_{A2} = a_2 k_2 c_A^{a_2} c_B^{b_2} \tag{2.4-7}$$

下面讨论选择性、收率等定义。

（1）转化率、平均选择性、收率及其相互

图 2-17　一级平行反应
浓度分布图

关系。

① 转化率

$$x_A = \frac{\text{在系统中 A 物质反应掉的量}}{\text{加入系统中 A 物质的量}} = \frac{n_{A0} - n_A}{n_{A0}} \qquad (2.4\text{-}8)$$

式中，n_{A0}、n_A 为进入系统和离开系统 A 物质的量。

② 平均选择性 $\overline{S}_P$

$$\overline{S}_P = \frac{\text{在系统中生成目的产物消耗 A 的量}}{\text{在系统中反应掉 A 的量}} = \frac{-(\Delta n_A)_P}{n_{A0} - n_A} = \frac{\frac{a_1}{p}(\Delta n_P)}{n_{A0} - n_A} \quad (2.4\text{-}9)$$

式中，$(\Delta n_A)_P$、(Δn_P) 为生成目的产物 P 消耗的 A 量和生成目的产物 P 的量。

③ 收率 y

$$y = \frac{\text{在系统中生成目的产物消耗 A 的量}}{\text{加入系统中 A 物质的量}} = \frac{-(\Delta n_A)_P}{n_{A0}} = \frac{\frac{a_1}{p}(\Delta n_P)}{n_{A0}}$$

$$(2.4\text{-}10)$$

显然三者之关系为：

$$y = x_A \overline{S}_P \qquad (2.4\text{-}11)$$

（2）瞬时选择性 S_P 及与平均选择性 $\overline{S}_P$ 的关系。

$$S_P = \frac{\text{在反应过程中某一瞬时生成目的产物消耗 A 的速率}}{\text{在反应过程中同一瞬时 A 的消耗速率}} \qquad (2.4\text{-}12)$$

对于上述平行反应为：

$$S_P = \frac{(-r_{A1})}{(-r_{A1}) + (-r_{A2})} = \frac{a_1 r_1}{a_1 r_1 + a_2 r_2} \qquad (2.4\text{-}13)$$

瞬时选择性是反应速率的函数，因而也是温度、浓度的函数，故它与平均选择性的关系受流动状况（即不同型式反应器）的影响而不同。

对平推流或间歇反应器，生成目的产物 P 时，A 的消耗量为：

$$(n_{A0} - n_A)\overline{S}_P = \int_{n_{A0}}^{n_A} (-S_P) \, dn_A$$

即：

$$\overline{S}_P = \frac{1}{(n_{A0} - n_A)} \int_{n_A}^{n_{A0}} S_P \, dn_A \qquad (2.4\text{-}14)$$

对于恒容体系：

$$\overline{S}_P = \frac{1}{(c_{A0} - c_A)} \int_{c_A}^{c_{A0}} S_P \, dc_A \qquad (2.4\text{-}15)$$

对全混流反应器，由于釜内浓度是均匀的，而且等于出口浓度，故瞬时选择性等于平均选择性，即：

$$\overline{S}_P = S_P \qquad (2.4\text{-}16)$$

对 N 个串联的全混流反应器，进口和各釜中 A 的浓度分别为 c_{A0}、c_{A1}、$\cdots$、c_{AN}，则有：

$$\overline{S}_P(c_{A0} - c_{AN}) = S_{P1}(c_{A0} - c_{A1}) + S_{P2}(c_{A1} - c_{A2}) + \cdots + S_{PN}(c_{AN-1} - c_{AN})$$

故：

$$\overline{S}_P = \frac{S_{P1}(c_{A0}-c_{A1})+S_{P2}(c_{A1}-c_{A2})+\cdots+S_{PN}(c_{AN-1}-c_{AN})}{(c_{A0}-c_{AN})} \tag{2.4-17}$$

当 $a_1=p=1$ 时的恒容过程，对任一型式反应器，P 的出口浓度为：

$$c_P = \overline{S}_P(c_{A0}-c_A) \tag{2.4-18}$$

（3）影响瞬时选择性的因素　为了增加目的产物的收率，必须从反应器选型及工艺条件优化来提高瞬时选择性。下面就普遍化反应式来讨论影响瞬时选择性的因素。

$$S_P = \frac{(-r_{A1})}{(-r_{A1})+(-r_{A2})} = \frac{1}{1+\dfrac{(-r_{A2})}{(-r_{A1})}}$$

将动力学方程式代入得：

$$S_P = \frac{(-r_{A1})}{(-r_{A1})+(-r_{A2})} = \frac{1}{1+\dfrac{a_2}{a_1}\cdot\dfrac{k_{20}}{k_{10}}\mathrm{e}^{\frac{E_1-E_2}{RT}}c_A^{(a_1-a_2)}c_B^{(b_2-b_1)}} \tag{2.4-19}$$

讨论：

a.温度对选择性的影响（浓度不变时）　①当 $E_1>E_2$ 时，$E_1-E_2>0$，随着温度的上升，$\mathrm{e}^{\frac{E_1-E_2}{RT}}$ 减小，使选择性 S_P 上升，高温有利于提高瞬时选择性；②当 $E_1<E_2$ 时，$E_1-E_2<0$，随着温度的上升，$\mathrm{e}^{\frac{E_1-E_2}{RT}}$ 增大，使选择性 S_P 下降，降低温度有利于提高瞬时选择性。总之，升高温度对活化能大的反应有利，若主反应活化能大，则应升高温度，若主反应活化能小，则应降低温度。

b.浓度对选择性的影响（温度不变时）　当主反应级数大于副反应级数，即 $a_1>a_2$、$b_1>b_2$ 时，升高浓度，使选择性增加，若要维持较高的 c_A、c_B，则应选择平推流反应器、间歇反应器或多釜串联反应器，同理可讨论其它情况。表 2-1 和表 2-2 分别表示不同竞争反应动力学下，间歇与连续操作的方式。

表 2-1　间歇操作时不同竞争反应动力学下的操作方式

动力学特点	$a_1>a_2, b_1>b_2$	$a_1<a_2, b_1<b_2$	$a_1>a_2, b_1<b_2$
控制浓度要求	应使 c_A, c_B 都高	应使 c_A, c_B 都低	应使 c_A 高, c_B 低
操作示意图			
加料方法	瞬间加入所有的 A 和 B	缓慢加入 A 和 B	先把全部 A 加入,然后缓慢加 B

表 2-2　连续操作时不同竞争反应动力学下的操作方式及其浓度分布

动力学特点	$a_1>a_2, b_1>b_2$	$a_1<a_2, b_1<b_2$	$a_1>a_2, b_1<b_2$
控制浓度要求	应使 c_A, c_B 都高	应使 c_A, c_B 都低	应使 c_A 高, c_B 低
操作示意图			

浓度分布图	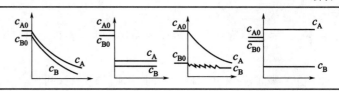

例 2-2 有一液相分解反应

$$A \longrightarrow P \quad 目的产物 \quad r_P = k_1 c_A$$
$$A \longrightarrow S \quad 副产物 \quad r_S = k_2 c_A^2$$

其中 $k_1 = 1 h^{-1}$，$k_2 = 1.5 m^3 \cdot kmol^{-1} \cdot h^{-1}$，$c_{A0} = 5 kmol \cdot m^{-3}$，$c_{P0} = c_{S0} = 0$，体积流率为 $5 m^3 \cdot h^{-1}$，求转化率为 90% 时：

(1) 全混流反应器出口目的产物 P 的浓度及所需全混流反应器的体积。

(2) 若采用平推流反应器，其出口 c_P 为多少？所需反应器体积为多少？

(3) 若采用两全混釜串联，第一釜最佳出口 c_P 为多少？相应反应器体积为多少？

解：(1) 全混流反应器

全混流反应器平均选择性等于瞬间选择性

$$\overline{S}_P = S_P = \frac{\frac{a_1}{p} r_P}{-r_A} = \frac{k_1 c_A}{k_1 c_A + k_2 c_A^2}$$

$$= \frac{1 \times 5(1-0.9)}{1 \times 5(1-0.9) + 1.5 \times [5(1-0.9)]^2} = 57.1\%$$

$$c_P = \overline{S}_P (c_{A0} - c_A) = 0.571(5 - 0.5) kmol \cdot m^{-3} = 2.57 kmol \cdot m^{-3}$$

$$V_R = V_0 \frac{c_{A0} - c_A}{-r_A} = \frac{5 - 5 \times (1-0.5)}{1 \times 0.5 + 1.5 \times 0.5^2} m^3 = 25.7 m^3$$

(2) 平推流反应器

$$c_P = \overline{S}_P (c_{A0} - c_A)$$

$$\overline{S}_P = \frac{1}{(c_{A0} - c_A)} \int_{c_A}^{c_{A0}} S_P dc_A$$

所以

$$c_P = \int_{c_A}^{c_{A0}} S_P dc_A$$

$$= \int_{c_A}^{c_{A0}} \left(\frac{k_1 c_A}{k_1 c_A + k_2 c_A^2} \right) dc_A = \int_{c_A}^{c_{A0}} \left(\frac{1}{1 + \frac{k_2}{k_1} c_A} \right) dc_A = \int_{c_A}^{c_{A0}} \left(\frac{1}{1 + 1.5 c_A} \right) dc_A$$

$$= \frac{1}{1.5} \ln \left(\frac{1 + 1.5 c_{A0}}{1 + 1.5 c_A} \right) = \frac{1}{1.5} \ln \left(\frac{1 + 1.5 \times 5}{1 + 1.5 \times 0.5} \right) kmol \cdot m^{-3}$$

$$= 1.05 kmol \cdot m^{-3}$$

$$\overline{S}_P = \frac{c_P}{c_{A0} - c_A} = \frac{1.05}{5 - 0.5} = 23.3\%$$

$$\frac{V_R}{V_0} = \int_{c_A}^{c_{A0}} \frac{dc_A}{-r_A} = \int_{c_A}^{c_{A0}} \frac{dc_A}{c_A(1 + 1.5 c_A)}$$

$$V_R = V_0 \left(\ln \frac{c_{A0}}{c_A} + \ln \frac{1+1.5c_A}{1+1.5c_{A0}} \right) = 3.61 \text{m}^3$$

（3）两个全混釜串联

$$c_P = S_{P1} \Delta c_{A1} + S_{P2} \Delta c_{A2}$$

$$= \frac{k_1 c_{A1}}{k_1 c_{A1} + k_2 c_{A1}^2}(c_{A0} - c_{A1}) + \frac{k_1 c_{A2}}{k_1 c_{A2} + k_2 c_{A2}^2}(c_{A1} - c_{A2})$$

$$= \frac{c_{A0} - c_{A1}}{1+1.5c_{A1}} + \frac{c_{A1} - c_{A2}}{1+1.5c_{A2}}$$

为使 c_P 最大，求 $\dfrac{dc_P}{dc_{A1}} = 0$，得 $c_{A1} = 1.91 \text{kmol} \cdot \text{m}^{-3}$

$$c_{P1} = \frac{5 - 1.91}{1 + 1.5 \times 1.91} = 0.8 \text{kmol} \cdot \text{m}^{-3}$$

$$c_{P2} = \frac{1.91 - 0.5}{1 + 1.5 \times 0.5} = 0.81 \text{kmol} \cdot \text{m}^{-3}$$

$$c_P = c_{P1} + c_{P2} = (0.8 + 0.81) \text{kmol} \cdot \text{m}^{-3} = 1.61 \text{kmol} \cdot \text{m}^{-3}$$

$$\overline{S}_P = \frac{1.61}{5 - 0.5} = 35.7\%$$

$$V_R = V_{R1} + V_{R2} = \frac{V_0(c_{A0} - c_{A1})}{k_1 c_{A1} + k_2 c_{A1}^2} + \frac{V_0(c_{A1} - c_{A2})}{k_1 c_{A2} + k_2 c_{A2}^2}$$

$$= \left[\frac{5(5 - 1.91)}{1 \times 1.91 + 1.5 \times 1.91^2} + \frac{5(1.91 - 0.5)}{1 \times 0.5 + 1.5 \times 0.5^2} \right] \text{m}^3$$

$$= (2.09 + 8.06) \text{m}^3$$

$$= 10.15 \text{m}^3$$

2.5　连串反应特性与反应器选型

连串反应是指反应产物能进一步反应成其他副产物的过程。许多水解反应、卤化反应、氧化反应都是连串反应。如苯的液相氯化就是一个例子，在该反应中，产物一氯化苯能进一步与氯生成二氯苯、三氯苯等，可表示为：

$$C_6H_6 + Cl_2 \longrightarrow C_6H_5Cl + HCl$$

$$C_6H_5Cl + Cl_2 \longrightarrow C_6H_4Cl_2 + HCl$$

$$C_6H_4Cl_2 + Cl_2 \longrightarrow C_6H_3Cl_3 + HCl$$

作为讨论的例子，考虑下面最简单型式的连串反应（在等温、恒容下的基元反应）。

$$A \xrightarrow{k_1} P \xrightarrow{k_2} S \tag{2.5-1}$$

在该反应过程中，目的产物为 P，若目的产物为 S 则该反应过程可视为非基元的简单反应。

三个组分的生成速率为：

$$-r_A = -\frac{dc_A}{dt} = k_1 c_A \tag{2.5-2}$$

$$r_P = \frac{\mathrm{d}c_P}{\mathrm{d}t} = k_1 c_A - k_2 c_P \qquad (2.5\text{-}3)$$

$$r_S = \frac{\mathrm{d}c_S}{\mathrm{d}t} = k_2 c_P \qquad (2.5\text{-}4)$$

设开始时各组分的浓度为 c_{A0}，$c_{P0} = c_{S0} = 0$，则由式（2.5-2）积分得：

$$c_A = c_{A0} \mathrm{e}^{-k_1 t} \qquad (2.5\text{-}5)$$

将此结果代入式（2.5-3）得：

$$\frac{\mathrm{d}c_P}{\mathrm{d}t} + k_2 c_P - k_1 c_{A0} \mathrm{e}^{-k_1 t} = 0 \qquad (2.5\text{-}6)$$

这是一个一阶线性常微分方程，其解为：

$$c_P = \frac{c_{A0} k_1}{k_1 - k_2} (\mathrm{e}^{-k_2 t} - \mathrm{e}^{-k_1 t}) \qquad (2.5\text{-}7)$$

由于总物质的量没有变化，所以 $c_{A0} = c_A + c_P + c_S$，故：

$$c_S = c_{A0} \left[1 + \frac{1}{k_1 - k_2} (k_2 \mathrm{e}^{-k_1 t} - k_1 \mathrm{e}^{-k_2 t}) \right] \qquad (2.5\text{-}8)$$

若 $k_2 \gg k_1$ 时，则：

$$c_S = c_{A0} (1 - \mathrm{e}^{-k_1 t}) \qquad (2.5\text{-}9)$$

若 $k_1 \gg k_2$ 时，则：

$$c_S = c_{A0} (1 - \mathrm{e}^{-k_2 t}) \qquad (2.5\text{-}10)$$

式（2.5-5）、式（2.5-7）和式（2.5-8）分别为组分 A、P、S 随时间的变化关系。以浓度-时间标绘得图 2-18。

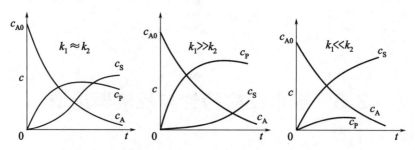

图 2-18　连串反应 A ⟶ P ⟶ S 的浓度-时间变化示意图

（1）A 的浓度随时间呈指数规律降低；S 的浓度随反应时间增加而连续上升；中间产物 P 的浓度随时间上升到一个最大值后再下降，这是连串反应的显著特征。

（2）中间产物 P 浓度的最大值及其位置受 k_1、k_2 大小支配，将式（2.5-7）对 t 微分，并令 $\dfrac{\mathrm{d}c_P}{\mathrm{d}t} = 0$ 就可得到 P 浓度最大值出现在：

$$t_{\mathrm{opt}} = \frac{\ln \dfrac{k_2}{k_1}}{k_2 - k_1} \qquad (2.5\text{-}11)$$

将式（2.5-11）代入式（2.5-7）后得：

$$c_{\mathrm{Pmax}} = c_{A0} \left[\frac{k_1}{k_2} \right]^{\left(\frac{k_2}{k_1 - k_2} \right)} \qquad (2.5\text{-}12)$$

为了提高目的产物的收率，应尽可能使 k_1/k_2 比值增加，使 c_A 浓度增加，c_P 浓度降低。反应速率常数 k 与浓度无关，只有改变温度能够影响 k_1/k_2。

由选择性的定义：

$$S_P = \frac{在反应过程中某一瞬时生成目的产物消耗 A 的速率}{在反应过程中同一瞬时 A 的消耗速率} \qquad (2.4\text{-}12)$$

对连串反应 $aA \xrightarrow{k_1} pP \xrightarrow{k_2} sS$ 瞬时选择性定义为：

$$S_P = \frac{a}{p} \frac{r_P}{(-r_A)} \qquad (2.5\text{-}13)$$

如果是一级反应且 $a=p=1$

$$S_P = \frac{r_P}{-r_A} = \frac{k_1 c_A - k_2 c_P}{k_1 c_A} = 1 - \frac{k_{20}}{k_{10}} e^{\frac{E_1-E_2}{RT}} \frac{c_P}{c_A} \qquad (2.5\text{-}14)$$

当生成中间产物的活化能 E_1 大于进一步生成副产物活化能 E_2（即 $E_1 >$ E_2）时，随着温度的上升瞬时选择性升高，所以升高温度对生成中间目的产物是有利的。当生成中间产物的活化能 E_1 小于生成副产物活化能 E_2（即 $E_1 <$ E_2）时，随着温度的上升，选择性下降，降低温度对生成中间目的产物是有利的。总之，提高温度对活化能大的反应有利，若生成目的产物活化能较高，就应升高温度，若生成目的产物活化能较低，就应降低温度，这与平行反应是一致的。浓度对瞬间选择性的影响，由式(2.5-14)可见。提高 c_A 浓度，降低 c_P 浓度，有利于提高瞬间选择性，显然平推流反应器（或间歇反应器）比全混流反应器易满足这一条件，应选用平推流反应器。

反应器计算

对于连串反应，以提高平均选择性为目标函数，分别讨论 CSTR 和 PFR（或 BR）的计算。

① 全混流反应器的计算（计算最佳空间时间 τ_{opt} 和相应的 c_{Pmax} 值）。以一级反应为例：

在原料中，$c_A = c_{A0}$，$c_{P0} = c_{S0} = 0$

在恒容过程中，在 CSTR 中对 A 作物料衡算：

$$V_0 c_{A0} = V_0 c_A + (-r_A) V_R$$

$$c_{A0} = c_A + (-r_A) \frac{V_R}{V_0} = c_A (1 + k_1 \tau) \qquad (2.5\text{-}15)$$

式中：

$$-r_A = k_1 c_A, \tau = \frac{V_R}{V_0}$$

得到：

$$c_A = \frac{c_{A0}}{1 + k_1 \tau} \qquad (2.5\text{-}16)$$

对 P 作物料衡算： $\qquad V_0 c_{P0} + r_P V_R = V_0 c_P$

得到：

$$c_P = r_P \tau = (k_1 c_A - k_2 c_P) \tau \qquad (2.5\text{-}17)$$

解得：

$$c_P = \frac{k_1 \tau c_A}{1 + k_2 \tau} = \frac{k_1 \tau c_{A0}}{(1 + k_1 \tau)(1 + k_2 \tau)} \qquad (2.5\text{-}18)$$

当 $\dfrac{dc_P}{d\tau}=0$ 时，c_P 值最大，τ 为最佳值 τ_{opt}。

$$\frac{dc_P}{d\tau}=k_1 c_{A0}\;\frac{(1+k_1\tau)(1+k_2\tau)-\tau(k_1+k_2+2k_1k_2\tau)}{[(1+k_1\tau)(1+k_2\tau)]^2}=0$$

解得：

$$\tau_{opt}=\frac{1}{\sqrt{k_1 k_2}} \tag{2.5-19}$$

即 τ_{opt} 为反应速率常数的几何平均值的倒数。

相应地：$(V_R)_{opt}=V_0\tau_{opt}$

将 τ_{opt} 代入式 (2.5-18) 化简得：

$$c_{Pmax}=\frac{c_{A0}}{\left(1+\sqrt{\dfrac{k_2}{k_1}}\right)^2} \tag{2.5-20}$$

$$c_{Aopt}=\frac{c_{A0}}{\left(1+\sqrt{\dfrac{k_1}{k_2}}\right)} \tag{2.5-21}$$

$$c_S=c_{A0}-c_{Pmax}-c_{Aopt} \tag{2.5-22}$$

② 平推流反应器的计算。仍讨论这一典型的一级恒容反应过程：

$$A \xrightarrow{k_1} P \xrightarrow{k_2} S \tag{2.5-1}$$

在平推流反应器中，垂直于物料流动方向上任取一微元体，对 A 组分进行物料衡算：

$$V_0 c_A=V_0(c_A+dc_A)+(-r_A)dV_R$$
$$dc_A=-k_1 c_A d\tau$$

其中

$$\tau=\frac{V_R}{V_0}$$

得到：

$$c_A=c_{A0}e^{-k_1\tau} \tag{2.5-23}$$

同样对组分 P 进行物料衡算：

$$V_0 c_P=V_0(c_P+dc_P)+r_P dV_R$$

其中：

$$r_P=k_1 c_A-k_2 c_P$$

整理得：

$$dc_P=(k_1 c_A-k_2 c_P)d\tau \tag{2.5-24}$$

各项除以 $d\tau$ 并将式 (2.5-23) 代入得：

$$\frac{dc_P}{d\tau}+k_2 c_P=k_1 c_{A0}e^{-k_1\tau} \tag{2.5-25}$$

通解为：

$$c_P=e^{-k_2\tau}\left(k_1 c_{A0}\int e^{(k_2-k_1)\tau}d\tau+C\right) \tag{2.5-26}$$

下面针对不同情况确定积分常数 C。

情况 1：当 $k_1=k_2=k$，而且 $c_{P0}=0$；

$$c_P=k\tau c_{A0}e^{-k\tau} \tag{2.5-27}$$

当 $\dfrac{\mathrm{d}c_P}{\mathrm{d}\tau}=0$ 时，相应 τ 为最佳值。得到：

$$\tau_{\mathrm{opt}}=\frac{1}{k} \tag{2.5-28}$$

此时：

$$V_{\mathrm{Ropt}}=V_0\,\frac{1}{k} \tag{2.5-29}$$

$$c_{\mathrm{Pmax}}=\frac{c_{A0}}{\mathrm{e}}=0.368c_{A0} \tag{2.5-30}$$

$$c_{\mathrm{Aopt}}=c_{A0}\,\mathrm{e}^{-k\tau}=0.368c_{A0} \tag{2.5-31}$$

$$c_S=c_{A0}-c_{\mathrm{Pmax}}-c_{\mathrm{Aopt}}=0.264c_{A0} \tag{2.5-32}$$

情况 2：当 $c_{P0}=0$，但 $k_1\neq k_2$ 时，同样可解得：

$$c_P=\frac{c_{A0}k_1}{k_1-k_2}(\mathrm{e}^{-k_2\tau}-\mathrm{e}^{-k_1\tau}) \tag{2.5-33}$$

与式(2.5-7)相同。

$$\tau_{\mathrm{opt}}=\frac{\ln\dfrac{k_2}{k_1}}{k_2-k_1} \tag{2.5-34}$$

$$c_{\mathrm{Pmax}}=\frac{k_1}{k_2-k_1}c_{A0}\left[\left(\frac{k_1}{k_2}\right)^{\frac{k_1}{k_2-k_1}}-\left(\frac{k_1}{k_2}\right)^{\frac{k_2}{k_2-k_1}}\right]=c_{A0}\left(\frac{k_1}{k_2}\right)^{\frac{k_2}{k_2-k_1}} \tag{2.5-35}$$

$$c_{\mathrm{Aopt}}=c_{A0}\left(\frac{k_1}{k_2}\right)^{\frac{k_1}{k_2-k_1}} \tag{2.5-36}$$

$$c_S=c_{A0}-c_{\mathrm{Pmax}}-c_{\mathrm{Aopt}} \tag{2.5-37}$$

$$V_{\mathrm{Ropt}}=V_0\,\frac{\ln\dfrac{k_2}{k_1}}{k_2-k_1} \tag{2.5-38}$$

对于不同反应级数的不可逆或可逆连串反应，均可采用上述类似的方法进行处理，其具有与一级不可逆连串反应相类似的特征。

平推流和全混流反应器平均选择性的比较　用上述计算公式，计算两类反应器的平均选择性 $\overline{S}_P$ 在不同 k_2/k_1 值下随转化率 x_A 的变化，绘制成图 2-19。

对图 2-19 讨论如下：① 由图可见在 (k_2/k_1) 相同时 $(\overline{S}_P)_P>(\overline{S}_P)_m$，即平推流的平均选择性永远大于全混流，故这类反应应选平推流反应器；② 当反应的平均停留时间小于最优反应时间时，即 $\tau<\tau_{\mathrm{opt}}$，此时副反应生成的 S 量小；而当 $\tau>\tau_{\mathrm{opt}}$ 时，副反应生成的 S 量增加，尤其当 $\tau\gg\tau_{\mathrm{opt}}$ 时，副反应生成的 S 量大大增加，

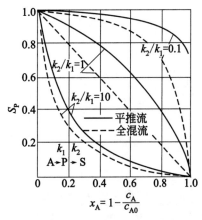

图 2-19　对反应 A ⟶ P ⟶ S 两种简单反应器中 P 的平均选择性比较

甚至 c_S 可能趋近于 1，所以平均停留时间宁可取小于 τ_{opt} 的值。τ_{opt} 与 x_A 的关系可由式(2.5-21)和式(2.5-36)得到。③随着转化率增加，平均选择性是下降的，当 $k_2/k_1 \ll 1$ 时，转化率增加，$\overline{S}_P$ 下降不显著，可选择在较高转化率下操作。当 $k_2/k_1 > 1$ 时，转化率增加，平均选择性 $\overline{S}_P$ 明显下降。为了避免副产物 S 取代产物 P，应在低转化率下操作，应将过程设计为物料通过反应器后，进入分离器，分离出 P，然后把未反应物料 A 再循环返回反应器。假若工艺条件许可，改变操作温度，以使 k_2/k_1 值减少。

本章小结

1. 平推流反应器并联各支路的空间时间相同时最终转化率最高 $\tau_1 = \tau_2$

$$\tag{2.1-9}$$

2. 全混流反应器的串联 $\tau_i = \dfrac{c_{A0}(x_{Ai} - x_{Ai-1})}{(-r_A)_i} = \dfrac{c_{Ai-1} - c_{Ai}}{(-r_A)_i}$ $\tag{2.1-12}$

3. 一级反应且各釜体积相同 $c_{AN} = \dfrac{c_{A0}}{(1+k\tau_i)^N}$ $x_{AN} = 1 - \dfrac{1}{(1+k\tau_i)^N}$

$$\tag{2.1-14, 2.1-15}$$

4. 循环反应器   循环比 $\beta = \dfrac{V_3}{V_2} = \dfrac{F_{A3}}{F_{A2}}$ $\tag{2.1-19}$

$$x_{A1} = \frac{\beta}{1+\beta} x_{A2} \tag{2.1-21}$$

$$V_R = (1+\beta)F_{A0} \int_{\frac{\beta}{1+\beta}x_{A2}}^{x_{A2}} \frac{\mathrm{d}x_A}{-r_A} \tag{2.1-23}$$

5. 自催化反应

$$-r_A = k_1 c_A + k_2 c_A c_P \tag{2.2-5}$$

最大反应速率对应的反应物浓度为：$c_{Aopt} = \dfrac{k_1 + k_2(c_{A0} + c_{P0})}{2k_2}$ $\tag{2.2-9}$

最佳循环比要求满足：$\left(\dfrac{1}{-r_A}\right)_{x_{Ai}} = \dfrac{\displaystyle\int_{x_{A1}}^{x_{A2}} \dfrac{\mathrm{d}x_A}{(-r_A)}}{x_{A2} - x_{A1}}$ $\tag{2.2-10}$

6. 可逆反应

最佳操作温度：$\dfrac{1}{T_{opt}} - \dfrac{1}{T_e} = \dfrac{R}{E_m}$ $\tag{2.3-23}$

7. 平行反应

$$x_A = \frac{\text{在系统中 A 物质反应掉的量}}{\text{加入系统中 A 物质的量}} = \frac{n_{A0} - n_A}{n_{A0}} \tag{2.4-8}$$

$$\overline{S}_P = \frac{\text{在系统中生成目的产物消耗 A 的量}}{\text{在系统中反应掉 A 的量}} = \frac{-(\Delta n_A)_P}{n_{A0} - n_A} = \frac{\frac{a_1}{p}(\Delta n_P)}{n_{A0} - n_A} \tag{2.4-9}$$

$$y = \frac{\text{在系统中生成目的产物消耗 A 的量}}{\text{加入系统中 A 物质的量}} = \frac{-(\Delta n_A)_P}{n_{A0}} = \frac{\frac{a_1}{p}(\Delta n_P)}{n_{A0}} \quad (2.4\text{-}10)$$

$$y = x_A \overline{S_P} \quad (2.4\text{-}11)$$

$$S_P = \frac{\text{在反应过程中某一瞬时生成目的产物消耗 A 的速率}}{\text{在反应过程中同一瞬时 A 的消耗速率}} \quad (2.4\text{-}12)$$

在 BR 和 PFR 中

瞬时选择性与平均选择性关系：$\overline{S}_P = \dfrac{1}{(n_{A0} - n_A)} \displaystyle\int_{n_A}^{n_{A0}} S_P \mathrm{d}n_A \quad (2.4\text{-}14)$

产物浓度与时间关系：$c_P = \dfrac{k_1}{k_1 + k_2} c_{A0} \left[1 - \mathrm{e}^{-(k_1 + k_2)t}\right] \quad (2.4\text{-}2)$

在 CSTR 中 $S_P = \overline{S_P}$

8. 连串反应

间歇反应器与平推流反应器中产物浓度与时间关系：$c_P = \dfrac{c_{A0} k_1}{k_1 - k_2}(\mathrm{e}^{-k_2 t} - \mathrm{e}^{-k_1 t})$

$$(2.5\text{-}7)$$

间歇反应器与平推流反应器中最佳反应时间：$t_{opt} = \dfrac{\ln \dfrac{k_2}{k_1}}{k_2 - k_1} \quad (2.5\text{-}11)$

间歇反应器与平推流反应器中最大产物浓度：$c_{Pmax} = c_{A0} \left(\dfrac{k_1}{k_2}\right)^{\left(\frac{k_2}{k_2 - k_1}\right)} \quad (2.5\text{-}12)$

全混流反应器中最佳反应时间：$\tau_{opt} = \dfrac{1}{\sqrt{k_1 k_2}} \quad (2.5\text{-}19)$

全混流反应器中最大产物浓度：$c_{Pmax} = \dfrac{c_{A0}}{\left(1 + \sqrt{\dfrac{k_2}{k_1}}\right)^2} \quad (2.5\text{-}20)$

深入讨论

1. 反应器串并联的基本原则是减少返混，对于常见的绝大多数反应——正级数反应，减少返混对减小反应器体积有益。由此引申出另一个问题，一个本该在第 1 章讨论的问题，全混流反应器的返混达到极大的程度，如果降低搅拌强度就会减少返混，这岂不对反应有利？

2. 串联的全混流反应器使得体系返混程度减小，在总的反应体积一定的前提下，串联的全混流反应器个数趋于无穷（单个全混流反应器体积趋于无穷小），体系的返混程度趋于平推流。由式（2.1-15）可证。

3. 在对平推流反应器作物料衡算时，利用式（1.4-11）需要在反应器上取一微元体，该微元体可视为一个全混流反应器（在微元体中温度、浓度均匀，完全符合全混流的条件），无穷多个这样的全混流反应器串联起来就构成了一个平推流反应器。

4. 还是平推流反应器的物料衡算，如果换一个方式取微元体，不在反应器上取，而是在流体上取，把流体视为无穷多个微小的间歇反应器，这些间歇反应器被流体推动，从进口流向出口，所经历的时间就是物料在反应器中的停留时间。由于间歇反应器与平推流反应器同样没有返混，设计方程相同，可以得到与在反应器上取微元体相同的结果。

5. 自催化反应在平推流反应器中进行，当反应器入口物流中不包含产物时，反应无法进行。而实际反应器中或多或少有一些返混，反应还是可以进行的，只是引发速率比较小罢了。

6. 任何单一的化学反应，其反应速率永远随着温度的升高而加快。可逆放热反应在一定温度范围内表现出的宏观反应速率随温度的上升而下降的特性只是由于温度升高反应更接近平衡而已。

7. 对于平行及连串反应，转化率、选择性及收率的定义是相同的，且都是基于反应物 A 的。其区别仅仅在于对平行反应，反应物一旦生成就不会消失，连串反应则不然，生成的产物会转化成副产物。平行反应反应充分长时间后产物与副产物的比例由动力学方程决定；连串反应反应充分长时间之后会全部生成副产物。

习 题

1. 动力学方程的实验测定时，有采用循环反应器的，为什么？

2. 为什么可逆吸热反应宜选平推流反应器且在高温下操作，而可逆放热反应却不是？根据可逆放热反应的特点，试问选用何种类型反应器适宜？为什么？

3. 一级反应 $A \longrightarrow P$，在一体积为 V_P 的平推流反应器中进行，已知进料温度为 $150℃$，活化能为 $84kJ \cdot mol^{-1}$，如改用全混流反应器，其所需体积设为 V_m，则 V_m/V_P 应有何关系？当转化率为 0.6 时，如果使 $V_m = V_p$，反应温度应如何变化？如反应级数分别为 $n = 2$、$1/2$、-1 时，全混流反应器的体积将怎样改变？

4. 在体积 $V_R = 0.12m^3$ 的全混流反应器中，进行反应 $A + B \underset{k_2}{\overset{k_1}{\rightleftharpoons}} R + S$，式中 $k_1 = 7m^3 \cdot kmol^{-1} \cdot min^{-1}$，$k_2 = 3m^3 \cdot kmol^{-1} \cdot min^{-1}$，两种物料以等体积加入反应器中，一种含 $2.8kmol A \cdot m^{-3}$，另一种含 $1.6kmol B \cdot m^{-3}$。设系统密度不变，当 B 的转化率为 75% 时，求每种物料的体积流量。

5. 可逆一级液相反应 $A \rightleftharpoons P$，已知 $c_{A0} = 0.5kmol \cdot m^{-3}$，$c_{P0} = 0$；当此反应在间歇反应器中进行，经过 $8min$ 后，A 的转化率为 33.3%，而平衡转化率是 66.7%，求此反应的动力学方程式。

6. 平行液相反应

$$A \longrightarrow P \qquad r_P = 1$$
$$A \longrightarrow R \qquad r_R = 2c_A$$
$$A \longrightarrow S \qquad r_S = c_A^2$$

已知 $c_{A0} = 2kmol \cdot m^{-3}$，$c_{Af} = 0.2kmol \cdot m^{-3}$，求下列反应器中，$c_P$ 最大为多少？

（1）平推流反应器；（2）全混流反应器；（3）两釜串联的全混流反应器，$c_{A1} = 1kmol \cdot m^{-3}$。

7. 自催化反应 A + P $\longrightarrow$ 2P 的速率方程为：$-r_A = kc_A c_P$，$k = 1 \text{m}^3 \cdot$ $\text{kmol}^{-1} \cdot \text{min}^{-1}$，原料组成为含 A 13%，含 P 1%（摩尔分数），且 $c_{A0} + c_{P0} =$ $1 \text{kmol} \cdot \text{m}^{-3}$，出口流中 $c_P = 0.9 \text{ kmol} \cdot \text{m}^{-3}$，计算采用下列各种反应器时的空间时间。（1）平推流反应器；（2）全混流反应器；（3）平推流与全混流反应器的最佳组合；（4）全混流反应器与一分离器的最佳组合。

8. 在两个串联的全混流反应器中进行一级反应，进出口条件一定时，试证明当反应器大小相同时，两个反应器的总容积最小。

9. 半衰期为 20h 的放射性流体以 $0.1 \text{m}^3 \cdot \text{h}^{-1}$ 的流量通过两个串联的 40m³ 全混流反应器后，其放射性衰减了多少？

10. A 进行平行分解反应，其速率式为

$$A \longrightarrow R \qquad r_R = 1$$
$$A \longrightarrow S \qquad r_S = 2c_A$$
$$A \longrightarrow T \qquad r_T = c_A$$

其中 R 是所要求的目的产物，$c_{A0} = 1 \text{kmol} \cdot \text{m}^{-3}$。试问在下述反应器进行等温操作时，预计最大的 c_R 为多少？（1）全混流反应器；（2）平推流反应器。

11. 在 0℃时纯气相组分 A 在一恒容间歇反应器依以下计量方程反应：A $\longrightarrow$ 2.5P，实验测得如下数据：

时间/s	0	2	4	6	8	10	12	14	∞
p_A/MPa	0.1	0.08	0.0625	0.051	0.042	0.036	0.032	0.028	0.020

求此反应的动力学方程式。

12. 气相反应 A + B $=\!=\!=$ R 的动力学方程为 $(-r_A) = k(p_A p_B - p_R/K_P)$，

式中，$k = 3.5 \times 10^{-8} \exp\left(\dfrac{-2620}{T}\right)$，$\text{mol} \cdot \text{m}^{-3} \text{s}^{-1} \text{Pa}^{-2}$；$K_P = 7.0 \times 10^{-12}$

$\exp\left(\dfrac{3560}{T}\right)$，$\text{Pa}^{-1}$。

请确定最佳反应温度与转化率之间的关系。

13. 某液相一级不可逆反应在体积为 V_R 的全混釜中进行，如果将出口物料的一半进行循环，新鲜物料相应也减少一半，出口物料的转化率和产物生成速率为何值？

14. 有一自催化反应 A $\longrightarrow$ R，动力学方程为 $-r_A = 0.001 c_A c_R$。要求反应在 4 个 0.1m³ 的全混流反应器中进行，反应物初始浓度 $c_{A0} = 10 \text{kmol} \cdot \text{m}^{-3}$，$c_{R0} = 0$，处理量为 $5.4 \text{m}^3 \cdot \text{h}^{-1}$。如何排列这 4 个反应器（串联、并联、或串并联结合）才能获得最大的最终转化率？最大的转化率是多少？

15. 一级不可逆连串反应 A $\xrightarrow{k_1}$ B $\xrightarrow{k_2}$ C，$k_1 = 0.25 \text{h}^{-1}$，$k_2 = 0.05 \text{h}^{-1}$，进料流率 V_0 为 $1 \text{m}^3 \cdot \text{h}^{-1}$，$c_{A0} = 1 \text{kmol} \cdot \text{m}^{-3}$，$c_{B0} = c_{C0} = 0$。试求：采用两个 $V_R = 1 \text{m}^3$ 的全混流反应器串联时，反应器出口产物 B 的浓度。

16. 某气相基元反应：

$$A + 2B \longrightarrow P$$

已知初始浓度之比 $c_{A0} : c_{B0} = 1 : 3$，求 $\dfrac{\mathrm{d}x_A}{\mathrm{d}t}$ 的关系式。

17. 已知常压气相反应

$$2A + B \xrightleftharpoons[k_2]{k_1} R + S$$

动力学方程为 $-r_A = k_1 c_A^a c_B^b - k_2 c_R^r c_S^s$，试用下列三种方式表达动力学方程：

(1) 组分分压；

(2) 组分摩尔分数；

(3) 组分初始浓度和 A 的转化率。

18. 高温下二氧化氮的分解为二级不可逆反应。在平推流反应器中 101.3kPa 下 627.2K 时等温分解。已知 $k = 1.7 \mathrm{m^3 \cdot kmol^{-1} \cdot s^{-1}}$，处理气量为 $120 \mathrm{m^3 \cdot h^{-1}}$（标准状态），使 NO_2 分解 70%。当（1）不考虑体积变化；（2）考虑体积变化时，求反应器的体积。

19. 均相气相反应 $A \longrightarrow 3P$，服从二级反应动力学。在 0.5MPa、350℃ 和 $V_0 = 4 \mathrm{m^3 \cdot h^{-1}}$ 下，采用一个 25mm 内径、长 2m 的实验反应器，能获得 60% 转化率。设计一个工业平推流反应器，当处理量为 $320 \mathrm{m^3 \cdot h^{-1}}$，进料中含 50% A，50% 惰性物料时，在 2.5MPa 和 350℃ 下反应，为获得 80% 的转化率。求需用 25mm 内径，长 2m 的管子多少根？这些管子应并联还是串联？

20. 有一气相分解反应，其化学反应式为 $A \longrightarrow R + S$，反应速率方程为 $-r_A = kc_A^2$，反应温度为 500℃。这时测得的反应速率常数为 $k = 0.25 \mathrm{m^3 \cdot kmol^{-1} \cdot s^{-1}}$。反应在内径为 25mm、长为 1m 的管式反应器中进行，器内压强维持在 101.3kPa（绝），进料中仅含组分 A，其转化率为 20%。试求反应条件下的平均停留时间和空间时间。

21. 某二级不可逆液相反应在 $1 \mathrm{m^3}$ 的全混流反应器中等温进行，达到的转化率为 80%。现生产要求增加一个全混流反应器串联操作，使转化率达到 96%，这个增加的反应器应该多大？

22. 有气相平行反应如下。试计算该反应在平推流反应器中达到 90% 转化率所需的空间时间（入口物流中含 A 50%，其余为惰性物）。

$$A \longrightarrow B + C \qquad k_1 = 0.22 \mathrm{s^{-1}}$$
$$A \longrightarrow D \qquad k_2 = 0.71 \mathrm{s^{-1}}$$

23. 以下液相基元反应在全混流反应器中进行：

$$A + B \xrightarrow{k_1} P1$$
$$A + C \xrightarrow{k_2} P2$$

反应速率常数 k_1 及 k_2 分别为 $0.40 \mathrm{m^3 \cdot mol^{-1} \cdot s^{-1}}$ 和 $9.30 \mathrm{m^3 \cdot mol^{-1} \cdot s^{-1}}$，各反应物进口浓度分别为，A：$0.1 \mathrm{mol \cdot m^{-3}}$；B：$0.03 \mathrm{mol \cdot m^{-3}}$；C：$0.05 \mathrm{mol \cdot m^{-3}}$，进口物流中没有产物。试求反应物 A 的转化率为 50% 时出口物流中各组分的浓度。

24. 全混流反应器中进行液相反应：

$$A \xrightarrow{k} S$$

平均停留时间 1h，$k = 5 \mathrm{h^{-1}}$，反应器进口处 $c_{A0} = 10 \mathrm{kmol \cdot m^{-3}}$，$c_{S0} = 1 \mathrm{kmol \cdot m^{-3}}$。试求在出口物流中 S 的浓度。

25. $2NO + O_2 \longrightarrow 2NO_2$ 反应在平推流反应器中恒压进行，进口物流中含量为 NO 8.2%（体积分数，下同），O_2 8.8%，其余为 N_2。试求 NO 转化率 80% 时，出口物流中各组分含量。

26. 液相反应 $A + B \longrightarrow P$ 拟在间歇反应器中等温进行。在 298K 时该反应的

速率常数 $k_A = 0.1 m^3 \cdot kmol^{-1} \cdot min^{-1}$。试计算达到转化率 $x_A = 0.9$ 所需要的反应时间。

已知各反应物的初始浓度 $c_{A0} = 0.05 kmol \cdot m^{-3}$，$c_{B0} = 0.10 kmol \cdot m^{-3}$。

27. 在全混流反应器中进行如下液相反应：

$$A \underset{k_2}{\overset{k_1}{\rightleftharpoons}} R \overset{k_3}{\longrightarrow} S$$

试求反应转化率为 80％时出口物流中的各组分浓度及所需反应器体积（反应器入口处 A 组分浓度为 $3 kmol \cdot m^{-3}$，各反应速率常数均为 $2 min^{-1}$，进口物流体积流量为 $10 m^3 \cdot min^{-1}$）。

28. 一液相分解反应在平推流反应器中等温进行：

A $\longrightarrow$ 2P $r_P = k_1 c_A$

2A $\longrightarrow$ S $r_S = k_2 c_A^2$

其中 $k_1 = 1 h^{-1}$，$k_2 = 1.5 m^3 \cdot kmol^{-1} \cdot h^{-1}$，$c_{A0} = 5 kmol \cdot m^{-3}$，$c_{P0} = c_{S0} = 0$，进口体积流量为 $5 m^3 \cdot h^{-1}$。试求转化率 90％时出口产物 P 的产量和所需的反应器体积。

3

非理想流动反应器

3.1　概述

在第 1 章中介绍了平推流反应器（PFR）和全混流反应器（CSTR），这两类反应器仅仅是连续流动的管式反应器和釜式反应器中流体流动处于理想化的极端情况。但工业反应器中流体流动情况与上述流动情况不完全相同，因此用理想反应器计算关系来计算实际反应器必然会产生偏差。要正确地计算实际反应器首先必须弄清楚实际反应器中流体的流动情况，根据不同的流动情况，导出非理想流动反应器的计算关系。通常流体流动情况采用返混程度来表述。

3.1.1　返混定义

物料在反应器内不仅有空间上的混合而且有时间上的混合，这种混合过程称为返混。物料在反应器内必然涉及混合，即原来在反应器内不同位置的物料而今处于同一位置。如果原来在反应器不同位置的物料是在同一时间进入反应器的，发生混合作用时，这种混合称为简单混合。如果原来在不同位置的物料是在不同时间进入反应器的，由于反应时间不同，物料的浓度是不同的，两者混合后混合物的浓度与原物料的浓度不同，这种混合过程称为返混。返混会改变反应器内物料浓度的分布，因此是影响反应器性能的一个重要参数。只有对返混有充分了解，才可能对非理想流动反应器作定量计算。

3.1.2　返混对反应过程的影响

以二级反应为例，如图 3-1 所示，物料在反应器内停留时间为 t_1 时，其 A 组分浓度为 c_{A1}，反应速率为 r_1。物料在反应器内停留时间为 t_2 时，其 A 组分浓度为 c_{A2}，反应速率为 r_2。若在某一瞬间，停留时间为 t_1 的物料与等量的停留时间为 t_2 的物料产生混合（返混），混合后物料的反应速率 $r_{平均}$ 与不混时各自反应速率的均值 $\frac{1}{2}(r_1+r_2)$ 是不同的。这个例子清楚地说明了在反应器内物料

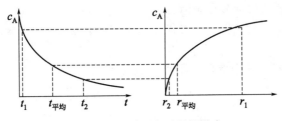

图 3-1 返混对反应过程的影响

出现返混作用时对反应过程的影响。

3.1.3 按返混程度对反应器的分类

按返混程度不同，可将反应器分成以下三类：

（1）完全不返混型反应器　在这类反应器中物料之间只有简单混合而不发生返混，在第 1 章中提及的平推流反应器（PFR）即属此类。

（2）充分返混型反应器　在这类反应器中物料的返混程度达到最大值，在第一章中提及的全混釜式反应器（CSTR）即属此类。

（3）部分返混型反应器　在这类反应器中物料之间存在一定程度的返混，但并未达到充分返混的程度，现将这类反应器称为非理想流动反应器。工业上实际应用的反应器大多属此类，这类反应器的特性及计算将是本章介绍的内容。

3.2　流体在反应器内的停留时间分布

如果物料在反应器内流动时有返混发生，度量该返混程度最简单而且最有效的方法是确定物料在反应器内的停留时间规律，从而可定量地确定返混程度。

物料在反应器内停留时间是一个随机过程。流体中的某一单个粒子在反应器内的运动轨迹是随机的，难于测量。但是，对于大量粒子运动情况的统计规律却是可以测量和描述的，而正是这个运动规律对化学反应的结果起决定性作用。对统计规律通常用概率方法予以描述，常用两个函数及两个特征值予以表达。两个函数分别是概率函数和概率密度函数，两个特征值则是数学期望和方差。

3.2.1 停留时间分布的定量描述

（1）概率函数，称为停留时间分布函数 $F(t)$。

定义一

有一流体，以稳定的流量连续流动通过由一容器和管路构成的系统。

定义现在时刻为 $t=0$。

定义 $t=0$ 时刻之前的某一时刻为时间 t，自 $t=0$ 时刻到 t 时刻之间的时间间隔亦为 t。

在 $t=0$ 时刻流出此容器的流体微元中，t 时刻之后进入容器的微元（此部分微元在容器中的停留时间小于 t）占 $t=0$ 时刻流出的全部流体微元的分率定义

为 $F(t)$，称为停留时间分布函数。

此时刻流出容器的全部微元可能包含 $t=0$ 时刻之前无穷长时间内进入容器的微元，因此 $F(\infty)=1$。

此时刻流出容器的全部微元不可能包含 $t=0$ 时还没有进入容器的微元，因此 $F(0)=0$。

定义二

有一流体，以稳定的流量连续流动通过由一容器和管路构成的系统。

定义现在时刻为 $t=0$。

定义在 $t=0$ 时刻之后的某一时刻为时间 t。

在 $t=0$ 时刻瞬时进入此容器的全部流体微元中，t 时刻之前已经流出容器的微元（此部分微元在容器中的停留时间小于 t）占 $t=0$ 时刻进入此容器的全部流体微元的分率定义为 $F(t)$，称为停留时间分布函数。

在 $t=0$ 时刻进入此容器的流体不可能在 $t=0$ 时刻之前流出，因此 $F(0)=0$。

随着时间的推移，$t=0$ 时刻进入此容器的全部流体将在 $t\to\infty$ 之前全部流出，因此 $F(\infty)=1$。

在 $t=0$ 和 $t\to\infty$ 之间，在容器中，$t=0$ 时刻之前进入的流体（在 $t=0$ 时刻，这部分流体为整个容器存留的全部流体）被 $t=0$ 时刻之后进入的流体所置换，随着时间的推移，$t=0$ 时刻之后进入此容器的流体越来越多，这部分流体在 t 时刻流出的流体中也必然越来越多，因此 $F(t)$ 函数必为递增函数。

数学上可以证明，定义一与定义二是相同的。

定义一和定义二，可以统一为如下定义：

对于定常态体系，在流出上述容器的全部流体中，停留时间小于 t 的部分所占分率定义为 $F(t)$，称为停留时间分布函数。

$$F(t)=\frac{N_t}{N_\infty} \tag{3.2-1}$$

式中，N_t 为在某一时间段从容器中流出的停留时间小于 t 的物料量；N_∞ 为该时间段流出物料的总量，也就是流出的物料中停留时间在 0 和无穷大之间的量。

函数 F 对时间 t 作图，可得一曲线，曲线的形状由流体在容器中的流动状况决定，换句话说，曲线的形状反映了流体在此容器中的流动状况，见图 3-2（a）。

（2）概率密度函数。

对图 3-2（a）曲线进行微分，构成一个新的函数 $E(t)$，称为停留时间分布密度函数 [图 3-2（b）]。

$$E(t)=\frac{\mathrm{d}F(t)}{\mathrm{d}t} \tag{3.2-2}$$

反之

$$F(t)=\int_0^t E(t)\mathrm{d}t \tag{3.2-3}$$

并且

$$F(\infty)=\int_0^\infty E(t)\mathrm{d}t=1 \tag{3.2-4}$$

$E(t)$ 函数反映了 $F(t)$ 函数随时间的变化速率。

$F(t)$ 和 $E(t)$ 函数描述了流体通过容器的停留时间分布规律，与流体的流量和流体在容器中的流动状况有关，在定常态体系中不随系统的运行时间而变。

除非所有的流体微元在容器中的停留时间完全相同，否则无法在流体进入容

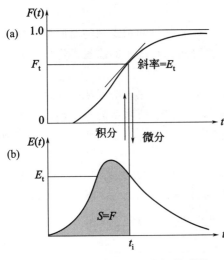

图 3-2 $E(t)$ 与 $F(t)$ 之间关系图

器前预测流体中的某个微元在容器中的停留时间。这是一个随机过程，其规律服从概率分布。

停留时间分布函数（概率函数）是累计分布函数，而停留时间分布密度函数（概率密度函数）则是点分布函数。概率的描述除两个函数外，还有两个特征值。

（3）特征值一：数学期望，称为平均停留时间 $\bar{t}$。变量（时间 t）对坐标原点的一次矩。

即 $$\bar{t} = \int_0^\infty t E(t)\,\mathrm{d}t = \int_0^1 t\,\mathrm{d}F(t) \qquad (3.2\text{-}5)$$

$\bar{t}$ 在图 3-2 $E(t)$ 曲线图上的几何意义为 $E(t)$ 曲线所包围面积的重心位置在时间轴上的投影坐标。

（4）特征值二：方差，称为散度 σ_t^2。变量（时间 t）对数学期望的二次矩。

即 $$\sigma_\mathrm{t}^2 = \int_0^\infty (t-\bar{t})^2 E(t)\,\mathrm{d}t = \int_0^1 (t-\bar{t})^2\,\mathrm{d}F(t) \qquad (3.2\text{-}6)$$

σ_θ^2 在图 3-2 $E(t)$ 曲线图上的几何意义为 $E(t)$ 曲线所包围面积围绕重心位置 $\bar{t}$ 的转动惯量。

为了运算方便，式（3.2-6）可改换成如下形式

$$\begin{aligned}
\sigma_\mathrm{t}^2 &= \int_0^1 (t-\bar{t})^2\,\mathrm{d}F(t) \\
&= \int_0^1 t^2\,\mathrm{d}F(t) - 2\bar{t}\int_0^1 t\,\mathrm{d}F(t) + \int_0^1 \bar{t}^2\,\mathrm{d}F(t) \\
&= \int_0^1 t^2\,\mathrm{d}F(t) - (\bar{t})^2 \\
&= \int_0^\infty t^2 E(t)\,\mathrm{d}t - (\bar{t})^2 \qquad (3.2\text{-}7)
\end{aligned}$$

工业反应器中通常存在着返混现象，属于非理想流动反应器。其返混程度并不是设计反应器时确定的，而是由于工业反应器中比较复杂的流体流动情况造成的。因此非理想流动反应器的停留时间分布规律需要由实验来加以确定。

3.2.2 停留时间分布规律的实验测定

实验的目的是为了测定某一反应器中物料的停留时间分布规律。目前采用的方法为示踪法，即在反应器物料进口处给系统输入一个讯号，然后在反应器的物料出口处测定输出讯号的变化。根据输入讯号的方式及输出讯号变化的规律来确定物料在反应器内的停留时间分布规律。由于输入讯号是采用把示踪剂加入到系统中而产生的，故称示踪法。

示踪剂应满足以下要求：①示踪剂与原物料是互溶的，但与原物料之间无化学反应发生；②示踪剂的加入必须对主流体的流动形态没有影响；③示踪剂必须是能用简便而又精确的方法加以确定的物质；④示踪剂尽量选用无毒、不燃、无

腐蚀同时又价格较低的物质。

在入口物料中输入示踪剂称为激励，在出口处获得的示踪剂随时间变化的输出讯号称为响应。实验测量在不影响当前停留时间分布规律的前提下进行，目前示踪讯号输入的方式常用下述两种。

（1）阶跃输入法 本法的工作要点是输入物料中示踪剂浓度从一种稳态到另一种稳态的阶跃变化。也就是说，原来进料中不含或含低浓度的示踪剂，从某一时间起，全部切换为示踪物（或提高示踪物浓度）并保持不变，使进料中示踪物的浓度有一个阶跃式突变。

如果在某一时刻（此时间指定为 $t=0$）向进口物料阶跃输入示踪剂，进口物料中示踪剂浓度由 c_0^- 跃增至 c_0^+，此时激励曲线如图 3-3(a) 所示。出口物料中示踪剂浓度随时间变化关系（响应）如图 3-3(b)。

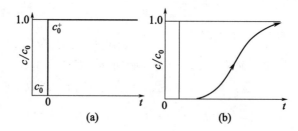

图 3-3 阶跃法测定停留时间分布函数

进口物料以体积流量 V 送入反应器，在时间为 t 时，出料的示踪剂总量应该是 Vc，它将由两部分示踪剂组成，一部分是阶跃输入后的物料（量为 Vc_0^+）中停留时间小于 t 的示踪剂，其量应是 $Vc_0^+ F(t)$；另一部分是阶跃输入前的物料（量为 Vc_0^-）中时间大于 t 的示踪剂，其量为 $Vc_0^-[1-F(t)]$。即：

$$Vc = Vc_0^+ F(t) + Vc_0^- [1-F(t)] \tag{3.2-8}$$

可得

$$F(t) = \frac{c - c_0^-}{c_0^+ - c_0^-}$$

如果阶跃输入前进口物流中不含示踪剂，即 $c_0^- = 0$，上式可以写成：

$$F(t) = \frac{c}{c_0^+} \tag{3.2-9}$$

有了实测的不同时间 t 下的 c 值，即可绘出 $F(t)$-t 曲线和 $E(t)$-t 曲线并求出特征值 $\bar{t}$ 和 σ_t^2。

例 3-1 测定某一反应器停留时间分布规律，采用阶跃示踪法，输入的示踪剂浓度 $c_0 = 7.7 \mathrm{kg \cdot m^{-3}}$，在出口处测定响应曲线如表例 3-1a 所示。

表例 3-1a 出口示踪剂浓度随时间的变化

时间 t/s	0	15	25	35	45	55	65	75	85	95
出口示踪剂浓度 c/kg·m^{-3}	0	0.5	1.0	2.0	4.0	5.5	6.5	7.0	7.7	7.7

求在此条件下 $F(t)$，$E(t)$ 及 $\bar{t}$ 与 σ_t^2 值。

解：本实验测定的数据并非连续曲线而是离散型的。则 $F(t)$，$E(t)$，$\bar{t}$，σ_t^2

的计算式如下：

$$F(t) = \frac{c}{c_0}$$

$$E(t) = \frac{\mathrm{d}F(t)}{\mathrm{d}t} = \frac{\Delta F(t)}{\Delta t} = \frac{\Delta c}{c_0 \Delta t}$$

$$\bar{t} = \int_0^\infty tE(t)\,\mathrm{d}t = \sum tE(t)\Delta t = \sum_0^\infty \frac{t\Delta c}{c_0}$$

$$\sigma_t^2 = \int_0^\infty (t-\bar{t})^2 E(t)\,\mathrm{d}t = \int_0^\infty t^2 E(t)\,\mathrm{d}t - \bar{t}^2 = \sum_0^\infty \frac{t^2\Delta c}{c_0} - \bar{t}^2$$

具体计算结果如表例 3-1b 所示。

表例 3-1b　例 3-1 的计算值

时间 t/s	出口浓度 $c/kg \cdot m^{-3}$	$F(t)$	$E(t)$	$\dfrac{t\Delta c}{c_0}$	$\dfrac{t^2\Delta c}{c_0}$
0	0	0	0	0	0
15	0.5	0.065	0.00433	0.974	14.6l
25	1.0	0.130	0.00650	1.623	40.58
35	2.0	0.260	0.01300	4.545	159.09
45	4.0	0.520	0.02600	11.688	525.97
55	5.5	0.714	0.01940	10.714	589.29
65	6.5	0.844	0.01300	8.442	548.70
75	7.0	0.909	0.00650	4.870	365.26
85	7.7	1.000	0.0091	8.636	820.45
95	7.7	1.000	0	0	0

$$\bar{t} = \sum_0^\infty \frac{t\Delta c}{c_0} = 51.49\mathrm{s}$$

$$\sigma_t^2 = \sum_0^\infty \frac{t^2\Delta c}{c_0} - \bar{t}^2 = 412.7\mathrm{s}^2$$

$E(t)$ 和 $F(t)$ 曲线如图 3-4 所示。

（2）**脉冲输入法**　本法的工作要点是在一个极短的时间间隔内（$\Delta t \rightarrow 0$）把示踪物注入到进口流中，或者将示踪物在瞬间代替原来不含示踪物的进料，然后立刻又恢复原来的进料。也就是给进料一个示踪物脉冲讯号，与之同时开始测定出口流的响应曲线，即出口流中示踪剂浓度随时间的变化关系。因为示踪剂是同一时间进入反应器的，因此停留时间小于 t 的示踪剂量应该是：

$$m_t = \int_0^t Vc\,\mathrm{d}t \tag{3.2-10}$$

示踪剂的总量显然是：

$$m_\infty = \int_0^\infty Vc\,\mathrm{d}t \tag{3.2-11}$$

由此可知

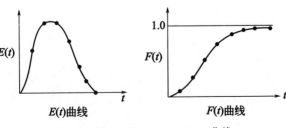

$E(t)$曲线　　　　　　　　$F(t)$曲线

图 3-4　例 3-1 的 $E(t)$、$F(t)$ 曲线

$$F(t) = \frac{m_t}{m_\infty} = \frac{\int_0^t Vc \, dt}{\int_0^\infty Vc \, dt} = \int_0^t \frac{Vc}{m_\infty} dt \qquad (3.2\text{-}12)$$

对该式求导可得：

$$E(t) = \frac{dF(t)}{dt} = \frac{Vc}{m_\infty} \qquad (3.2\text{-}13)$$

若测定数据属离散型，则：

$$E(t) = \frac{Vc}{m_\infty}$$

$$F(t) = \int_0^t \frac{Vc}{m_\infty} dt = \sum_0^t \frac{Vc}{m_\infty} \Delta t \qquad (3.2\text{-}14)$$

在实验时，时间间隔可以取成等值，得：

$$F(t) = \frac{V\Delta t}{m_\infty} \sum_0^t c \qquad (3.2\text{-}15)$$

平均停留时间与散度可按下式计算：

$$\bar{t} = \int_0^\infty tE(t) \, dt = \frac{V}{m_\infty} \sum_0^\infty tc \Delta t \qquad (3.2\text{-}16)$$

当 Δt 为定值时，存在

$$\bar{t} = \int_0^\infty tE(t) \, dt = \frac{V\Delta t}{m_\infty} \sum_0^\infty tc \qquad (3.2\text{-}17)$$

散度

$$\sigma_t^2 = \int_0^\infty t^2 E(t) \, dt - \bar{t}^2 = \frac{V}{m_\infty} \sum_0^\infty t^2 c \Delta t - \bar{t}^2 \qquad (3.2\text{-}18)$$

当 Δt 为定值时，有：

$$\sigma_t^2 = \frac{V\Delta t}{m_\infty} \sum t^2 c - \bar{t}^2 \qquad (3.2\text{-}19)$$

例 3-2　在稳定操作的连续搅拌式反应器的进料中脉冲注入染料液（$m_\infty = 50g$），测出出口液中示踪剂浓度随时间变化关系如表例 3-2a 所示。

表例 3-2a　示踪剂浓度随时间变化关系

时间 t/s	0	120	240	360	480	600	720	840	960	1080
示踪剂浓度 $c/g \cdot m^{-3}$	0	6.5	12.5	12.5	10.0	5.0	2.5	1.0	0.0	0.0

请确定系统的 $F(t)$，$E(t)$ 曲线及 $\bar{t}$，σ_t^2 值。

解：本实验采用脉冲示踪法，测定的时间间隔相同（$\Delta t = 120s$），故计算式为：

$$m_\infty = \int_0^\infty Vc \, dt = \sum_0^\infty Vc \Delta t = V\Delta t \sum_0^\infty c$$

$$E(t) = \frac{Vc}{m_\infty} = \frac{c}{\Delta t \sum_0^\infty c}$$

$$F(t) = \frac{V\Delta t}{m_\infty} \sum_0^t c = \frac{\sum_0^t c}{\sum_0^\infty c}$$

$$\bar{t} = \frac{\sum\limits_{0}^{\infty} tc}{\sum\limits_{0}^{\infty} c}$$

$$\sigma_t^2 = \sum\limits_{0}^{\infty} t^2 c - \bar{t}^2 = \frac{\sum\limits_{0}^{\infty} t^2 c}{\sum\limits_{0}^{\infty} c} - \bar{t}^2$$

计算值如表例 3-2b 所示。

表例 3-2b　例 3-2 的计算值

t/s	$c/\text{g}\cdot\text{m}^{-3}$	$\sum c$	$F(t)$	$E(t)$	tc	$t^2 c$
0	0.0	0	0	0	0	0
120	6.5	6.5	0.13	0.001083	780	93600
240	12.5	19.0	0.38	0.002083	3000	720000
360	12.5	31.5	0.63	0.002083	4500	1620000
480	10.0	41.5	0.83	0.00167	4800	2304000
600	5.0	46.5	0.93	0.000823	3000	1800000
720	2.5	49.0	0.98	0.0004167	1800	1296000
840	1.0	50.0	1.00	0.000167	840	705600
960	0.0	50.0	1.00	0	0	0
1080	0.0	50.0	1.00	0	0	0
$\sum$	50.0				18720	8539200

$$\bar{t} = \frac{\sum\limits_{0}^{\infty} tc}{\sum\limits_{0}^{\infty} c} = \frac{18720}{50}\text{s} = 374.4\text{s}$$

$$\sigma_t^2 = \sum\limits_{0}^{\infty} t^2 c - \bar{t}^2 = \frac{\sum\limits_{0}^{\infty} t^2 c}{\sum\limits_{0}^{\infty} c} - \bar{t}^2 = \left(\frac{8539200}{50} - 374.4^2\right)\text{s}^2 = 30608\text{s}^2$$

$E(t)$ 和 $F(t)$ 曲线如图 3-5 所示。

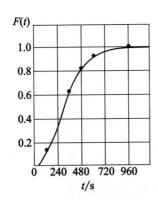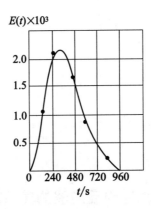

图 3-5　例 3-2 的 $E(t)$、$F(t)$ 曲线

3.2.3 用对比时间作变量的停留时间分布

前面，停留时间分布规律是采用时间作为自变量，其优点是比较直观，缺点是时间是一个有因次（单位）的量，一些反应器的停留时间分布规律不能充分予以体现。为此，停留时间分布规律还有一种表达方式，是以无因次量-对比时间作为自变量的表达式。

（1）对比时间的定义　用时间与反应器空时（在没有发生反应前后有体积变化的化学反应时，就是流体在反应器内的平均停留时间）的比值作为自变量，称对比时间，用符号 θ 表示。即：

$$\theta = \frac{t}{\tau} \tag{3.2-20}$$

$$\tau = \frac{V_R}{V_0} \tag{1.3-5}$$

（2）以对比时间为自变量的停留时间分布规律

停留时间分布函数：

$$F(\theta) = \frac{N_\theta}{N_\infty} \tag{3.2-21}$$

停留时间分布密度函数：

$$E(\theta) = \frac{\mathrm{d}F(\theta)}{\mathrm{d}\theta} \tag{3.2-22}$$

平均停留时间：

$$\bar{\theta} = \int_0^1 \theta \mathrm{d}F(\theta) = \int_0^\infty \theta E(\theta) \mathrm{d}\theta \tag{3.2-23}$$

散度：

$$\sigma_\theta^2 = \int_0^1 (\theta - \bar{\theta})^2 \mathrm{d}F(\theta) = \int_0^\infty (\theta - \bar{\theta})^2 E(\theta) \mathrm{d}\theta \tag{3.2-24}$$

（3）两种停留时间分布规律之间关系

$$\theta = \frac{t}{\tau}$$

因为 $\qquad\qquad\qquad\qquad N_\theta = N_t$

所以 $\qquad\qquad\qquad\qquad F(\theta) = F(t) \tag{3.2-25}$

$$E(\theta) = \frac{\mathrm{d}F(\theta)}{\mathrm{d}\theta} = \frac{\mathrm{d}F(t)}{\mathrm{d}\left(\dfrac{t}{\tau}\right)} = \tau \frac{\mathrm{d}F(t)}{\mathrm{d}t} = \tau E(t) \tag{3.2-26}$$

$$\bar{\theta} = \int_0^1 \theta \mathrm{d}F(\theta) = \int_0^1 \frac{t}{\tau} \mathrm{d}F(t) = \frac{1}{\tau} \int_0^1 t \mathrm{d}F(t) = \frac{\bar{t}}{\tau} \tag{3.2-27}$$

$$\sigma_\theta^2 = \int_0^1 (\theta - \bar{\theta})^2 \mathrm{d}F(\theta) = \int_0^1 \left(\frac{t}{\tau} - \frac{\bar{t}}{\tau}\right)^2 \mathrm{d}F(t) = \frac{1}{\tau^2} \int_0^1 (t - \bar{t})^2 \mathrm{d}F(t) = \frac{\sigma_t^2}{\tau^2}$$

$$\tag{3.2-28}$$

3.2.4 两种理想反应器的停留时间分布规律

在第 1 章介绍了两种理想反应器，即理想置换型反应器和充分返混型反应器，现就这两种理想反应器的停留时间分布规律加以介绍。

（1）理想置换型反应器即平推流反应器　由于流体在反应器内作平推流，反应器内物料无返混。如果采用阶跃示踪法测定其停留时间分布规律，则激励曲线与响应曲线如图 3-6 所示。

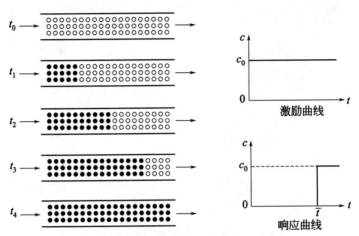

图 3-6　理想置换型反应器激励与响应曲线

两条曲线的形状完全一样，只是响应曲线比激励曲线平移了一段距离 $\bar{t}$。显然停留时间分布函数存在如下规律：

$$\begin{cases} F(t)=0 & t<\bar{t} \\ F(t)=1 & t\geqslant\bar{t} \end{cases} \quad 或 \quad \begin{cases} F(\theta)=0 & \theta<1 \\ F(\theta)=1 & \theta\geqslant1 \end{cases} \tag{3.2-29}$$

$$\begin{cases} E(t)=0 & t\neq\bar{t} \\ E(t)\to\infty & t=\bar{t} \end{cases} \quad\quad \begin{cases} E(\theta)=0 & \theta\neq1 \\ E(\theta)\to\infty & \theta=1 \end{cases} \tag{3.2-30}$$

$$\bar{t}=\tau \quad\quad\quad\quad \bar{\theta}=1 \tag{3.2-31}$$

$$\sigma_t^2=0 \quad\quad\quad\quad \sigma_\theta^2=0 \tag{3.2-32}$$

理想置换反应器的 $E(t)$、$F(t)$ 曲线见图 3-7。

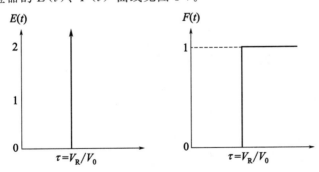

图 3-7　理想置换反应器的 $E(t)$、$F(t)$ 曲线

（2）充分返混型反应器即全混釜式反应器　反应器有效容积为 V_R，流入反应器的流体体积流量为 V，浓度为 c_0，流体在反应器内被充分搅拌，其浓度各处均一且与出口流中浓度相等。为测定该反应器的停留时间分布规律，采用阶跃示踪法，所得激励曲线与响应曲线如图 3-8 所示。

在时间为 t 时测得出口流中示踪剂浓度为 c，此时对系统作示踪剂物料衡算。

流入量　Vc_0

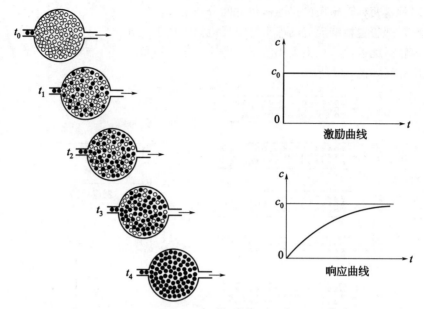

图 3-8　理想混合反应器激励与响应曲线

流出量　Vc

容器中积累量 $=\dfrac{\mathrm{d}n}{\mathrm{d}t}=V_R\dfrac{\mathrm{d}c}{\mathrm{d}t}$

在时间为 t 时的示踪剂物料衡算为：

$$Vc_0-Vc=V_R\frac{\mathrm{d}c}{\mathrm{d}t}$$

$$\frac{\mathrm{d}c}{c_0-c}=\frac{V}{V_R}\mathrm{d}t=\frac{\mathrm{d}t}{\tau}=\mathrm{d}\theta$$

积分的边值条件为：

$$t=0,\theta=0,c=0$$

则

$$\theta=\int_0^c\frac{\mathrm{d}c}{c_0-c}=-\ln\left(1-\frac{c}{c_0}\right)$$

所以

$$\frac{c}{c_0}=1-\exp(-\theta)$$

前已述及，阶跃输入法的 $F(\theta)$ 为：

$$F(\theta)=\frac{c}{c_0}=1-\exp(-\theta) \tag{3.2-33}$$

由此可知

$$E(\theta)=\frac{\mathrm{d}F(\theta)}{\mathrm{d}\theta}=\exp(-\theta) \tag{3.2-34}$$

两个特征值，$\bar{\theta}$ 与 σ_θ^2 分别为：

$$\bar{\theta}=\int_0^\infty\theta E(\theta)\mathrm{d}\theta=\int_0^\infty\theta\exp(-\theta)\mathrm{d}\theta=1 \tag{3.2-35}$$

$$\sigma_\theta^2=\int_0^\infty(\theta-\bar{\theta})^2E(\theta)\mathrm{d}\theta=\int_0^\infty\theta^2\exp(-\theta)\mathrm{d}\theta-\bar{\theta}^2=1 \tag{3.2-36}$$

理想混合反应器的 $E(t)$、$F(t)$ 曲线见图 3-9。

从两类理想流动反应器的停留时间分布规律可清楚看出：

完全不返混时 $\sigma_\theta^2=0$　充分返混时 $\sigma_\theta^2=1$

若反应器处于部分返混时，即处于非理想流动时，存在：

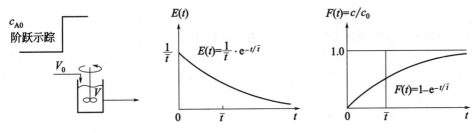

图 3-9 理想混合反应器的 $E(t)$、$F(t)$ 曲线

$$0 < \sigma_\theta^2 < 1$$

由散度 σ_θ^2 可容易地判别出反应器的类型，并可确定返混程度的大小。

3.3 非理想流动模型

非理想流动是指物料在反应器内有部分返混发生。由于非理想流动的情况比较复杂，一般无法对过程进行有效的描述，更谈不上定量关系了。对非理想流动的定量关系只能借助于模型。目前非理想流动的模型很多，下面具体介绍其中三个。

3.3.1 凝集流模型

凝集流模型是非理想流动模型之一，这个模型的基本假定有：物料在反应器内以流体元形式存在；流体元各自以不同的停留时间通过反应器，且彼此无物质交换；每个流体元可视为一个小间歇反应器，各流体元停留时间不相同，与各小间歇反应器在不同反应时间下操作相类似；出口流的参数将是各流体元中参数的均值。

在这里提到了"流体元"的概念。流体元是指流体流动的最小独立单元，它可以是分子，也可以是分子集团。流体元是分子的情况，即流体以分子状态均匀分散于系统中，这种流体叫分散流体，也叫微观流体。一般均相气体属于微观流体。微观流体的流体元以分子状态相混合，称为微观混合。流体元是分子集团，即流体的分子聚集成微小的集团存在于系统之中，这种局部分子聚集成团的现象叫凝集。流体流动的最小单元是凝集的分子集团，这种流体叫凝集流体，也叫宏观流体，宏观流体以分子集团的状态相混合，称宏观混合。

在凝集流模型中，流体元是由一定量的分子组成的，流体元在反应器内与其他流体元不发生质量交换，亦即成为一个小的间歇反应器，而间歇反应器内物料反应情况是可以计算的。出口流中物料由不同停留时间的流体元组成。显然出口流中物料的平均转化率是各凝集元（流体元）中物料转化率的平均值，即：

$$\overline{x}_A = \sum_0^\infty （停留时间在 t 和 t+\mathrm{d}t 之间流体元达到的转化率）×（停留时间在 t 和$$

$t+\mathrm{d}t$ 之间流体元的分率）。式中的加和，包括所有可能的停留时间。

若停留时间分布是连续函数，可写成积分式：

$$\overline{x}_A = \int_0^1 x_A(t)\,dF(t) = \int_0^\infty x_A(t)E(t)\,dt \qquad (3.3-1)$$

此式即是凝集流模型求解反应器转化率的计算式。

例 3-3　某非理想流动反应器，其停留时间分布规律同例 3-2。在该反应器内进行一级反应 A $\longrightarrow$ P，动力学方程为 $-r_A = 3.33 \times 10^{-3} c_A$，请确定该反应器的出口转化率。

解：采用凝集流模型进行计算。

对于一级反应，在间歇反应器中转化率与反应时间关系如下：

$$t = c_{A0} \int_0^{x_A} \frac{dx_A}{-r_A} = c_{A0} \int_0^{x_A} \frac{dx_A}{kc_{A0}(1-x_A)} = \frac{-1}{k}\ln(1-x_A)$$

$$x_A = 1 - \exp(-kt)$$

$$\overline{x}_A = \sum_0^\infty x_i \Delta F(t) = \sum_0^\infty [1-\exp(-kt)]\Delta F(t) = 1 - \sum_0^\infty \exp(-kt)\cdot\frac{c}{\sum c}$$

计算数据如表例 3-3 所示。

表例 3-3　例 3-3 的计算值

时间 t/s	示踪剂浓度 $c/\mathrm{g\cdot m^{-3}}$	$\Delta F(t)$	$\exp(-kt)\cdot\dfrac{c}{\sum c}$
0	0	0	0
120	6.5	0.13	0.0872
240	12.5	0.25	0.1124
360	12.5	0.25	0.0754
480	10.0	0.20	0.0464
600	5.0	0.10	0.0136
720	2.5	0.05	0.0045
840	1.0	0.02	0.0012
960	0	0	0
1080	0	0	0
Σ	50		0.3347

可得

$$\overline{x}_A = 1 - \sum_0^\infty \exp(-kt)\cdot\frac{c}{\sum c} = 1 - 0.3347 = 0.6653$$

凝集流模型的物理模型把实际存在于反应器中的返混视为流体团的宏观停留时间分布的不均匀，而在微观尺度上认为反应物孤立于流体团中。这种处理问题的方法有其易于理解、计算简单的优点，但也有应用的局限性。如果用此模型计算返混对反应有一定促进作用的体系，例如，对自催化反应就会得到与真实情况完全不符的结果。

3.3.2　多级混合槽模型

在介绍多级混合槽模型时，先介绍什么是多级混合槽模型，然后介绍该模型的解，最后介绍如何用该模型来解决非理想流动反应器的计算问题。

（1）多级混合槽的物理模型　多级混合槽模型的基本假定有：①它由 N 个大小相等容积为 V_{Ri} 的 CSTR 串联组成；②从一个 CSTR 到下一个 CSTR 之间的管道内物料不发生反应。

（2）模型的计算　如图 3-10 所示。若采用阶跃输入法测定停留时间分布规

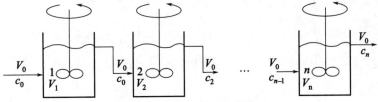

图 3-10　多级全混流串联模型

律，在时间为 t 时，第 i 个反应器的示踪剂物料衡算：

$$输入量 = Vc_{i-1}$$

$$输出量 = Vc_i$$

$$积累量 = V_{Ri} \frac{dc_i}{dt}$$

则

$$Vc_{i-1} - Vc_i = V_{Ri} \frac{dc_i}{dt} \tag{3.3-2}$$

若每个 CSTR 的容积为 V_{Ri}，N 个 CSTR 的总容积为 NV_{Ri}。

令

$$\theta = \frac{t}{\left(\frac{NV_{Ri}}{V_0}\right)} \tag{3.3-3}$$

则式(3.3-2) 可以写成：

$$\frac{dc_i}{d\theta} + Nc_i = Nc_{i-1} \tag{3.3-4}$$

用此方程可求出示踪剂出第 N 釜时的浓度，因为是采用阶跃输入法测定停留时间分布规律，有：

$$F(\theta) = \frac{c_N}{c_0}$$

具体解法如下：

由第 1 釜的物料衡算可求出第 1 釜出口液中示踪剂的浓度。

方程

$$\frac{dc_1}{d\theta} + Nc_1 = Nc_0$$

代入初始条件，当 $t = 0$，$\theta = 0$，$c_1 = 0$ 时，解方程可得：

$$\frac{c_1}{c_0} = 1 - \exp(-N\theta)$$

由第 2 釜的物料衡算可求出第 2 釜出口液中示踪剂的浓度。

方程

$$\frac{dc_2}{d\theta} + Nc_2 = Nc_1 = Nc_0 \left[1 - \exp(-N\theta)\right]$$

代入初始条件，当 $t = 0$，$\theta = 0$，$c_2 = 0$ 时，解方程可得：

$$\frac{c_2}{c_0} = 1 - \exp(-N\theta)(1 + N\theta)$$

由第 3 釜的物料衡算式可求出第 3 釜出口液中示踪剂的浓度。

方程

$$\frac{dc_3}{d\theta} + Nc_3 = Nc_2 = Nc_0 \left[1 - \exp(-N\theta)(1 + N\theta)\right]$$

代入初始条件，当 $t = 0$，$\theta = 0$，$c_3 = 0$ 时，解方程可得：

$$\frac{c_3}{c_0} = 1 - \exp(-N\theta)\left[1 + \frac{1}{1!}(N\theta) + \frac{1}{2!}(N\theta)^2\right]$$

由第 4 釜的物料衡算式可求出第 4 釜出口液中示踪剂的浓度。

方程 $\dfrac{dc_4}{d\theta} + Nc_4 = Nc_3 = Nc_0\left[1 - \exp(N\theta)\left(1 + \dfrac{1}{1!}(N\theta) + \dfrac{1}{2!}(N\theta)^2\right)\right]$

代入初始条件，当 $t=0$，$\theta=0$，$c_4=0$ 时，解方程可得：

$$\dfrac{c_4}{c_0} = 1 - \exp(-N\theta)\left[1 + \dfrac{1}{1!}(N\theta) + \dfrac{1}{2!}(N\theta)^2 + \dfrac{1}{3!}(N\theta)^3\right]$$

以此类推，第 N 釜出口液中示踪剂浓度为：

$$\dfrac{c_N}{c_0} = 1 - \exp(-N\theta)\left[1 + \dfrac{1}{1!}(N\theta) + \dfrac{1}{2!}(N\theta)^2 + \dfrac{1}{3!}(N\theta)^3 + \cdots + \dfrac{1}{(N-1)!}(N\theta)^{(N-1)}\right]$$

由此可得出 N 个容积为 V_{Ri} 的 CSTR 串联组成的反应器的停留时间分布规律为：

$$F(\theta) = \dfrac{c_N}{c_0} = 1 - \exp(-N\theta)$$

$$\left[1 + \dfrac{1}{1!}(N\theta) + \dfrac{1}{2!}(N\theta)^2 + \dfrac{1}{3!}(N\theta)^3 + \cdots + \dfrac{1}{(N-1)!}(N\theta)^{(N-1)}\right] \quad (3.3\text{-}5)$$

$$E(\theta) = \dfrac{dF(\theta)}{d\theta} = N\exp(-N\theta)\left[1 + \dfrac{1}{1!}(N\theta) + \dfrac{1}{2!}(N\theta)^2 + \cdots + \dfrac{1}{(N-1)!}(N\theta)^{(N-1)}\right] -$$

$$N\exp(-N\theta)\left[1 + \dfrac{1}{1!}(N\theta) + \dfrac{1}{2!}(N\theta)^2 + \cdots + \dfrac{1}{(N-2)!}(N\theta)^{(N-2)}\right]$$

$$= \dfrac{1}{(N-1)!}(N\theta)^{(N-1)}\exp(-N\theta)$$

$$= \dfrac{N^N}{(N-1)!}\theta^{(N-1)}\exp(-N\theta) \quad (3.3\text{-}6)$$

$$\bar{\theta} = \int_0^\infty \theta E(\theta)\,d\theta = \int_0^\infty \dfrac{N^N}{(N-1)!}\theta^N\exp(-N\theta)\,d\theta = 1 \quad (3.3\text{-}7)$$

$$\sigma_\theta^2 = \int_0^\infty (\theta - \bar{\theta})^2 E(\theta)\,d\theta = \int_0^\infty \theta^2 E(\theta)\,d\theta - \bar{\theta}^2$$

$$= \int_0^\infty \dfrac{N^N}{(N-1)!}\theta^{N+1}\exp(-N\theta)\,d\theta - \bar{\theta}^2$$

$$= \dfrac{N^N}{(N-1)!}\dfrac{(N+1)!}{N^{N+2}} - 1$$

$$= \dfrac{1}{N} \quad (3.3\text{-}8)$$

N 为不同值时的 $E(\theta)$-θ 及 $F(\theta)$-θ 曲线如图 3-11 所示。

当 $N=1$ 时，多级混合槽模型的停留时间分布函数与 CSTR 相同；当 $N \rightarrow$

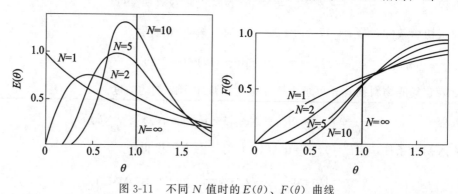

图 3-11　不同 N 值时的 $E(\theta)$、$F(\theta)$ 曲线

∞时，多级混合槽模型的停留时间分布函数与 PFR 相同；在 $1 < N < \infty$ 时，多级混合槽模型的停留时间分布函数属非理想流动反应器。

（3）多级混合槽模型的应用　多个 CSTR 串联操作时，当釜数由 1 增加到无限多个，其停留时间分布规律将按 CSTR→非理想流动反应器→PFR 的停留时间分布规律变化。显然，如果釜数选择恰当，该模型的停留时间分布规律可以与任一个非理想流动反应器的停留时间分布规律接近，且可使两者返混程度相同。非理想流动反应器的出口转化率无法计算而多级混合槽模型的出口转化率是可以计算出来的。既然两者返混程度相同，则出口转化率亦应大致相同。故将多级混合槽模型计算出的出口转化率视为与它有相同停留时间分布规律的非理想流动反应器的出口转化率，这种模型与原题之间的相互联系称等效关系。

现在的问题是某一非理想流动反应器在停留时间分布规律上究竟与多少个釜串联的 CSTR 等效呢？从多级混合槽的特征值-散度 (σ_θ^2) 可知 $\sigma_\theta^2 = \dfrac{1}{N}$，从而求出所需釜数，即：

$$N = \frac{1}{\sigma_\theta^2} = \frac{\bar{t}^2}{\sigma_t^2} \tag{3.3-9}$$

值得注意的是，槽数 N 是一个虚拟的值，从物理意义上说，N 是人为地把一个非理想反应器想象成 N 个 CSTR 的串联；而 σ_θ^2 则是实验测定值，是上述非理想反应器停留时间分布规律的真实表达。σ_θ^2 的取值范围在 0 和 1 之间。$N = \dfrac{1}{\sigma_\theta^2}$ 不是整型数，而是一个实型数。譬如说，$N = 2.07$ 意味着这个反应器的停留时间分布规律与 2.07 个全混釜串联的结果相当。在 $E(\theta)$、$F(\theta)$ 计算中出现的 $2.07!$ 可以通过 Γ 函数递推公式求得。

例 3-4　请用多级混合槽模型计算例 3-3 中反应器出口物料的转化率。

解：该反应器的停留时间分布规律在例 3-2 中已进行过计算，即：

$$\bar{t} = N\tau_i = 374.4\,\mathrm{s}$$

$$\theta = 1$$

$$\sigma_t^2 = 30608\,\mathrm{s}^2$$

则
$$\sigma_\theta^2 = \frac{30608}{374.4^2} = 0.218, \quad N = \frac{1}{\sigma_\theta^2} = 4.59$$

按多级混合槽模型，该非理想流动反应器相当于 4.59 个 CSTR 串联的反应器。则反应器出口转化率为：

$$x_A = 1 - \frac{1}{(1 + k\tau_i)^N} = 1 - \frac{1}{\left(1 + \dfrac{k\bar{t}}{N}\right)^N}$$

$$x_A = 1 - \frac{1}{\left(1 + \dfrac{3.33 \times 10^{-3} \times 374.4}{4.59}\right)^{4.59}} = 0.668$$

3.3.3　轴向扩散模型

轴向扩散模型是仿照一般分子扩散中用扩散系数来表征的情况，它用一个所谓的"有效扩散系数"来表征一维返混情况。也就是认为非理想流动的管形反应器中物料的返混是由于其流动是在平推流流动的同时叠加了一个涡流扩散流动所造成的。这个模型适用于偏离平推流较小的非理想流动，主要用于湍流流动的管形反应器、固定床反应器和塔式反应器。

其基本假定有：①流体沿轴向有参数变化，径向参数均一；②流体流动主流为平推流但叠加一逆向涡流扩散；③逆向涡流扩散遵循费克定律且在整个反应器内轴向扩散系数（用符号 E 表示）为一常数。

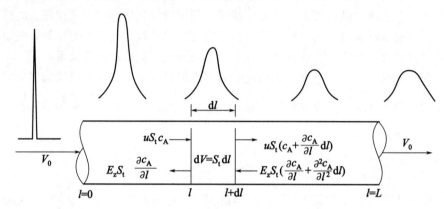

图 3-12　轴向扩散模型物料衡算示意图

（1）基础方程如图 3-12 所示，流体以流速 u 通过管形反应器中一体积单元（该体积单元为管截面积 S_t 及长度 dl 所含体积）。对该体积单元作物料衡算：

进入量：主流体流入　　　　　　$S_t V_0 c_A$

　　　　逆向扩散进入　　$E \dfrac{\partial}{\partial l}\left[c_A + \dfrac{\partial c_A}{\partial l} dl \right] S_t$

流出量：主流体流出　　　　$S_t u \left[c_A + \dfrac{\partial c_A}{\partial l} dl \right]$

　　　　逆向扩散流出　　　　$E \dfrac{\partial c_A}{\partial l} S_t$

反应消耗量：　　　　　　$-r_A S_t dl$

积累量：　　　　　　　$\dfrac{\partial c_A}{\partial t} S_t dl$

A 组分的物料衡算为：

输入量－输出量＝反应消耗量＋积累量

将上述关系代入并经整理后得：

$$E \frac{\partial^2 c_A}{\partial l^2} - u \frac{\partial c_A}{\partial l} - \frac{\partial c_A}{\partial t} - (-r_A) = 0 \qquad (3.3\text{-}10)$$

式（3.3-10）为轴向扩散模型的基础方程。

（2）轴向扩散模型的停留时间分布规律　　轴向扩散模型的基点是在管形反应器中流体的流动是平推流，再叠加一逆向涡流扩散。由于有逆向涡流扩散，故流体的流动属非理想流动，对该反应器的停留时间分布规律的测定采用阶跃输入法，示踪剂不参与反应。故基础方程为：

$$E \frac{\partial^2 c}{\partial l^2} - u \frac{\partial c}{\partial l} - \frac{\partial c}{\partial t} = 0 \qquad (3.3\text{-}11)$$

解此方程需要有边界条件，边值条件将根据流体流入及流出反应器的情况不同可分为开-开式、闭-闭式、开-闭式及闭-开式边值条件四种。上述四种边值条件中第一个字是指物料进入反应器的条件，第二个字是指物料流出反应器的条件。

开式边值条件是指边界处或测试点处与反应器内流体的流动形态没有变化，这相当于反应器是无限长管中的一段。反应器内流动特征将扩展到反应器进出口处。闭式边值条件是指边界处或测试点处与反应器内流体的流动形态存在突然变化，进口管内（或出口管外）为平推流，流型与反应器内流体流型不同。

开-开式边值条件是流体在进口处及出口处均属开式条件，如图 3-13（a）所示；开-闭式边值条件是流体在进口处属开式条件，出口处属闭式条件，如图 3-13（b）所示；闭-开式边值条件是流体在进口处属闭式条件，出口处属开式条件，如图 3-13（c）所示；闭-闭式边值条件是流体在进口处及出口处均属闭式条件，如图 3-13（d）所示。

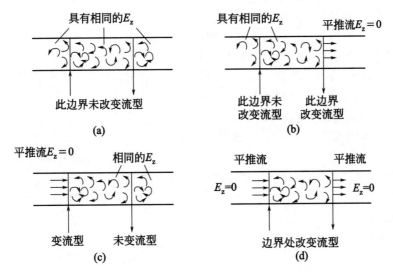

图 3-13 轴向扩散模型边界条件示意图

现就开-开式边值条件对基础方程的解进行讨论：

初始条件：

$$t=0 \quad \begin{array}{ll} l<0 & c=c_0 \\ l>0 & c=0 \end{array}$$

边界条件：

$$t>0 \quad \begin{array}{ll} l\to-\infty & c=c_0 \\ l\to\infty & c=0 \end{array}$$

解此方程可得：

$$F(\theta)=\frac{c}{c_0}=\frac{1}{2}\left[1-\mathrm{erf}\left(\frac{\sqrt{Pe}}{2}\frac{1-\theta}{\sqrt{\theta}}\right)\right] \tag{3.3-12}$$

式中，$\theta=\dfrac{t}{\tau}$；$\tau=\dfrac{l}{u}$；$Pe=\dfrac{uL}{E}$。

erf(x) 为误差函数，其定义式为：

$$\mathrm{erf}(x)=\frac{2}{\sqrt{\pi}}\int_0^x \mathrm{e}^{-x^2}\,\mathrm{d}x$$

$$\text{erf}(\pm\infty)=\pm1, \text{erf}(0)=0, \text{erf}(-x)=-\text{erf}(x)$$

$\text{erf}(x)$ 值可由数学手册中查到。

停留时间分布密度函数为：

$$E(\theta)=\frac{\mathrm{d}F(\theta)}{\mathrm{d}\theta}=\frac{1}{2\sqrt{\frac{\pi\theta}{Pe}}}\exp\left[-\frac{(1-\theta)^2}{\frac{4\theta}{Pe}}\right] \tag{3.3-13}$$

二个特征值分别为：

$$\bar{\theta}=1+\frac{2}{Pe} \tag{3.3-14}$$

$$\sigma_\theta^2=\frac{2}{Pe}+8\left(\frac{1}{Pe}\right)^2 \tag{3.3-15}$$

由式(3.3-14)看出，当 Pe 为有限值时，$\bar{\theta}>1$，即 $\bar{t}>\tau$，这是由开式边值条件认定的反应器进出口处的返混造成的。

对于某一非理想流动反应器若要用轴向扩散模型进行计算时，将实测的停留时间分布规律与本模型进行比较，求得相应的 Pe 值。

$Pe=uL/E$ 称彼克列数，是轴向分散程度（逆向涡流扩散）的度量。

$Pe\to\infty$ 或 $E=0$ 为理想置换型（PFR）；

$Pe=0$ 或 $E\to\infty$ 为理想混合型（CSTR）；

$0<Pe<\infty$ 或 $0<E<\infty$ 为非理想流动型。

Pe 值不同即 E 值不同，$F(\theta)$ 也不同。开-开式边界条件的 $F(\theta)$ 和 $E(\theta)$ 曲线如图 3-14 所示。

其他边值条件下基础方程的解如下：

闭-闭式边值条件

$F(\theta)$、$E(\theta)$ 与 θ 关系将由基础方程数值解求出。

$$\bar{\theta}=1 \tag{3.3-16}$$

$$\sigma_\theta^2=\frac{2}{Pe}\left[1-\frac{1-\exp(-Pe)}{Pe}\right] \tag{3.3-17}$$

开-闭式及闭-开式边值条件

$F(\theta)$、$E(\theta)$ 与 θ 关系将由基础方程的数值解求出。

$$\bar{\theta}=1+\frac{1}{Pe} \tag{3.3-18}$$

$$\sigma_\theta^2=\frac{2}{Pe}+3\left(\frac{1}{Pe}\right)^2 \tag{3.3-19}$$

例 3-5 试将例 3-2 中测定数据用轴向扩散模型计算其 Pe 数。

解： 由例 3-2 中已求得：

$$\bar{t}=374.4\text{s}$$

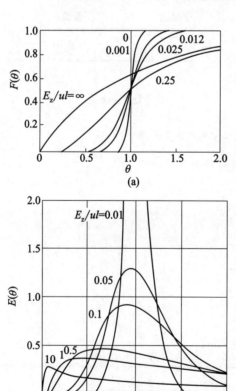

图 3-14 开-开式边界条件的 $F(\theta)$、$E(\theta)$ 曲线

(a) $F(\theta)$-θ 曲线；(b) $E(\theta)$-θ 曲线

$$\sigma_t^2 = 30608 s^2$$

如果本题遵循轴向扩散模型的开-开式边值条件，则：

$$\frac{\sigma_\theta^2}{\theta^2} = \frac{\sigma_t^2}{t^2} = \frac{\frac{2}{Pe} + 8\left(\frac{1}{Pe}\right)^2}{\left[1 + 2\left(\frac{1}{Pe}\right)\right]^2}$$

$$= \frac{30608}{374.4^2} = 0.218$$

由此可解出：

$$\frac{1}{Pe} = 0.08206, Pe = 12.186$$

若本题遵循闭-闭式条件，则：

$$\frac{\sigma_\theta^2}{\theta^2} = \frac{\sigma_t^2}{t^2} = \frac{2}{Pe}\left[1 - \frac{1 - \exp(-Pe)}{Pe}\right] = \frac{30608}{374.4^2} = 0.218$$

此式可求出 Pe 值。

经试差法求得：$Pe = 8.039$

（3）用轴向扩散模型计算非理想流动反应器的物料出口转化率

用轴向扩散模型计算非理想流动反应器的物料出口转化率时，该过程属定态操作，其基础方程为：

$$E\frac{\partial^2 c_A}{\partial l^2} - u\frac{\partial c_A}{\partial l} - (-r_A) = 0 \tag{3.3-20}$$

为方便求解，方程的边值条件设定为（如图 3-15 所示）：

$$l = 0 \text{ 时}, uc_{A0} = u(c_{A0})^{+0} - E\left(\frac{dc_A}{dl}\right)^{+0}$$

$$l = L \text{ 时}, \left(\frac{dc_A}{dl}\right)_L = 0$$

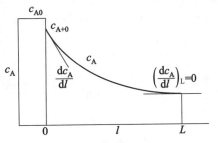

图 3-15　扩散模型的边界浓度条件

按此条件得到的方程解，不论在测量段邻近区域是活塞流还是有逆向返混作用都是正确的。由方程求得出口流体中 A 的浓度，借此可求出物料出口的转化率。

如果在反应器内进行的是一级反应，即：

$$-r_A = kc_A$$

该方程有解析解：

$$\frac{c_A}{c_{A0}} = 1 - x_A$$

$$= \frac{2(1+\beta)\exp\left(\frac{Pe}{2}\right)\exp\left[\frac{\beta Pe}{2}(1-z)\right] - 2(1-\beta)\exp\left(\frac{Pe}{2}\right)\exp\left[-\frac{\beta Pe}{2}(1-z)\right]}{(1+\beta)^2\exp\left(\frac{\beta Pe}{2}\right) - (1-\beta)^2\exp\left(\frac{-\beta Pe}{2}\right)}$$

$$\tag{3.3-21}$$

式中，$z = l/L$；$Pe = \frac{uL}{E}$；$\beta = \sqrt{1 + \frac{4k\tau}{Pe}}$。

反应器出口处 $l = L$ 即 $z = 1$

$$\frac{c_A}{c_{A0}} = 1 - x_A = \frac{4\beta \exp\left(\frac{Pe}{2}\right)}{(1+\beta)^2 \exp\left(\frac{\beta Pe}{2}\right) - (1-\beta)^2 \exp\left(\frac{-\beta Pe}{2}\right)} \tag{3.3-22}$$

式中，x_A 为非理想流动反应器的出口转化率；Pe 由停留时间实验测定。

例 3-6 试用轴向扩散模型中的开-开式边值条件及闭-闭式边值条件计算例 3-3 中反应器出口物料的转化率。

解：本题中：$\bar{t} = 374.4s$，$\sigma_t^2 = 30608s^2$

按开-开式边值条件：

$$Pe = 12.186$$

$$\bar{\theta} = \frac{\bar{t}}{\tau} = 1 + \frac{2}{Pe} = 1 + \frac{2}{12.186} = 1.164$$

$$\tau = \frac{\bar{t}}{1.164} = \frac{374.4}{1.164} = 321.65s$$

计算 β 值

$$\beta = \sqrt{1 + \frac{4k\tau}{Pe}} = \sqrt{1 + \frac{4 \times 3.33 \times 10^{-3} \times 321.65}{12.186}} = 1.163$$

计算出口转化率

$$\bar{x}_A = 1 - \frac{4\beta \exp\left(\frac{Pe}{2}\right)}{(1+\beta)^2 \exp\left(\frac{\beta Pe}{2}\right) - (1-\beta)^2 \exp\left(\frac{-\beta Pe}{2}\right)}$$

$$= \frac{4 \times 1.163 \exp\left(\frac{12.186}{2}\right)}{(1+1.163)^2 \exp\left(\frac{1.163 \times 12.186}{2}\right) - (1-1.163)^2 \exp\left(\frac{-1.163 \times 12.186}{2}\right)}$$

$$= 1 - 0.369 = 0.631$$

按闭-闭式边值条件：

$$Pe = 8.039 \quad \tau = \bar{t} = 374.4$$

则：

$$\beta = \sqrt{1 + \frac{4k\tau}{Pe}} = \sqrt{1 + \frac{4 \times 3.33 \times 10^{-3} \times 374.4}{8.039}} = 1.273$$

$$\bar{x}_A = 1 - \frac{4 \times 1.273 \exp\left(\frac{8.039}{2}\right)}{(1+1.273)^2 \exp\left(\frac{1.273 \times 8.039}{2}\right) - (1-1.273)^2 \exp\left(\frac{-1.273 \times 8.039}{2}\right)}$$

$$= 1 - 0.329 = 0.671$$

本例题若按平推流反应器计算，其出口转化率将是：

$$\bar{x}_A = 1 - \exp(-k\bar{t})$$

$$= 1 - \exp(-3.33 \times 10^{-3} \times 374.4) = 0.713$$

按全混釜式反应器计算其出口转化率，将是：

$$\bar{x}_A = \frac{k\tau}{1+k\tau} = \frac{3.33 \times 10^{-3} \times 374.4}{1 + 3.33 \times 10^{-3} \times 374.4} = 0.555$$

结果汇总如下表。

反应器类型	反应器出口物料转化率	反应器类型	反应器出口物料转化率
平推流反应器	0.713	多级混合模型	0.668
全混流反应器	0.555	轴向扩散模型　闭-闭式	0.671
凝集流模型	0.665	轴向扩散模型　开-开式	0.631

非理想流动反应器按理想反应器计算将会产生较大偏差。用不同模型计算其数值亦不相同，故非理想流模型的选取是至关重要的。

3.3.4　模型法进行均相反应过程计算小结

在反应过程计算中，由于过程复杂，很难直接取得定量计算结果。通常采用近似解法，目前最常采用的方法是模型法。在绪论中对模型法解决化学反应工程问题已作了介绍，在学完均相反应与反应器后，对用模型法解决均相化学反应过程的做法也已加以小结。这种研究方法不仅对均相反应过程是适用的，对以后学习的非均相化学反应过程也具有十分重要的意义。

用模型法解决化学反应工程问题的出发点是认为尽管在反应器内物料同时存在化学反应过程和传递过程，但化学反应过程有其自身的规律，并不会因存在传递过程而有所改变。同样，传递过程的规律也不因化学反应的存在而改变。这并不是说两者在反应器内是完全独立的。例如，由于传递过程的存在，使物料在反应器内各处参数（如温度及物料组成）不同，不同的参数值虽不会影响化学反应动力学方程本身，但不同参数在同一动力学方程中得到的化学反应速率值是不同的。同样，化学反应的存在将改变物料的温度和浓度分布，进而使传递速率值不同。也就是说，化学反应的存在改变不了传递速率方程，传递过程的存在也不会改变化学反应动力学方程。只有这样才有可能将反应器内的化学反应过程与传递过程分别独立地加以研究，然后根据反应器内物料及其流动特性加以综合考虑，获得所需要的定量结果。

用模型法解决化学反应工程问题的步骤为：①小试研究化学反应规律；②根据化学反应规律合理选择反应器类型；③大型冷模试验研究传递过程规律；④利用计算机或其它手段综合反应规律和传递规律，预测大型反应器性能，寻找优化条件；⑤热模试验检验模型的等效性。

现分别对上述各点用均相反应过程为例加以说明。

（1）小试研究化学反应规律　这是基于化学反应规律不受传递过程影响而提出的。由于反应规律是独立的，即不管采用什么类型反应器，其化学反应规律不变，因此可以在选择反应器类型之前先加以测定。在测定化学反应规律时选用的反应器最好是传递规律简单、在取样分析其组成时不会对过程有影响、用较少的实验便能获得所需结果，因此通常用间歇操作的带充分搅拌的槽式反应器。在小试中要根据原料组成和反应一定时间后产品的组成用化学反应计量学来确定反应类型，同时推演出各反应的动力学方程。这将为合理选择反应器类型及定量计算反应器的大小奠定基础。

（2）根据化学反应规律合理选择反应器类型　根据化学反应规律即化学反应类型以及各个化学反应的动力学方程（活化能及反应级数的数值）便可以初步确

定反应器的类型,这在 2.1 节中已详细予以介绍。

(3) 大型冷模试验研究传递过程规律　冷模试验的反应器可以是最终反应器,也可以是能代表最终反应器传递特性的基本单元。由于只测定其传递特性,冷模试验并不需要反应过程存在,因此不一定选择反应物料作工况介质,冷模试验的工况介质可以选用价廉、易得、性能良好的物料(如无毒、不燃⋯⋯)作工况介质,如液体可取水而气体取空气。

在均相反应系统中传递特性基本上可用物料在反应器内停留时间分布规律来归纳。反应器内物料的停留时间分布规律测定及计算在 3.2 节中已作了详细介绍。

(4) 综合反应规律和传递规律进行反应器的定量计算　均相反应器中物料的流动特性大体可分为:①平推流反应器或间歇操作的带充分搅拌的槽式反应器。这部分反应器的典型特征是物料在反应器内不返混,因此散度值为 $0(\sigma_\theta^2=0)$。其具体定量计算在 1.4 节中已作了详细介绍。②全混流反应器(充分搅拌的槽型反应器连续操作过程)。这类反应器的典型特征是物料在反应器中充分返混,因此其散度值为 $1(\sigma_\theta^2=1)$。其具体定量计算在 1.4 节中已作了详细介绍。③非理想流动反应器。这类反应器中物料属部分返混,其散度值在 0 与 1 之间 $(0<\sigma_\theta^2<1)$。这类反应器的计算将是选择某一非理想流动模型来进行。

(5) 热模试验检验模型的等效性　在最终选定的反应器内(或与冷模试验相同的基本单元内)按实际操作条件进行操作,将实验取得的数据与步骤(4)计算结果相比较。若两者吻合较好,说明上述计算正确。若实验值与计算值相差较大,说明步骤(4)选定的模型不适用,需另行选择,直到两者较为吻合为止。

用模型法解决化学反应工程问题只是近似解,因为模型与原题之间存在差异,使模型计算的结果与原题结果不完全相同,因此要用热模试验加以验证。此外对某一问题可能有多个模型可被选用,例如非理想流的计算有凝集流模型、多级混合槽模型、轴向分散模型等,对同一原题用不同模型计算结果存在差异,有的差异很大,故合理选择模型也是至关重要的。

本章小结

1.流体在反应器内流动时其宏观规律可以用停留时间分布规律加以描述。停留时间分布规律属概率函数,其完整的表达关系为:

(1) 停留时间分布函数 　　　$F(t)=\dfrac{N_t}{N_\infty}$　　　　　　　　　　　(3.2-1)

(2) 停留时间分布密度函数 $E(t)=\dfrac{\mathrm{d}F(t)}{\mathrm{d}t}$　　　　　　　　　(3.2-2)

(3) 平均停留时间 　$\bar{t}=\displaystyle\int_0^\infty tE(t)\,\mathrm{d}t=\int_0^1 t\,\mathrm{d}F(t)$　　　　(3.2-5)

(4) 散度 　　$\sigma_t^2=\displaystyle\int_0^\infty (t-\bar{t})^2 E(t)\,\mathrm{d}t=\int_0^1 (t-\bar{t})^2\,\mathrm{d}F(t)$　　(3.2-6)

2.当自变量由时间 t 改成对比时间 $\theta=t/\tau$ 时

(1) $F(\theta)=F(t)$　　　　　　　　　　　　　　　　　　(3.2-25)

(2) $E(\theta) = \tau E(t)$ $\qquad$ (3.2-26)

(3) $\bar{\theta} = \dfrac{\bar{t}}{\tau}$ $\qquad$ (3.2-27)

(4) $\sigma_\theta^2 = \dfrac{\sigma_t^2}{\tau^2}$ $\qquad$ (3.2-28)

3.反应器内流动情况分类为:

$\sigma_\theta^2 = 0$ $\qquad$ 不返混, 属 PFR

$\sigma_\theta^2 = 1$ $\qquad$ 充分返混, 属 CSTR

$0 < \sigma_\theta^2 < 1$ $\qquad$ 部分返混, 属非理想流动反应器

4.两种理想流动反应器的停留时间分布规律为:

(1) PFR

$$\begin{cases} F(\theta) = 0 & \theta < 1 \\ F(\theta) = 1 & \theta \geqslant 1 \end{cases} \qquad (3.2\text{-}29)$$

$$\begin{cases} E(\theta) = 0 & \theta \neq 1 \\ E(\theta) \to \infty & \theta = 1 \end{cases} \qquad (3.3\text{-}30)$$

$$\bar{\theta} = 1 \qquad (3.2\text{-}31)$$

$$\sigma_\theta^2 = 0 \qquad (3.2\text{-}32)$$

(2) CSTR

$$F(\theta) = 1 - \exp(-\theta) \qquad (3.2\text{-}33)$$

$$E(\theta) = \exp(-\theta) \qquad (3.2\text{-}34)$$

$$\bar{\theta} = 1 \qquad (3.2\text{-}35)$$

$$\sigma_\theta^2 = 1 \qquad (3.2\text{-}36)$$

5.非理想流动反应器实验测定有:

(1) 阶跃示踪法 $\qquad F(t) = \dfrac{c}{c_0^+}$ $\qquad$ (3.2-9)

(2) 脉冲示踪法 $\qquad E(t) = \dfrac{Vc}{m_\infty}$ $\qquad$ (3.2-13)

6.非理想流动的凝集流模型

物理模型

(1) 物料在反应器内以凝集元形式存在。

(2) 凝集元内物料参数均一。

数学模型

物料出口处的平均转化率可用下式求得:

$$\bar{x}_A = \int_0^1 x_A(t)\,\mathrm{d}F(t) = \int_0^\infty x_A(t)E(t)\,\mathrm{d}t \qquad (3.3\text{-}1)$$

x_A 与 t 的关系由间歇反应器的计算关系求得。

7.非理想流动的多级混合槽模型

(1) 反应器为 N 个大小相同的 CSTR 串联而成, 在反应器间连接管道内

不反应。

（2）不管反应器形式如何，只要有相同停留时间分布规律，对同一反应过程应有大致相同的出口物料转化率。

数学模型

$$F(\theta)=1-\exp(-N\theta)\left[1+\frac{1}{1!}(N\theta)+\frac{1}{2!}(N\theta)^2+\frac{1}{3!}(N\theta)^3+\cdots+\frac{1}{(N-1)!}(N\theta)^{(N-1)}\right]$$

$$\tag{3.3-5}$$

$$E(\theta)=\frac{N^N}{(N-1)!}\theta^{(N-1)}\exp(-N\theta) \tag{3.3-6}$$

$$\bar{\theta}=1 \tag{3.3-7}$$

$$\sigma_\theta^2=\frac{1}{N} \tag{3.3-8}$$

式中，$\theta=\dfrac{t}{\left(\dfrac{NV_{Ri}}{V_0}\right)}$。

对于 N 个串联的反应器中的第 i 槽

$$\tau_i=\frac{\tau}{N}=\frac{V_{Ri}}{V_0}=c_{A0}\frac{x_{Ai出}-x_{Ai入}}{(-r_A)_{i出}}$$

反应器有效容积：$V_R=NV_{Ri}$

8. 非理想流动的轴向扩散模型

物理模型

开-开式模型

$$\bar{\theta}=1+\frac{2}{Pe} \tag{3.3-14}$$

$$\sigma_\theta^2=\frac{2}{Pe}+8\left(\frac{1}{Pe}\right)^2 \tag{3.3-15}$$

闭-闭式模型

$$\bar{\theta}=1 \tag{3.3-16}$$

$$\sigma_\theta^2=\frac{2}{Pe}\left[1-\frac{1-\exp(-Pe)}{Pe}\right] \tag{3.3-17}$$

开-闭式及闭-开式模型

$$\bar{\theta}=1+\frac{1}{Pe} \tag{3.3-18}$$

$$\sigma_\theta^2=\frac{2}{Pe}+3\left(\frac{1}{Pe}\right)^2 \tag{3.3-19}$$

出口物料转化率，对一级反应有：

$$\frac{c_A}{c_{A0}}=1-x_A=\frac{4\beta\exp\left(\dfrac{Pe}{2}\right)}{(1+\beta)^2\exp\left(\dfrac{\beta Pe}{2}\right)-(1-\beta)^2\exp\left(\dfrac{-\beta Pe}{2}\right)} \tag{3.3-22}$$

式中，

$$Pe=\frac{uL}{E};\quad \beta=\sqrt{1+\frac{4k\tau}{Pe}}。$$

1.扩散模型求解时应用到 $l=L$ 时，$\left(\dfrac{\mathrm{d}c_A}{\mathrm{d}l}\right)_L=0$。显然，如果确实如此，意为反应到反应器出口处已经结束，这不符合实际。考虑到模型求解的麻烦，姑且认可这一边界条件。在实际计算中，可以将管长延长，然后从中截取需要的长度。

2.计算机技术的发展使得微分方程的求解越来越容易，利用扩散模型求解复杂反应成为可能。

3.扩散模型中，包含开式边界条件的解 $\overline{\theta}\neq 1$，意味着经由实验测定的平均停留时间与空间时间不一致。这与在边界处流体微元的逆向扩散有关，即在开式边界条件下，容许某些流体微元通过边界不止一次。

4.求解扩散模型需要边界条件，多级混合槽模型的边界条件是什么？

1.有一有效容积 $V_R=1\mathrm{m}^3$，送入液体的流量为 $1.8\mathrm{m}^3 \cdot \mathrm{h}^{-1}$ 的反应器，现用脉冲示踪法测得其出口液体中示踪剂质量浓度变化关系为：

t/min	0	10	20	30	40	50	60	70	80
$c/\mathrm{kg} \cdot \mathrm{m}^{-3}$	0	3	6	5	4	3	2	1	0

求其停留时间分布规律，即 $F(t)$、$E(t)$、$\overline{t}$ 和 σ_t^2。

2.对某一反应器用阶跃法测得出口处不同时间的示踪剂质量浓度变化关系为：

t/min	0	2	4	6	8	10	12	14	16
$c/\mathrm{kg} \cdot \mathrm{m}^{-3}$	0	0.05	0.11	0.2	0.31	0.43	0.48	0.50	0.50

求其停留时间分布规律，即 $F(t)$、$E(t)$、$\overline{t}$ 和 σ_t^2。

3.请将习题1中停留时间分布规律用对比时间 θ 作变量，求 $F(\theta)$、$E(\theta)$、$\overline{\theta}$ 和 σ_θ^2。

4.应用习题1的反应器，进行液相反应 $A+B \longrightarrow D$，已知 $c_{A0}=c_{B0}=20\mathrm{mol} \cdot \mathrm{m}^{-3}$，动力学方程为 $-r_A=0.005c_Ac_B\mathrm{mol} \cdot \mathrm{m}^{-3} \cdot \mathrm{min}^{-1}$，请用凝集流模型计算反应器出口物料中 A 组分的转化率，并求 c_A、c_B、c_D 值。本题若用 PFR 及 CSTR 模型计算时，物料出口中 A 组分的转化率是多少？

5.在习题1的反应器中进行 $A \longrightarrow D$ 反应，已知 $c_{A0}=25\mathrm{mol} \cdot \mathrm{m}^{-3}$，动力学方程为 $-r_A=0.05c_A\mathrm{mol} \cdot \mathrm{m}^{-3} \cdot \mathrm{min}^{-1}$，请分别用：

（1）凝集流模型；

（2）多级混合槽模型；

（3）平推流模型；

（4）全混流模型。

计算出口物料中 A 组分的转化率。

6．用习题 5 的条件，采用轴向扩散模型，计算其 Pe 值与出口物料中 A 组分的转化率。

7．设 $E(\theta)$、$F(\theta)$ 分别为某流动反应器的停留时间分布密度函数和停留时间分布函数，θ 为对比时间。

（1）若反应器为 PFR，试求：（a）$F(1)$；（b）$E(1)$；（c）$F(0.8)$；（d）$E(0.8)$；（e）$E(1.2)$。

（2）若反应器为 CSTR，试求：（a）$F(1)$；（b）$E(1)$；（c）$F(0.8)$；（d）$E(0.8)$；（e）$E(1.2)$。

（3）若反应器为一非理想流动反应器，试求：（a）$F(\infty)$；（b）$F(0)$；（c）$E(\infty)$；（d）$\int_0^\infty F(\theta)\mathrm{d}\theta$；（e）$\int_0^\infty \theta E(\theta)\mathrm{d}\theta$。

8．液体以 $1\mathrm{m}^3 \cdot \mathrm{h}^{-1}$ 的流量通过 $1\mathrm{m}^3$ 的反应器。定常态时用惰性示踪物以恒定流量 $2\times10^{-4}\mathrm{mol} \cdot \mathrm{h}^{-1}$ 送入反应器（可以忽略示踪物流对流动的影响）。若反应器分别为 PFR 或 CSTR，求示踪物料加入后 1.2h 时，反应器出口物流中示踪物的浓度为多少？

9．请推导层流流动系统的物料停留时间分布密度函数和停留时间分布函数。

10．现有一 $2\mathrm{m}^3$ 的盐水储罐，内装有浓度为 $2\mathrm{kmol} \cdot \mathrm{m}^{-3}$ 的盐水 $1\mathrm{m}^3$。因操作失误，罐中被以 $1\mathrm{m}^3 \cdot \mathrm{h}^{-1}$ 的流速注入清水。3h 后发现错误，停止注水。试求在此期间损失了多少盐？（罐灌满后自动溢流至污水处理厂，记为损失。假设罐内流动状态为全混流。）

11．以下化学反应在容积为 $2\mathrm{m}^3$ 的工业反应器中进行。

$\mathrm{A}\longrightarrow\mathrm{B}+\mathrm{C}$，$r_\mathrm{B}=k_1 c_\mathrm{A}$

$\mathrm{A}\longrightarrow\mathrm{D}$，$r_\mathrm{D}=k_2 c_\mathrm{A}$

该反应器经停留时间分布测定其方差为 $8000\mathrm{min}^2$。

请利用多级串联槽模型计算反应物 A 的出口转化率及出口物流中各组分的浓度（已知 $k_1=0.0215\mathrm{min}^{-1}$，$k_2=0.0143\mathrm{min}^{-1}$，$c_{\mathrm{A}0}=3\mathrm{kmol} \cdot \mathrm{m}^{-3}$，$v_0=0.02\mathrm{m}^3 \cdot \mathrm{min}^{-1}$）。

12．医院里，护士为病人输液。有 A、B 两种药液各 200ml，分别装于 A、B 两瓶内。由于流速很低，药液在 B 瓶内可视为全混流流动，液体流量为 $100\mathrm{ml} \cdot \mathrm{h}^{-1}$。试求输液进行 1h 时输入病人体内的液体组成。（为什么 B 瓶可视为全混流？）

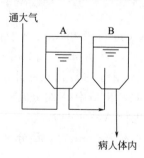

4

气固相催化反应本征动力学

本章讨论气固相催化反应本征动力学。首先介绍非均相反应过程与均相反应过程的区别，讨论有关固体催化剂的组成、物理性质及制备方法；在此基础上，进一步讨论气固催化反应的机理、控制步骤和本征动力学方程；最后介绍动力学实验。

4.1　气固相催化过程

4.1.1　催化过程及特征

在均相反应过程中，有为数众多的反应，按化工热力学的观点是能够进行的。但是从动力学来考虑，由于反应速率极慢，即使反应物之间有较长时间的接触，所得产物量也极少，无法进行工业生产。这类反应如果在过程中添加新的物质，以改变其反应历程，有可能使反应速率明显增加，从而使工业化生产得以实现。例如，原反应为：

$$A+B \Longleftrightarrow R+S \tag{4.1-1}$$

在原料中加入另一物质（σ），使反应按下述历程进行：

$$A+\sigma \Longleftrightarrow A\sigma$$
$$B+\sigma \Longleftrightarrow B\sigma$$
$$A\sigma+B\sigma \Longleftrightarrow R\sigma+S\sigma$$
$$R\sigma \Longleftrightarrow R+\sigma$$
$$S\sigma \Longleftrightarrow S+\sigma$$

总反应式可以写成：

$$A+B+2\sigma \Longleftrightarrow R+S+2\sigma \tag{4.1-2}$$

尽管反应式(4.1-1)和反应式(4.1-2)都是由原料 A、B 反应得到产物 R、S，但是两反应的历程不同，反应速率也不会相同。式(4.1-2)的反应速率有可能远高于式(4.1-1)的反应速率。在式(4.1-2)中，新加入物质（σ）参与了反应，但从最终情况来看，它的质与量在反应前后是相同的。

这种物质的加入改变了原化学反应的历程。尽管它参与了反应，但其质和量在反应前后维持不变，因此被称为催化剂。有催化剂存在的反应过程称催化反应过程。

当催化剂与原物料形成的混合物是同一相时,该反应过程称为均相催化反应过程。若催化剂与原物料并非同一相,则该反应过程称为非均相催化反应过程。如原料为气相,而催化剂是固相时,该反应过程为气固相催化反应过程。在工业生产中,气固相催化反应过程被广泛采用。例如,氨的合成、一氧化碳变换、甲醇的合成、二氧化硫氧化、乙苯脱氢制苯乙烯、萘氧化制苯酐等。

催化反应过程的特征可概述如下。

(1) 催化剂改变反应历程,改变反应速率,其本身在反应前后没有变化。催化剂用量是极少的,反应物在其表面反应以后就离去,所以少量的催化剂能够周而复始地连续应用,生产出大量的产品。

(2) 对可逆反应,催化剂不会改变反应物质最终所能达到的平衡状态。对于可逆反应,化学平衡常数与化学反应的自由能变化有如下关系:

$$\Delta G^0 = -RT\ln K \tag{2.3-8}$$

尽管催化剂参与了化学反应,但其质与量在反应的始态和终态是相同的。因此,催化反应与非催化反应的自由能变化值是相同的。由式(2.3-8)可知,两者的化学平衡常数(K)值也相同。因此,催化剂并不改变化学平衡关系。

对于某些由于化学平衡常数很小,以致反应后物料中产品量很少的反应过程,不必费力去寻找催化剂。催化剂对这类反应过程是无能为力的,因为该类反应过程并非是反应速率小,而是平衡常数小。只有平衡常数很大而反应速率较小的过程,催化剂才能充分发挥作用。

(3) 对任何一个可逆反应,催化剂既会加快正反应速率,也必将以同样的倍数加快逆反应的速率。化学平衡常数与正、逆反应速率常数间有如下关系:

$$\frac{k_1}{k_2} = \frac{g(x_{Ae})}{f(x_{Ae})} = K_c \tag{2.3-7}$$

$$K = K_c \left(\frac{RT}{p^0}\right)^{\Delta n} \tag{2.3-10}$$

式中,K 为化学平衡常数;K_c 为以浓度表示的化学平衡常数;Δn 为化学计量数的代数和;k_1 为以浓度表示的正反应速率常数;k_2 为以浓度表示的逆反应速率常数;$p^0 = 101.3\text{kPa}$。

催化剂的加入,并不影响化学平衡常数 K 值。由式(2.3-7)和式(2.3-10)可知,若催化剂使正反应速率常数 k_1 提高,它必将以相同倍数使逆反应速率常数 k_2 得到提高。

在筛选催化剂时,若进行正反应的条件较为苛刻,则可从逆反应着手进行研究。例如用氢和一氧化碳合成甲醇的反应过程,需要在高温、高压下才能进行。而甲醇分解为氢和一氧化碳的反应在常压下便可进行。若需要筛选合成甲醇的催化剂,可在常压下研究催化剂对甲醇分解反应的影响,以此作为筛选合成甲醇催化剂的依据。

(4) 催化剂对反应过程有良好的选择性。工业上大多数反应,往往不只是进行简单的单一反应,而是同时进行多种反应的复合反应。催化剂能有选择地加速其中某一反应而不加速(或少加速)另外一些反应。例如以一氧化碳和氢为原料能够合成甲醇、甲烷、烃类混合物、乙二醇及固体石蜡等,而催化剂可以有选择地加速其中一个反应。因此，有目的地选择某一催化剂，可以使合成反应按照所希望的方向进行。

$$CO+H_2 \begin{cases} \xrightarrow{Cu、Zn、Al} CH_3OH \\ \xrightarrow{Ni} CH_4 \\ \xrightarrow{Fe、Co} 烃类混合物 \\ \xrightarrow{Rh\,络合物} CH_2OHCH_2OH \\ \xrightarrow{Ru} 固体石蜡 \end{cases}$$

4.1.2 非均相催化反应速率表达

在讨论均相反应动力学时，已定义反应速率为单位反应物系中反应程度随时间的变化率，即：

$$r = \frac{1}{V}\frac{d\xi}{dt} \tag{1.1-9}$$

关键组分的消耗速率为：

$$-r_A = -\frac{1}{V}\frac{dn_A}{dt} \tag{1.1-10}$$

式中，V 为均相物系反应体积。

对于气-固相催化反应过程，由于反应是发生在催化剂表面，故所取单位反应物系都是以催化剂来考虑，有下列几种。

（1）选用催化剂体积，则：

$$r = \frac{1}{V_S}\frac{d\xi}{dt} \tag{4.1-3}$$

或

$$-r_A = -\frac{1}{V_S}\frac{dn_A}{dt} \tag{4.1-4}$$

式中，V_S 为催化剂体积；r 为反应速率，$mol \cdot s^{-1} \cdot m_{cat}^{-3}$。

（2）选用催化剂质量，则：

$$r = \frac{1}{m_S}\frac{d\xi}{dt} \tag{4.1-5}$$

或

$$-r_A = -\frac{1}{m_S}\frac{dn_A}{dt} \tag{4.1-6}$$

式中，m_S 为催化剂质量；r 为反应速率。$mol \cdot s^{-1} \cdot kg_{cat}^{-1}$。

（3）选用催化剂比表面积，则：

$$r = \frac{1}{S_V}\frac{d\xi}{dt} \tag{4.1-7}$$

或

$$-r_A = -\frac{1}{S_V}\frac{dn_A}{dt} \tag{4.1-8}$$

式中，S_V 为单位质量（或体积）催化剂的表面积；r 为反应速率，$mol \cdot s^{-1} \cdot m_{cat}^{-2}$。

非均相反应速率方程通常表达为温度、气相组分浓度或分压的函数，将在以后讨论。

4.1.3 非均相催化反应过程

反应过程的进行，要求各反应物彼此相接触，气固相催化反应必然发生在气固相接触的相界面处。单位体积固体表面积越大，反应进行得越快。因此，多相催化反应所采用的催化剂，往往都是多孔结构，内部的表面积极大，化学反应主要在这些表面上进行。

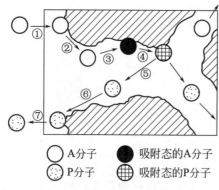

○ A分子　　● 吸附态的A分子
⊙ P分子　　⊞ 吸附态的P分子

图 4-1　气固相催化反应过程

当气体通过固体颗粒时，气体在颗粒表面将形成一层相对静止的层流边界层（称气膜），如图 4-1 所示。欲使流体主体中反应组分到达固体表面，必须穿过边界层。边界层中物质的迁移主要靠分子扩散，其推动力为流体主体与催化剂表面反应组分具有的不同浓度。这种情况称为外扩散影响。

对于多孔催化剂，流体中的反应组分还需从颗粒外表面向各孔的内表面迁移，该过程也是靠气体分子的扩散才能进行，其推动力依然为催化剂颗粒内部不同深度处气体的浓度。这种情况被称为内扩散影响。绝大多数反应在内表面进行。反应产物沿着相反的方向，从内表面向流体主体迁移。

整个多相催化反应过程可概括为以下七个步骤：①反应组分从流体主体向固体催化剂外表面传递；②反应组分从外表面向催化剂内表面传递；③反应组分在催化剂表面的活性中心上吸附；④在催化剂表面上进行化学反应；⑤反应产物在催化剂表面上解吸；⑥反应产物从催化剂内表面向外表面传递；⑦反应产物从催化剂的外表面向流体主体传递。

以上七个步骤中，①和⑦是气相主体通过气膜，与颗粒外表面进行物质传递，称为外扩散过程；②和⑥是颗粒内的传质，称为内扩散过程；③④⑤是在颗粒表面上进行化学吸附、化学反应、化学解吸的过程，统称为化学动力学过程。由过程③④⑤表现的速率称表面反应速率或本征反应速率，研究该速率及其影响因素称本征动力学研究；由①～⑦步综合速率称宏观反应速率，研究该速率及其影响因素称宏观动力学研究。

如上所述，多相催化反应过程是一个多步骤过程，如果其中某一步骤的速率与其他各步的速率相比要慢得多，以致整个反应速率取决于这一步的速率，该步骤就称为速率控制步骤。当反应过程达到定常态时，各步骤的速率应该相等，且反应过程的速率等于控制步骤的速率。这一点对于分析和解决实际问题非常重要。

4.2 固体催化剂

本节讨论工业催化剂的组成和几何因素的作用。对催化剂的制备方法也作简单的介绍。

4.2.1 催化剂的组成和组分选择

固体催化剂包括催化活性物质、载体、助催化剂和抑制剂。一个好的固体催化剂必须具有高活性、高选择性、高强度和长寿命等特点。

4.2.1.1 活性组分

催化剂的核心部分是活性组分，即真正起催化作用的组分。化工中广泛使用的固体催化剂可按其化合形态、电子性质及其在催化作用中的电子因素分为三类：①半导体催化剂，主要是金属氧化物和硫化物；②金属催化剂，又称导体催化剂，多为简单金属和过渡金属；③绝缘体催化剂，主要是周期表ⅢA、ⅣA、ⅤA族的金属或非金属氧化物及卤化物。

很多金属可以化学吸附氧和氢，所以通常是氧化-还原和加氢-脱氢反应的有效催化剂。铂是 SO_2 氧化的一种成功的催化剂，而镍被有效地用作烃类的加氢催化剂。半导体一类的金属氧化物可以催化同一类的反应，但是常常需要较高温度。因为 O_2 和 CO 这类气体在金属上的化学吸附键相当强，所以用金属作加氢催化剂时，这些气体就是毒物。半导体氧化物对毒物不敏感。过渡金属的氧化物，如 MoO_3 和 Cr_2O_3，是烯烃聚合的优良催化剂。

有时双重催化剂是有特效的。异构化和重整反应的双功能催化剂由两个彼此极为接近的活性物所构成。例如，Ciapetta 和 Hunter 发现将镍分散在氧化硅-氧化铝上的催化剂比单独氧化铝或氧化硅使正己烷异构化有效得多。

有关催化剂化学特性的原理尚不足以用来预先选择催化剂。选择催化剂仍然是一种依靠经验资料的技术，这些经验资料主要是与当前的经济合理和安全可靠的工厂操作有关的催化作用知识。

4.2.1.2 载体

载体常常兼作稳定剂和分散剂，是影响催化剂性能的重要因素之一。载体的种类、组成、表面积、孔结构、导热性、耐热性、机械强度、制备方法、附载活性组分的方法、载体与活性组分之间的相互作用等，对催化剂的性能都有影响。

有些活性组分如铂、铑等贵金属，来源有限，价格昂贵，用整粒的金属做催化剂是不适宜的。因为催化反应只是在催化剂的表面上进行，所以在颗粒内部的贵金属并不能起到催化的作用。为了有效利用这些活性组分，使其充分发挥作用，应该尽量设法暴露其表面，使每单位质量的贵重材料具有尽可能大的表面。最好的办法是将贵重的活性组分分散在一种来源较丰富的便宜物质的表面上。催化剂表面上是活性组分，内部是这种便宜物质。这样的物质就称为催化剂载体，或称担体。可以把载体看作是催化活性组分的分散剂、黏合物或支持物。

从大量的实践中可以看出，载体在催化剂中大致可以起到以下作用：①提供有效表面和适合的孔结构；②使催化剂获得一定的机械强度；③提高催化剂的热稳定性；④提供活性中心；⑤与活性组分作用形成新的化合物；⑥节省活性组分用量。

有一类载体是小面积载体，如碳化硅、浮石等。这类载体对所附载的活性组分的活性无重大影响。这类载体又可分为无孔和有孔两种：①无孔低表面载体，如石英粉、碳化硅等。其比表面积在 $1m^2 \cdot g^{-1}$ 左右，硬度高，导热性好，耐热，常用于部分氧化和放热量大的反应，不会带来深度氧化和反应热过于集中的问题；②有孔低表面积载体，如浮石、碳化硅烧结物、耐火砖和硅藻土等。其比表面低于 $20m^2 \cdot g^{-1}$。这些载体在高温下具有稳定的结构。

另一类是高比表面载体，如活性炭、氧化铝、硅胶、硅酸铝和膨润土等。其比表面积可达到 $100m^2 \cdot g^{-1}$ 以上，孔结构多种多样，随制法而变。这类载体不仅对所负载的活性组分有较大影响，而且自身能提供活性中心，与附载的活性组分共同组成多功能催化剂。

对于不同的反应过程，要求载体有不同的比表面积。所谓比表面积是指单位质量催化剂具有的表面积（$m^2 \cdot g^{-1}$）。工业上可按比表面积的大小，将载体分为若干种，见表 4-1。

表 4-1　催化剂载体分类

载体比表面积/$m^2 \cdot g^{-1}$	孔　型	载　体　举　例
低比表面积<1	非孔型	磨砂玻璃、金属、碳化硅
	大孔型	熔融氧化铝、氧化硅
中比表面积<100	多孔型	氧化硅、氧化铝、硅藻土、浮石
高比表面积>100	微孔型	活性氧化铝、氧化硅-氧化铝、铝凝胶、硅胶、活性炭

载体除了起到分散作用之外还可起到支撑、稳定、传热和稀释作用（对于活性极高的活性组分，控制反应程度）。在有些情况下，载体不仅起着上述作用，还具有化学功能。如有的载体与活性组分之间具有相互作用，可改变活性表面的性质，即载体起催化剂活性组分的作用，或改善催化剂的选择性。

4.2.1.3　助催化剂

助催化剂（促进剂）本身催化活性很小，但添加极少量于催化剂中，却能显著地改善催化剂的效能。助催化剂与载体的区别在于其含量对于催化剂性能的影响比载体含量的影响要大得多。

助催化剂的类型分为：①结构型助催化剂。用一些高熔点、难还原的氧化物作为助催化剂可以增加活性组分表面积，提高活性组分的热稳定性。结构型助催化剂一般不影响活性组分的本性；②调变型助催化剂。调变型助催化剂可以调节和改变活性组分的本性。

助催化剂一般在用量较小时可使催化剂活性提高，而用量过大时，活性反而下降，催化剂的活性存在一高峰。通过对合成氨反应应用的铁催化剂的促进剂的大量的研究发现加入 Al_2O_3（其他促进剂是 CaO、K_2O）可以阻止催化剂使用时表面积降低（烧结），而且在较长时间内维持较高的活性。有时用氯化物作为加氢和异构化催化剂的促进剂，硫化物用于促进加氢脱硫催化剂（Co-Mo）。有些促进剂可以增加活性中心的数目，从而使催化剂表面具有更大的活性。

4.2.1.4 抑制剂

抑制剂是促进剂的对立物。制备催化剂时加入很少量就可以减小活性，提高稳定性。抑制剂用来降低催化剂对不希望发生的副反应的催化活性。例如，载在氧化铝上的银是极佳的氧化催化剂，在乙烯生产环氧乙烷过程中广泛使用，但在同样条件下，乙烯可能完全氧化成 CO_2 和 H_2O，因而对环氧乙烷的选择性不好。已发现将卤素化合物加入催化剂中可抑制完全氧化，能得到满意的选择性。

4.2.2 催化剂的制备

催化剂的活性不仅取决于化学组成，而且与其结构也有关。同一种催化剂由于制造的差异可能活性相差很远，因此催化剂的制造技术具有特殊的重要意义。由于制造方法的不同，催化剂的比表面积、孔隙大小和粒子结构等物理性质会千差万别，这些性质在很大程度上取决于制备技术。在选定了催化活性组分以后，就是制备催化剂的过程了。

固体催化剂的活性与选择性等均受制备方法和制备条件的影响。制备固体催化剂的过程比较复杂，尤其是许多微观因素是难以控制的。至今，人们对制备固体催化剂的规律依然没有完全掌握。在制备方法上更缺乏全面而统一的理论作为指导，还处于半经验的探索阶段（当然也有一些成熟的催化剂品种早已投产）。固体催化剂的主要制备方法有：浸渍法，沉淀法，离子交换法，共混合法，滚涂法，溶蚀法，热熔法，沥滤法，络合催化剂的固载化法等。

制备固体催化剂，一般在干燥以后，都需经高温煅烧，其目的是：①除掉易挥发组分，保证一定化学组成，从而使催化剂具有稳定的活性；②使催化剂保持一定晶型、晶粒大小、孔隙结构和比表面积；③提高催化剂的机械强度。

催化剂的成型，也是制备固体催化剂的关键步骤之一。它对催化剂的寿命、机械强度以及活性等有很大的影响。有些催化剂由于压碎强度和耐磨强度差，极易破损和磨损，堵塞管道，影响生产。也有的催化剂由于成型不得法，不能发挥催化剂活性组分的作用。催化剂成型时，其颗粒的形状和大小一般是根据制备催化剂的原料的性质和工业生产所用反应器的需要来确定的。例如固定床反应器，常用球状、柱状、片状等直径在 4mm 以上的颗粒，流化床常用直径为 4mm 以下的颗粒，而悬浮床常用直径为 1~2mm 的颗粒。

现在催化剂主要还是凭经验来制造，一种性能良好的催化剂的制造工艺往往是经过多年摸索不断总结成功和失败的经验得到的。催化剂在使用之前通常还需要活化。催化剂表面的活化过程可以除去吸附和沉积的外来杂质，而且可以改变催化剂的性质，使之达到预期的要求。催化剂活化的方法主要有：①适度加热驱除易除去的外来物质；②小心燃烧；③用氢气、硫化氢、一氧化碳或氯化烃作为活化剂。有时则需要依次受氧化和还原气氛的作用。前面在介绍制备方法时所谈到的煅烧、还原法实际上也可看作是活化过程。

现在讨论催化反应的开工与停工程序。固定床催化反应器的起始开工可能是确定这批催化剂最终性能的关键。新鲜催化剂的活性是很高的，并且可能因温度失去控制而破坏或损害催化剂活性的情况。此外，在开工的不稳定状态阶段，会引起某一反应物不寻常地强烈吸附，从而发生副反应并带来温度的升高，在稳定阶段则不会重复出现这种现象。由于这样的一些理由，所以需要有专门的开工程序。这些程序可以包括：最初在低压、低浓度和低温下操作以使在较低的反应速率下跨过起始的高活性阶段。反应器的停工也常常需要特别细心。例如催化剂制造厂商提出以铬助催化的氧化铁变换催化剂的停工须知，催化剂的活性形态是部分还原的氧化铁，它一遇空气便氧化。这类在空气中会很快起变化的催化剂必须在卸出之前先钝化，或者在卸出、筛分和再装料期间用惰性气体保护起来。假如催化剂要再使用，必须小心地使之还原。了解这种程序对设计和配置卸料部件及辅助设备是必不可少的。

4.2.3　固体催化剂的比表面积、孔体积和孔体积分布

催化剂的性能主要包括活性、选择性和寿命。对催化剂性能影响最大的物理性质主要是比表面积、孔体积和孔体积分布。

催化反应过程的进行必然要求各反应物与催化剂彼此接触。气固相催化反应发生在气固相接触的界面处，因此，单位体积固体催化剂的表面积越大反应进行得越快。通常气固相催化反应的催化剂是多孔性物质，以增加气固接触面积。反应在催化剂颗粒的内孔表面上进行时，颗粒内质量和能量传递对反应速率影响的定量关系将在后面讨论。预测传递过程影响需要有关颗粒内空隙体积的大小和形状方面的数据。缺乏这种资料时，模型的各种参数应当根据可靠的和容易获得的平均性质计算。除表面积之外，另外还有三种性质：空隙体积、颗粒中固体物质的密度、空隙大小及空隙分布（孔容分布）。

4.2.3.1　比表面积

单位质量催化剂具有的表面积称为比表面积，记为 S_g，单位为 $m^2 \cdot g^{-1}$，固体催化剂的活性，部分地取决于比表面积的大小。将无孔隙的固体细分为很小的颗粒，也难以使外表面积大于 $1 m^2 \cdot g^{-1}$，而大多数催化剂颗粒表面积必须在 $5 \sim 1000 m^2 \cdot g^{-1}$ 的范围才能产生较好的催化效果。因此，固体催化剂通常都是多孔性的。催化剂微孔的几何性质能够影响总反应速率。固体的表面积显著影响吸附气体的数量和催化剂的活性。

测量催化剂表面积的标准方法是基于气体在固体表面上的物理吸附（通常是平衡吸附量），用这种方法得出的表面积数值不够精确。为了测定表面积，必须鉴别达到单分子层吸附时的吸附量，而物理吸附可能吸附多层分子，测得的表面积可能不是催化剂的有效面积。只有表面积的特定部分，即活性中心，才对反应物的化学吸附有活性。当催化活性组分分散在大面积载体上时，仅仅一部分载体表面积被催化活性原子所覆盖。例如用氮吸附测量出以硅藻土为载体的镍催化剂比表面积为 $205 m^2 \cdot g^{-1}$。为了确定被镍原子覆盖的面积，在 $25℃$ 的催化剂上化学吸附氢，由化学吸附氢的量计算得到镍原子的比表面积为 $40 m^2 \cdot g^{-1}$ 左右。知道反应条件下反应物化学吸附的表面积是很有用的，但是需要在高温或高压条件下测量每个反应系统比较小的化学吸附量。相反，用标准设备常规方式很容易吸附氢。例如，测定表面积的经典方法，是利用全玻璃仪器来测定吸附于固体样品上的气体体积。该装置在从接近于 0 到大约 $0.1 MPa$ 的低压下操作，操作温度

在正常沸点范围内。

因为多相催化反应发生在催化剂表面上，所以比表面积的大小会影响到活性的高低。为了获得较高活性，常常将催化剂制成高度分散的固体，为反应提供巨大的表面积。可利用测量表面积确定催化剂是否中毒；如果一批催化剂在连续使用后，活性的降低比比表面积的降低严重得多，推测催化剂可能中毒；如果活性伴随比表面积的降低而降低，这可能是由于催化剂热烧结而失去活性。还可以利用测表面积来估计载体和助剂的作用，是增加了单位表面积活性，还是增加了表面积。一般，催化剂的活性与比表面积成正比。测得的比表面积都是总比表面积，而具有催化活性（即活性中心）的面积只占总面积的很少一部分，催化反应往往就发生在这些活性中心上。多孔催化剂的表面绝大部分是颗粒的内表面，孔的结构不同，物质传递方式也不同。当有内扩散作用时，会影响表面利用率而改变反应总速率。

4.2.3.2 孔体积、固体密度、颗粒密度和孔隙率

孔体积又称孔容积，简称孔容，是指每克催化剂内部微孔所占有的体积，用 V_g 表示，其单位为 $cm^3 \cdot g^{-1}$。测定孔容积较简单的方法是将已知质量的试样在液体（如水）中煮沸，待赶走微孔中全部空气后，擦干外表面并称重，所增加的质量除以液体的密度，即得孔体积。

更精确的方法是氦-汞法。先测定试样粒子所取代的氦体积，该体积仅是固体物质占据的体积，用 V_t 表示；然后将氦除去，再测定试样粒子所取代的汞的体积。因常压下汞不能进入微孔，故该体积既包括固体物质占据的体积，也包括微孔占有的体积，两体积之差就是试样中的孔体积。

固体密度又称真密度，是指催化剂固体物质单位体积（不包括孔占有的体积）的质量，用 ρ_S 表示，单位为 $g \cdot cm^{-3}$。如果试样粒子质量为 m_P，取代氦的体积为 V_t，则：

$$\rho_S = \frac{m_P}{V_t} \tag{4.2-1}$$

颗粒密度是指单位体积催化剂颗粒（包括孔体积）的质量，用 ρ_P 表示，单位为 $g \cdot cm^{-3}$。如果试样粒子质量为 m_P，取代汞的体积为 V_S，则：

$$\rho_P = \frac{m_P}{V_S} \tag{4.2-2}$$

孔隙率是催化剂颗粒孔容积占总体积的分率，用 ε_P 表示。即：

$$\varepsilon_P = \frac{颗粒的微孔体积}{颗粒总体积} = \frac{m_P V_g}{m_P V_g + \dfrac{m_P}{\rho_S}} = \frac{V_g \rho_S}{1 + V_g \rho_S} \tag{4.2-3}$$

式中，m_P 为颗粒质量，g；V_g 为颗粒孔容，$cm^3 \cdot g^{-1}$；ρ_S 为催化剂固体真密度，$g \cdot cm^{-3}$。

孔隙率也可由颗粒密度计算：

$$\varepsilon_P = \frac{颗粒的微孔体积}{颗粒总体积} = \frac{V_g}{\left(\dfrac{1}{\rho_P}\right)} = V_g \rho_P \tag{4.2-4}$$

ε_P 值为 0.5 数量级，说明颗粒中大约一半是空隙体积，一半是固体物质。

例 4-1　在测定孔容和催化剂颗粒的孔隙率实验中，用活性二氧化硅

（1.4～4.6mm 大小的颗粒）样品得到以下数据：

放入吸附室中的催化剂样品质量为 101.5g；被样品置换的氦气体积为 45.1cm³；被样品置换的汞的体积为 82.7cm³。计算该样品的孔容和孔隙率。

解：汞置换的体积减去氦气置换的体积就是孔容积。因此

$$V_g = \frac{82.7-45.1}{101.5} cm^3 \cdot g^{-1} = 0.371 cm^3 \cdot g^{-1}$$

氦气体积是催化剂中固体物质密度的一种量度，即：

$$\rho_s = \frac{101.5}{45.1} g \cdot cm^{-3} = 2.25 g \cdot cm^{-3}$$

把 V_g 和 ρ_s 值代入式(4.2-3)中得活性二氧化硅的孔隙率，即：

$$\varepsilon_P = \frac{0.371 \times 2.25}{0.371 \times 2.25 + 1} = 0.455$$

4.2.3.3 孔体积分布

内表面对于催化反应的效率的影响不仅与空隙空间的体积 V_g 有关，而且还与微孔的直径有关。因此，需要知道微孔大小在催化剂中的分布。这是一个困难的问题，因为在一定的颗粒中空隙空间的大小、形状和长度都是不均匀的，通常都互相关联，而且这些特性将随催化剂颗粒类型不同而改变。把复杂而紊乱的几何形状构成的空隙空间说成是微孔是一种近似。

详细定量地描述固体催化剂的空隙结构未必适用。为了定量地说明反应速率随多孔催化剂颗粒中的位置而变化，需要一个孔结构的简单模型。该模型必须能估计反应物通过空隙空间进入内表面的扩散速率。所有广泛使用的模型都是把空隙空间模拟为圆柱形孔。把空隙空间的大小假设成半径为 r 的圆柱形孔，而且用该变量来定义空隙体积的分布。

测定孔容分布的方法有两种。第一个方法是压汞法，它是根据汞有很大的表面张力，对大多数催化剂的表面都不润湿的原理。因此把汞压入孔中需要的压力与孔半径 r 有关，压力随 r 呈反比变化，充填 $r = 10^{-7}$ m 的微孔需要 690kPa（近似的）的压强，而 $r = 10^{-8}$ m 时则需要 6900kPa。测定低至 1×10^{-8} m 至 2×10^{-8} m 的孔容分布，用简单的技术和设备即可满足，但是，r 低于 10^{-8} m 时，则需要特殊的高压设备，因为此时表面张力很大。第二个方法就是氮吸附实验。当 $p/p^0 \to 1.0$（p^0 是饱和压力）时，一切孔容均被吸附和冷凝的氮充满，分次降低压力并且测量每一增量下蒸发和脱附氮的量可得到脱附等温线。因为从毛细管中蒸发液体的蒸气压力随毛细管的半径而改变，所以可将这些数据按脱附体积对微孔半径作图，可以得到孔容的分布。曲率半径远大于 2×10^{-8} m 时对蒸汽压力影响不大，所以这一方法不适合于半径大于 2×10^{-8} m 的孔。

在结束催化剂物理性质的讨论时，总结一下研究多孔固体性质和结构的意义。应用固体催化剂的非均相反应只在对化学吸附有活性的部分表面上发生。活性中心的数目和反应速率大致上与表面的大小成正比，所以必须知道表面积。表面积可以用低温吸附实验来求得，实验的压力范围以在催化剂表面上能形成单分子层的物理吸附（一般是氮）为宜。颗粒内表面的效率（所有的表面积基本上都是内表面）取决于空隙空间的体积和大小。用简单的比重瓶测量能够得到孔容，根据单分散系统的表面积和孔容用公式计算孔半径的平均值。根据孔半径确定全

部的孔容分布需要压汞法的测量数据或者发生在毛细管冷凝压力下的氮吸附数据，或者两种数据都需要。精确的平均孔半径值可由孔容对半径的数据计算。可以看到，全部的氮-吸附-脱附等温线的测量足够用来计算 $1 \times 10^{-9} \mathrm{m} < r < 2 \times 10^{-8} \mathrm{m}$ 范围内的表面积、孔容以及大小的分布。

4.3 气固相催化反应本征动力学

气固相催化反应本征动力学是研究没有扩散过程存在的，即排除了流体在固体表面处的外扩散影响及流体在固体孔隙中的内扩散影响的情况下，固体催化剂及与其相接触的气体之间的化学反应动力学。

一切化学反应都涉及反应分子的电子结构重排。在气固相催化反应中，催化剂参与了这种重排。反应物分子以化学吸附的方式与催化剂相结合，形成吸附络合物即反应中间物，通常它进一步与相邻的其他反应物形成的络合物进行反应生成产物，最后反应产物再从吸附表面上脱附出来。

综上所述，气固相催化反应的本征动力学步骤大致可分为下述三步：①气相分子在固体催化剂上的化学吸附，形成吸附络合物；②吸附络合物之间相互反应生成产物络合物；③产物络合物由固体表面处脱附出来。按其机理来区分，第一步和第三步属于化学吸附与化学脱附过程，第二步为表面化学反应动力学过程。下面对上述步骤作详细说明。

4.3.1 化学吸附与脱附

催化作用的部分奥秘无疑是在于所谓的化学吸附现象，化学吸附被认为是由于电子的共用或转移而发生相互作用的分子与固体间电子重排。气体分子与固体之间的相互作用力具有化学键的特征，与固体物质和气体分子间仅借助于范德华力的物理吸附明显不同，前者在吸附过程中有电子的转移和重排，而后者不发生此类现象。

根据上述机理，化学吸附由于涉及吸附剂与被吸附物之间的电子转移或共用，因此有很强的特定性，即吸附剂对被吸附物有很强的选择性；吸附物在吸附剂表面属单分子层覆盖；吸附温度可以高于被吸附物的沸点温度；吸附热的大小近似于反应热。总而言之，化学吸附可被看作为吸附剂与被吸附物之间发生了化学反应。

而在物理吸附过程中，吸附剂与被吸附物之间是借助范德华力相结合的，选择性很弱，吸附覆盖层可以是多分子层，吸附温度通常低于被吸附物的沸点温度，吸附热大致接近于被吸附物的冷凝潜热。

上述不同的特征可以作为物理吸附与化学吸附的区分标准。然而，测定吸附过程的磁化率变化或进行红外光谱分析便可确定某一吸附过程的吸附类型。

4.3.1.1 化学吸附速率的一般表达式

由于化学吸附只能发生于固体表面那些能与气相分子起反应的原子上，通常把该类原子称为活性中心，用符号"σ"表示。由于化学吸附类似于化学反应，因此气相中 A 组分在活性中心上的吸附用如下吸附式表示：

$$A+\sigma \longrightarrow A\sigma$$

组分 A 的吸附率 θ_A：固体表面被 A 组分覆盖的活性中心数与总活性中心数之比，即：

$$\theta_A = \frac{被 A 组分覆盖的活性中心数}{总的活性中心数} \tag{4.3-1}$$

空位率 θ_V：尚未被气相分子覆盖的活性中心数与总的活性中心数之比，即：

$$\theta_V = \frac{未被覆盖的活性中心数}{总的活性中心数} \tag{4.3-2}$$

设 θ_I 为 I 组分的覆盖率，可得：

$$\sum \theta_I + \theta_V = 1 \tag{4.3-3}$$

对于吸附过程，吸附速率可以写成

$$r_a = k_{a0} \exp\left(\frac{-E_a}{RT}\right) p_A \theta_V \tag{4.3-4}$$

式中，r_a 为吸附速率；E_a 为吸附活化能；p_A 为 A 组分在气相中的分压；θ_V 为空位率；k_{a0} 为吸附的指前因子。

由于吸附过程是可逆的，即在同一时间内系统中既存在有吸附过程，也存在脱附过程。一般脱附式可以写成：

$$A\sigma \longrightarrow A+\sigma$$

则脱附速率是：

$$r_d = k_{d0} \exp\left(\frac{-E_d}{RT}\right) \theta_A \tag{4.3-5}$$

式中，r_d 为脱附速率；k_{d0} 为脱附的指前因子；E_d 为脱附活化能；θ_A 为 A 组分的覆盖率。

吸附过程的表观速率 r 为吸附速率与脱附速率之差：

$$r = r_a - r_d$$

$$r = k_{a0} \exp\left(\frac{-E_a}{RT}\right) p_A \theta_V - k_{d0} \exp\left(\frac{-E_d}{RT}\right) \theta_A \tag{4.3-6}$$

当吸附速率与脱附速率相等时，表观吸附速率值为零，此时吸附过程已达到平衡。

$$r = r_a - r_d = 0 \tag{4.3-7}$$

或

$$r_a = r_d$$

可得：

$$K_A = \frac{k_{a0}}{k_{d0}} \exp\left(\frac{E_d - E_a}{RT}\right) = \frac{k_{a0}}{k_{d0}} \exp\left(\frac{q}{RT}\right) = \frac{\theta_A}{p_A \theta_V} \tag{4.3-8}$$

与基元化学反应类似，脱附活化能与吸附活化能之差为吸附热（$q = E_d - E_a$），上式称为吸附平衡方程。

由于上述吸附速率方程式(4.3-4)、式(4.3-5) 和式(4.3-6)与吸附平衡方程式(4.3-8)在具体应用时存在一定困难，因而很多学者提出一些简化模型，使得方程能在实践中得到应用。较著名的模型有：兰格缪尔吸附模型、焦姆金吸附模型和弗鲁德里希吸附模型。下面分别对这些模型加以介绍。

4.3.1.2 兰格缪尔吸附模型

兰格缪尔（Langmuir）模型假设吸附过程满足下列条件：①催化剂表面上活性中心分布是均匀的，即催化剂表面各处的吸附能力是均一的；②吸附活化能和脱附活化能与表面吸附的程度无关；③每个活性中心仅能吸附一个气相分子（单层吸附）；④被吸附分子间互不影响，也不影响空位对气相分子的吸附（吸附分子之间无作用力）。

上述各个假定与实际情况显然是有差异的，兰格缪尔模型实际上是一种理想情况，因此该模型也称为理想吸附模型。

a. 若固体吸附剂仅吸附 A 组分，此时吸附式为：

$$A + \sigma \underset{k_d}{\overset{k_a}{\rightleftharpoons}} A\sigma$$

$$r = r_a - r_d$$

吸附速率

$$r_a = k_a p_A \theta_V = k_{a0} \exp\left(\frac{-E_a}{RT}\right) p_A \theta_V$$

脱附速率

$$r_d = k_d \theta_A = k_{d0} \exp\left(\frac{-E_d}{RT}\right) \theta_A$$

$$r = k_{a0} \exp\left(\frac{-E_a}{RT}\right) p_A \theta_V - k_{d0} \exp\left(\frac{-E_d}{RT}\right) \theta_A \tag{4.3-6}$$

又因为 $\theta_A + \theta_V = 1$，此时表观速率为：

$$r = r_a - r_d = k_a p_A (1 - \theta_A) - k_d \theta_A \tag{4.3-9}$$

当达到吸附平衡时：

$$k_a p_A (1 - \theta_A) = k_d \theta_A$$

令 $K_A = \dfrac{k_a}{k_d}$，称吸附平衡常数，可得：

$$\theta_A = \frac{K_A p_A}{1 + K_A p_A} \tag{4.3-10}$$

式 (4.3-10) 称为兰格缪尔吸附等温式。

b. 若 A 组分在吸附时发生解离，如 $O_2 \rightleftharpoons 2O$，则吸附式为：

$$A_2 + 2\sigma \underset{k_d}{\overset{k_a}{\rightleftharpoons}} 2A\sigma$$

吸附速率 $\qquad\qquad r_a = k_a p_A \theta_V^2$

脱附速率 $\qquad\qquad r_d = k_d \theta_A^2$

表观吸附速率 $\qquad r = k_a p_A \theta_V^2 - k_d \theta_A^2 \tag{4.3-11}$

吸附达到平衡时，吸附等温式为：

$$\theta_A = \frac{\sqrt{K_A p_A}}{1 + \sqrt{K_A p_A}} \tag{4.3-12}$$

c. 若固体吸附剂不仅吸附 A 组分，而且还吸附 B 组分。吸附剂与 A 组分的吸附关系如下：

吸附式

$$A + \sigma \underset{k_{dA}}{\overset{k_{aA}}{\rightleftharpoons}} A\sigma$$

吸附速率 $\qquad r_{aA} = k_{aA} p_A \theta_V$

脱附速率 $\qquad r_{dA} = k_{dA} \theta_A$

表观吸附速率 $\qquad r_A = k_{aA} p_A \theta_V - k_{dA} \theta_A$

吸附平衡时 $\qquad K_A p_A \theta_V = \theta_A \qquad\qquad (4.3\text{-}13)$

吸附剂对 B 组分的吸附关系为:

$$B + \sigma \underset{k_{dB}}{\overset{k_{aB}}{\rightleftharpoons}} B\sigma$$

吸附速率 $\qquad r_{aB} = k_{aB} p_B \theta_V$

脱附速率 $\qquad r_{dB} = k_{dB} \theta_B$

表观吸附速率 $\qquad r_B = k_{aB} p_B \theta_V - k_{dB} \theta_B$

吸附平衡时 $\qquad K_B p_B \theta_V = \theta_B \qquad\qquad (4.3\text{-}14)$

根据覆盖率定义 $\qquad \theta_A + \theta_B + \theta_V = 1$

联解式(4.3-13)、式(4.3-14) 和式(4.3-3) 可得:

$$\theta_V = \frac{1}{1 + K_A p_A + K_B p_B} \qquad\qquad (4.3\text{-}15)$$

A、B 组分的兰格缪尔吸附等温式分别为:

$$\theta_A = \frac{K_A p_A}{1 + K_A p_A + K_B p_B} \qquad\qquad (4.3\text{-}16)$$

$$\theta_B = \frac{K_B p_B}{1 + K_A p_A + K_B p_B} \qquad\qquad (4.3\text{-}17)$$

对于 N 个组分在同一吸附剂上被吸附时,表观吸附速率通式为:

$$r_I = k_{aI} p_I \theta_V - k_{dI} \theta_I \qquad\qquad (4.3\text{-}18)$$

吸附等温式为:

$$\theta_I = \frac{K_I p_I}{1 + \sum_{i=1}^{n} K_i p_i} \qquad\qquad (4.3\text{-}19)$$

若其中有解离时,仅需将该组分的 $(K_I p_I)$ 项改成 $(\sqrt{K_I p_I})$ 即可。

4.3.1.3 焦姆金吸附模型

兰格缪尔吸附模型认为被吸附分子间互不影响,由此推出吸附活化能、脱附活化能以及吸附热与吸附程度无关。但实际上吸附分子间是有影响的。一般吸附活化能随覆盖率的增加而增大,脱附活化能则随覆盖率的增加而减小,因此吸附热必然随覆盖率的增加而减小。

焦姆金(Темкин)吸附模型与兰格缪尔吸附模型的具体区别在于,它认为吸附活化能 E_a,脱附活化能 E_d 以及吸附热 q 与覆盖率 θ 呈线性函数关系。即:

$$E_a = E_a^0 + \alpha\theta$$

$$E_d = E_d^0 - \beta\theta$$

$$q = E_d - E_a = (E_d^0 - E_a^0) - (\alpha + \beta)\theta = q^0 - (\alpha + \beta)\theta$$

将上式代入吸附速率一般表达式后可得：

$$r_a = k_a^0 p_A f(\theta) \exp\left(\frac{-E_a^0}{RT}\right) \exp\left(\frac{-\alpha\theta}{RT}\right) \tag{4.3-20}$$

由于 θ 值在 0 到 1 之间，若系统处于中等覆盖度时，$f(\theta)$ 值的变化对吸附速率的影响远比 $\exp(-\alpha\theta/RT)$ 的影响为小，近似把 $f(\theta)$ 视为常数对过程影响不大。令：

$$k_a = k_a^0 f(\theta) \exp\left(\frac{-E_a^0}{RT}\right)$$

$$g = \frac{\alpha}{RT}$$

可得：

$$r_a = k_a p_A \exp(-g\theta) \tag{4.3-21}$$

同理，对于脱附速率可用下式表示：

$$r_d = k_d \exp(+h\theta) \tag{4.3-22}$$

$$k_d = k_d^0 f'(\theta) \exp\left(\frac{-E_d^0}{RT}\right)$$

$$h = \frac{\beta}{RT}$$

表观吸附速率为：

$$r = r_a - r_d = k_a p_A \exp(-g\theta) - k_d \exp(+h\theta) \tag{4.3-23}$$

当吸附达到平衡时：

$$\left(\frac{k_a}{k_d}\right) p_A = \exp\left[(g+h)\theta\right]$$

令

$$K_A = \frac{k_a}{k_d}, \ f = g + h$$

则：

$$K_A p_A = \exp(f\theta) \tag{4.3-24}$$

取对数后得

$$\theta = \frac{1}{f}\ln(K_A p_A) \tag{4.3-25}$$

式（4.3-24）及式（4.3-25）称为焦姆金吸附等温方程。

4.3.1.4 弗鲁德里希吸附模型

弗鲁德里希（Freundlich）吸附模型与焦姆金模型类似，认为吸附活化能、脱附活化能以及吸附热随覆盖率的不同而有差异，但弗鲁德里希吸附模型认为活化能与覆盖率之间并非线性关系，而是对数函数关系，即：

$$E_a = E_a^0 + \mu\ln\theta$$

$$E_d = E_d^0 - \gamma\ln\theta$$

$$q = q^0 - (\gamma + \mu)\ln\theta$$

将上式代入吸附速率通式可得：

$$r_a = k_a^0 \exp\left(\frac{-E_a^0}{RT}\right) p_A f(\theta) \exp\left(\frac{-\mu}{RT}\ln\theta\right)$$

令
$$k_a = k_a^0 \exp\left(\frac{-E_a^0}{RT}\right) f(\theta)$$

则
$$r_a = k_a p_A \exp\left(\frac{-\mu}{RT}\ln\theta\right) \tag{4.3-26}$$

同理,对于脱附速率可用下式表示:
$$r_d = k_d \exp\left(\frac{\gamma}{RT}\ln\theta\right) \tag{4.3-27}$$

式中, $k_d = k_d^0 \exp\left(\frac{-E_d^0}{RT}\right) f'(\theta)$。

表观吸附速率为:
$$r = k_a p_A \exp\left(\frac{-\mu}{RT}\ln\theta\right) - k_d \exp\left(\frac{\gamma}{RT}\ln\theta\right) \tag{4.3-28}$$

当吸附达到平衡时
$$\left(\frac{k_a}{k_d}\right) p_A = \exp\left[\frac{(\mu+\gamma)}{RT}\ln\theta\right] = \theta^{\left(\frac{\mu+\gamma}{RT}\right)}$$

令
$$l = \frac{\mu+\gamma}{RT}, \quad K_A = \left(\frac{k_a}{k_d}\right)^{\left(\frac{1}{l}\right)}$$

可得弗鲁德里希吸附等温方程:
$$\theta = K_A p_A^{\frac{1}{l}} \tag{4.3-29}$$

根据不同的吸附模型导出了不同的吸附速率方程和吸附等温方程。在具体应用时,必须考虑所研究的体系是否符合或者接近所选用模型的假设条件。

4.3.2 表面化学反应

表面化学反应动力学主要研究被催化剂吸附的反应物分子之间反应生成产物过程的速率问题。该反应式通常可表示如下:
$$A\sigma + B\sigma + \cdots \underset{k_s'}{\overset{k_s}{\rightleftharpoons}} R\sigma + S\sigma + \cdots$$

由于该反应式为基元反应,其反应级数与化学计量系数相等。表面反应的正反应速率为:
$$r_S = k_{S0} \exp\left(\frac{-E_S}{RT}\right)\theta_A\theta_B\cdots = k_S\theta_A\theta_B\cdots \tag{4.3-30}$$

逆反应速率:
$$r_S' = k_{S0}' \exp\left(\frac{-E_S'}{RT}\right)\theta_R\theta_S\cdots = k_S'\theta_R\theta_S\cdots \tag{4.3-31}$$

表面反应速率:
$$r = r_S - r_S' = k_S\theta_A\theta_B\cdots - k_S'\theta_R\theta_S\cdots \tag{4.3-32}$$

当反应达到平衡时:
$$K_S = \frac{k_S}{k_S'} = \frac{\theta_R\theta_S\cdots}{\theta_A\theta_B\cdots} \tag{4.3-33}$$

4.3.3 反应本征动力学

前两小节已分别讨论了吸附、脱附和表面反应，这三步在整个过程中是串联进行的，所以综合这三步而获得的反应速率关系式便是本征动力学方程。

由于吸附速率的关系式有各种不同的类型，所以本征动力学方程也将有不同的型式。

4.3.3.1 双曲线型本征动力学方程

双曲线型本征动力学方程是基于豪根-瓦森（Hougen-watson）模型演算而得。该模型的基本假设包括：①在吸附-反应-脱附三个步骤中必然存在一个控制步骤，该控制步骤的速率便是本征反应速率；②除了控制步骤外，其他步骤均处于平衡状态；③吸附和脱附过程属于理想过程，即吸附和脱附过程可用兰格缪尔吸附模型加以描述。

对于不同的控制步骤，采用豪根-瓦森模型进行处理可得相应的本征动力学方程。现举例予以说明。

某一反应过程，其反应式为：

$$A \Longrightarrow R$$

设想其机理步骤为：

A 的吸附过程 $\qquad A+\sigma \Longrightarrow A\sigma$

表面反应过程 $\qquad A\sigma \Longrightarrow R\sigma$

R 的脱附过程 $\qquad R\sigma \Longrightarrow R+\sigma$

此时各步骤的表观速率方程为：

吸附过程速率 r_A $\qquad r_A = k_A p_A \theta_V - k'_A \theta_A$

表面反应速率 r_S $\qquad r_S = k_S \theta_A - k'_S \theta_R$

脱附过程速率 r_R $\qquad r_R = k_R \theta_R - k'_R p_R \theta_V$

其中 $\qquad \theta_A + \theta_R + \theta_V = 1$ $\qquad\qquad$ (4.3-34)

（1）吸附过程控制 若 A 组分的吸附过程是控制步骤，则本征反应速率式为：

$$r = r_A = k_A p_A \theta_V - k'_A \theta_A$$

此时表面反应已达到平衡（$r_S = 0$），即：

$$K_S = \frac{\theta_R}{\theta_A} \qquad\qquad (4.3-35)$$

R 的脱附也已达到平衡（$r_R = 0$），即：

$$\theta_R = K_R p_R \theta_V \qquad\qquad (4.3-36)$$

联解式(4.3-34)、式(4.3-35) 和式(4.3-36) 可得：

$$\theta_V = \frac{1}{\left(\dfrac{1}{K_S}+1\right)K_R p_R + 1} \qquad\qquad (4.3-37)$$

$$\theta_A = \frac{\dfrac{K_R}{K_S}p_R}{\left(\dfrac{1}{K_S}+1\right)K_R p_R + 1} \qquad\qquad (4.3-38)$$

该过程的本征动力学方程为：

$$r = r_A = k_A \frac{p_A - \dfrac{K_R}{K_S K_A} p_R}{\left(\dfrac{1}{K_S} + 1\right) K_R p_R + 1} \qquad (4.3\text{-}39)$$

（2）表面反应过程控制　若表面反应过程为控制步骤，则表面反应速率即是本征反应速率：

$$r = r_S = k_S \theta_A - k_S' \theta_R \qquad (4.3\text{-}40)$$

此时吸附已达到平衡，即：

$$K_A p_A \theta_V = \theta_A$$

R 的脱附也已平衡，即：

$$K_R p_R \theta_V = \theta_R$$

联解式(4.3-34)及以上两式可得：

$$\theta_V = \frac{1}{1 + K_A p_A + K_R p_R} \qquad (4.3\text{-}41)$$

$$\theta_A = \frac{K_A p_A}{1 + K_A p_A + K_R p_R} \qquad (4.3\text{-}42)$$

$$\theta_R = \frac{K_R p_R}{1 + K_A p_A + K_R p_R} \qquad (4.3\text{-}43)$$

该过程的本征动力学方程为：

$$r = r_S = k_S \frac{K_A p_A - \dfrac{K_R}{K_S} p_R}{1 + K_A p_A + K_R p_R} \qquad (4.3\text{-}44)$$

（3）解吸过程控制　若 R 的脱附过程为控制步骤，则：

$$r = r_R = k_R \theta_R - k'_R p_R \theta_V \qquad (4.3\text{-}45)$$

$$\theta_A = K_A p_A \theta_V \qquad (4.3\text{-}46)$$

$$\theta_R = K_S \theta_A = K_A p_A K_S \theta_V \qquad (4.3\text{-}47)$$

$$\theta_A + \theta_R + \theta_V = 1$$

$$K_A p_A \theta_V + K_A p_A K_S \theta_V + \theta_V = 1 \qquad (4.3\text{-}48)$$

可得：

$$\theta_V = \frac{1}{1 + K_A p_A + K_S K_A p_A} \qquad (4.3\text{-}49)$$

$$\theta_A = \frac{K_A p_A}{1 + K_A p_A + K_S K_A p_A} \qquad (4.3\text{-}50)$$

$$\theta_R = \frac{K_S K_A p_A}{1 + K_A p_A + K_S K_A p_A} \qquad (4.3\text{-}51)$$

可得：

$$\begin{aligned} r = r_R &= k_R \frac{K_S K_A p_A}{1 + K_A p_A + K_S K_A p_A} - \frac{k'_R p_R}{1 + K_A p_A + K_S K_A p_A} \\ &= k_R \frac{K_S K_A p_A - \dfrac{p_R}{K_R}}{1 + K_A p_A + K_S K_A p_A} \end{aligned} \qquad (4.3\text{-}52)$$

前面反应速率方程的推导方法可归纳为如下几点：①假定反应机理，即确定反应所经历的步骤；②确定速率控制步骤，该步骤的速率即为反应过程的速率。根据速率控制步骤的类型，写出该步骤的速率方程；③非速率控制步骤均达到平衡。若为吸附或解吸步骤，列出兰格缪尔吸附等温式，若为化学反应，则写出化学平衡式；④利用所列平衡式与 $\sum \theta_I + \theta_V = 1$，将速率方程中各种表面浓度变换为气相组分分压的函数，即得所求的反应速率方程。

利用以上所讲的方法，对各种不同的反应机理和控制步骤不难写出其相应的反应速率方程。表 4-2 中所举的只是一部分例子，其他情况可自行推导。对同一反应过程，当假定反应机理不同或同一反应机理但假定控制步骤不同时，按上述步骤推演获得的反应速率方程也不同，究竟哪一个是正确的还需由实验加以验证。

表 4-2　若干气固相催化反应机理及其相应的动力学方程

化学式	机理及控制步骤	该机理及控制步骤的相应反应速率式
$A \Longrightarrow R$	$A + \sigma \Longrightarrow A\sigma$	$r = \dfrac{k\left(p_A - \dfrac{p_R}{K^{①}}\right)}{1 + K_R p_R (1 + K_S)}$
	$A\sigma \Longrightarrow R\sigma$	$r = \dfrac{k\left(p_A - \dfrac{p_R}{K}\right)}{1 + K_A p_A + K_R p_R}$
	$R\sigma \Longrightarrow R + \sigma$	$r = \dfrac{k\left(p_A - \dfrac{p_R}{K}\right)}{1 + K_A p_A (1 + K_S)}$
$A \Longrightarrow R$	$2A + \sigma \Longrightarrow A_2\sigma$	$r = \dfrac{k\left(p_A^2 - \dfrac{p_R^2}{K^2}\right)}{1 + K_R p_R + K_R' p_R^2}$
	$A_2\sigma + \sigma \Longrightarrow 2A\sigma$	$r = \dfrac{k\left(p_A^2 - \dfrac{p_R^2}{K^2}\right)}{(1 + K_R p_R + K_A p_A^2)^2}$
	$A\sigma \Longrightarrow R\sigma$	$r = \dfrac{k\left(p_A - \dfrac{p_R}{K}\right)}{1 + K_R p_R + K_A' p_A + K_A p_A^2}$
	$R\sigma \Longrightarrow R + \sigma$	$r = \dfrac{k\left(p_A - \dfrac{p_R}{K}\right)}{1 + K_A' p_A + K_A p_A^2}$
	$A + 2\sigma \Longrightarrow 2A_{1/2}\sigma$	$r = \dfrac{k\left(p_A - \dfrac{p_R}{K}\right)}{(1 + \sqrt{K_R p_R} + K_R' p_R)^2}$
	$2A_{1/2}\sigma \Longrightarrow R\sigma + \sigma$	$r = \dfrac{k\left(p_A - \dfrac{p_R}{K}\right)}{(1 + \sqrt{K_A p_A} + K_R p_R)^2}$
	$R\sigma \Longrightarrow R + \sigma$	$r = \dfrac{k\left(p_A - \dfrac{p_R}{K}\right)}{1 + \sqrt{K_A p_A} + K_A' p_A}$

化学式	机理及控制步骤	该机理及控制步骤的相应反应速率式
$A+B \Longrightarrow R+S$	$A+\sigma \Longrightarrow A\sigma$	$r=\dfrac{k\left(p_A-\dfrac{p_R p_S}{p_B K}\right)}{1+K_{RS}\dfrac{p_S p_R}{p_B}+K_B p_B+K_R p_R+K_S p_S}$
	$B+\sigma \Longrightarrow B\sigma$	$r=\dfrac{k\left(p_B-\dfrac{p_R p_S}{p_A K}\right)}{1+K_{RS}\dfrac{p_S p_R}{p_A}+K_A p_A+K_R p_R+K_S p_S}$
	$A\sigma+B\sigma \Longrightarrow R\sigma+S\sigma$	$r=\dfrac{k\left(p_A p_B-\dfrac{p_R p_S}{K}\right)}{(1+K_A p_A+K_B p_B+K_R p_R+K_S p_S)^2}$
	$R\sigma \Longrightarrow R+\sigma$	$r=\dfrac{k\left(\dfrac{p_A p_B}{p_S}-\dfrac{p_R}{K}\right)}{1+K_A p_A+K_B p_B+K_{AB}\dfrac{p_A p_B}{p_S}+K_S p_S}$
	$S\sigma \Longrightarrow S+\sigma$	$r=\dfrac{k\left(\dfrac{p_A p_B}{p_R}-\dfrac{p_S}{K}\right)}{1+K_A p_A+K_B p_B+K_R p_R+K_{AB}\dfrac{p_A p_B}{p_R}}$
$A+B \Longrightarrow R+S$	$A+2\sigma \Longrightarrow 2A_{1/2}\sigma$	$r=\dfrac{k\left(p_A-\dfrac{p_R p_S}{K p_B}\right)}{\left(1+\sqrt{K_{RS}\dfrac{p_R p_S}{p_B}}+K_B p_B+K_R p_R+K_S p_S\right)^2}$
	$B+\sigma \Longrightarrow B\sigma$	$r=\dfrac{k\left(p_B-\dfrac{p_R p_S}{K p_A}\right)}{1+\sqrt{K_A p_A}+K_{RS}\dfrac{p_R p_S}{p_A}+K_R p_R+K_S p_S}$
	$2A_{1/2}\sigma+B\sigma \Longrightarrow R\sigma+S\sigma+\sigma$	$r=\dfrac{k\left(p_A p_B-\dfrac{p_S p_R}{K}\right)}{(1+\sqrt{K_A p_A}+K_B p_B+K_R p_R+K_S p_S)^3}$
	$R\sigma \Longrightarrow R+\sigma$	$r=\dfrac{k\left(\dfrac{p_A p_B}{p_S}-\dfrac{p_R}{K}\right)}{1+\sqrt{K_A p_A}+K_B p_B+K_{AB}\dfrac{p_A p_B}{p_S}+K_S p_S}$
	$S\sigma \Longrightarrow S+\sigma$	$r=\dfrac{k\left(\dfrac{p_A p_B}{p_R}-\dfrac{p_S}{K}\right)}{1+\sqrt{K_A p_A}+K_B p_B+K_R p_R+K_{AB}\dfrac{p_A p_B}{p_R}}$

① 各式中的 K 为平衡常数，由实验数据拟合确定。

再如反应 $A+B \Longrightarrow R+S$，有两种活性中心参与吸附，其机理如表 4-3 所示。

表 4-3　两种活性中心参与吸附的机理

机理步骤	速度式	平衡式
$A+\sigma_1 \Longrightarrow A\sigma_1$	$r_A=k_A p_A \theta_{V1}-k'_A \theta_A$	$K_A p_A \theta_{V1}=\theta_A$
$B+\sigma_2 \Longrightarrow B\sigma_2$	$r_B=k_B p_B \theta_{V2}-k'_B \theta_B$	$K_B p_B \theta_{V2}=\theta_B$
$A\sigma_1+B\sigma_2 \Longrightarrow R\sigma_1+S\sigma_2$	$r_R=k_R \theta_A \theta_B-k'_R \theta_R \theta_S$	$K_R=\dfrac{\theta_R \theta_S}{\theta_A \theta_B}$
$R\sigma_1 \Longrightarrow R+\sigma_1$	$r_R=k_R \theta_R-k'_R p_R \theta_{V1}$	$K_R p_R \theta_{V1}=\theta_R$
$S\sigma_2 \Longrightarrow S+\sigma_2$	$r_S=k_S \theta_S-k'_S p_S \theta_{V2}$	$K_S p_S \theta_{V2}=\theta_S$

还有：$\theta_A+\theta_R+\theta_{V1}=1$

$\theta_B+\theta_S+\theta_{V2}=1$

若化学反应为控制步骤，则：

$$\theta_{V1} = \frac{1}{1+K_A p_A + K_R p_R} \qquad \theta_{V2} = \frac{1}{1+K_B p_B + K_S p_S}$$

$$\theta_A = \frac{K_A p_A}{1+K_A p_A + K_R p_R} \qquad \theta_B = \frac{K_B p_B}{1+K_B p_B + K_S p_S}$$

$$\theta_R = \frac{K_R p_R}{1+K_A p_A + K_R p_R} \qquad \theta_S = \frac{K_S p_S}{1+K_B p_B + K_S p_S}$$

则

$$r = r_R = \frac{k_R K_A K_B p_A p_B - k'_R K_R K_S p_R p_S}{(1+K_A p_A + K_R p_R)(1+K_B p_B + K_S p_S)} \tag{4.3-53}$$

经过以上推导，可将速率方程可归纳为下列形式：

$$-r_A = (\text{动力学项}) \frac{(\text{推动力项})}{(\text{吸附项})^n} \tag{4.3-54}$$

从分子与分母所含的各项以及方次等可以明确看出所设想的机理，大体可归纳如下：

① 推动力项的后项，是逆反应的结果，若控制步骤不可逆，则没有该项；

② 吸附项中，凡有I分子被吸附达平衡，必出现 $K_1 p_1$ 项，该项表示这些分子在表面吸附中达到平衡，该分子吸附（或解吸）过程不是控制步骤；

③ 吸附项的指数是控制步骤中吸附中心参与的个数，当 $n=1$ 时，说明控制步骤中仅一个吸附中心参与，当 $n=3$ 时，说明三个吸附中心参与控制步骤；

④ 当出现解离吸附，即 $A_2 + 2\sigma \Longrightarrow 2A\sigma$ 时，$\theta_A = \sqrt{K_A p_A}\,\theta_V$，在吸附项中出现 $\sqrt{K_A p_A}$ 项；

⑤ 若存在两种不同吸附中心时，吸附项中会出现上例那种相乘形式；

⑥ 若分母未出现某组分的吸附项，而且吸附项中还出现其他组分分压相乘形式一项，则反应多半为该组分的吸附或脱附过程所控制。

4.3.3.2 幂函数型本征动力学方程

前面讨论了理想表面动力学方程，然而催化剂的表面无论在热力学还是动力学上都是不均匀的，吸附和解吸活化能以及吸附热均随表面覆盖率不同而改变。活性不同的活性中心上，其反应速率也不一样。真实表面上反应速率的推导，同样是应用速率控制步骤的概念，其原理与理想表面相同，只是涉及吸附和解吸时，相应要改用真实表面的表达式。下面以推导在铁催化剂上合成氨动力学方程为例说明。

由实验测定知道在铁催化剂上合成氨反应的机理为：

$$N_2 + 2\sigma \Longrightarrow 2N\sigma \tag{4.3-55}$$

$$2N\sigma + 3H_2 \Longrightarrow 2NH_3 + 2\sigma \tag{4.3-56}$$

第二步并不是一个基元步骤，而是若干个基元步骤之和。实验测定发现氮的吸附为过程的速率控制步骤，且吸附为焦姆金类型。因此，反应速率可表示为：

$$-r_{N_2} = k_a p_{N_2} \exp(-g\theta_{N_2}) - k_d \exp(h\theta_{N_2}) \tag{4.3-57}$$

而

$$\theta_{N_2} = \frac{1}{g+h}\ln(K_0 p_{N_2}^*) \tag{4.3-58}$$

第二步反应达到平衡，故：

$$K_2^2 = \frac{p_{NH_3}^2}{p_{H_2}^3 p_{N_2}^*} \tag{4.3-59}$$

式中，$p_{N_2}^*$ 并不是气相中氮的分压，而是与 θ_{N_2} 相对应的某一压力，实际上是由第二步反应平衡所决定的一个值。

由式(4.3-59) 得：

$$p_{N_2}^* = \frac{p_{NH_3}^2}{K_2^2 p_{H_2}^3} \tag{4.3-60}$$

将式(4.3-60) 代入式(4.3-58)，得：

$$\theta_{N_2} = \frac{1}{g+h} \ln\left(K_0 \frac{p_{NH_3}^2}{K_2^2 p_{H_2}^3}\right) \tag{4.3-61}$$

将式(4.3-61) 代入式(4.3-57) 得：

$$-r_{N_2} = k_a p_{N_2} \exp\left[\frac{-g}{g+h} \ln\left(K_0 \frac{p_{NH_3}^2}{K_2^2 p_{H_2}^3}\right)\right] - k_d \exp\left[\frac{h}{g+h} \ln\left(K_0 \frac{p_{NH_3}^2}{K_2^2 p_{H_2}^3}\right)\right]$$

$$-r_{N_2} = k_a p_{N_2} \left(\frac{K_2^2}{K_0}\right)^{\left(\frac{g}{g+h}\right)} \left(\frac{p_{H_2}^3}{p_{NH_3}^2}\right)^{\left(\frac{g}{g+h}\right)} - k_d \left(\frac{K_0}{K_2^2}\right)^{\left(\frac{h}{g+h}\right)} \left(\frac{p_{NH_3}^2}{p_{H_2}^3}\right)^{\left(\frac{h}{g+h}\right)}$$

令 $\alpha = \frac{g}{g+h}$，$\beta = \frac{h}{g+h}$，$\alpha + \beta = 1$

$$k_a \left(\frac{K_2^2}{K_0}\right)^\alpha = \overrightarrow{k} \qquad k_d \left(\frac{K_0}{K_2^2}\right)^\beta = \overleftarrow{k}$$

则：

$$-r_{N_2} = \overrightarrow{k} p_{N_2} \left(\frac{p_{H_2}^3}{p_{NH_3}^2}\right)^\alpha - \overleftarrow{k} \left(\frac{p_{NH_3}^2}{p_{H_2}^3}\right)^\beta \tag{4.3-62}$$

由实验测得 $\alpha = \beta = 0.5$，则：

$$-r_{N_2} = \overrightarrow{k} p_{N_2} \frac{p_{H_2}^{1.5}}{p_{NH_3}} - \overleftarrow{k} \frac{p_{NH_3}}{p_{H_2}^{1.5}} \tag{4.3-63}$$

同样也可采用弗鲁德里希吸附方程处理，得到幂函数型动力学方程。

4.4 本征动力学方程的实验测定

从化学反应工程的观点出发，研究多相催化反应动力学的目的之一是获得所需的速率方程。所以实验测定动力学数据就是要确定最佳的动力学模型，并确定模型中的参数。对于理想表面的催化动力学模型，所需确定的参数就是反应速率常数及吸附平衡常数。对幂函数型模型，所需确定的参数是反应速率常数和反应级数。

4.4.1 外扩散与内扩散影响的消除

在气固相催化反应过程中，一般气相主体中组分浓度（或分压）、颗粒表面组分浓度、微孔内组分浓度都是不相同的。而要确定本征反应速率就是要确定微孔内组分浓度与反应速率的关系。若消除了内、外扩散的影响，则气相主体中组分浓度、颗粒表面组分浓度、微孔内组分浓度相同，就容易由实验来确定本征动力学方程。

（1）消除外扩散的影响　其主要方法是减少外扩散阻力，使外扩散阻力小到足以忽略的程度，在定态时催化剂表面浓度就近似等于气相浓度。从传质理论知道，加大气流线速度，可提高流体湍动程度，使气膜薄到阻力可忽略的程度，就可达到消除外扩散影响的目的。具体步骤如下。

如图 4-2 所示，在同一反应器内，先后装入不同质量（如 m_1，m_2）的催化剂，在相同温度、压力、进料组成下，改变进料摩尔流量 F_{A0}，测定相应的转化率 x_A。按 $x_A - (m/F_{A0})$ 作图，如果落在同一曲线上［图 4-2(a)］，即表明在这两种情况下，尽管有线速度的差别，但不影响反应速率，在这种实验气流速度下，已不存在外扩散的影响；如果实验曲线分别落在不同曲线上［图 4-2(b)］，则这种实验气流速度下，外扩散影响还未消除；如果实验曲线在低速率下不一致，在高流速区域下一致［图 4-2(c)］，实验就应选择在高流速区间进行。

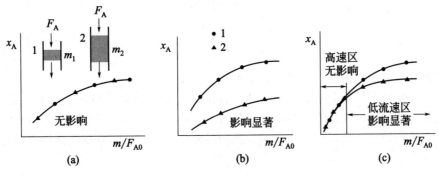

图 4-2　外扩散影响的检验

（2）消除内扩散影响　在催化剂外表面处的组分浓度与颗粒毛细孔内表面浓度差异很大，这是内扩散阻力造成的。毛细管愈粗，阻力愈小，这种差异变小。然而，测定动力学数据时，催化剂已制备好，没有办法再改变孔径。但是毛细管愈短，使更多的内表面暴露成外表面，扩散阻力也愈小。因此，内扩散影响的大小，取决于催化剂颗粒的直径，改变催化剂颗粒直径进行实验，是检验内扩散影响的最有效办法。

在恒定温度、压力、原始气体组成和进料流速下，装一定质量的催化剂，仅改变催化剂颗粒直径 d_P，测定出口转化率 x_A，以 x_A 对 d_P 作图（图 4-3）。如无内扩散影响，则 x_A 不因 d_P 而变，如图中 b 点左面的区域。在 b 点之右，d_P 减小，x_A 逐渐升高，这表示有内扩散的影响。因此，测定本征动力学数据时，所用催化剂的直径 d_P 应比 b 点处的直径小。

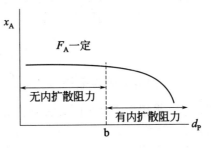

图 4-3　内扩散影响的检验

4.4.2　固定床积分反应器

固定床积分反应器通常是用玻璃管或不锈钢管制成，管材不起催化作用。气体进入催化剂床层之前，常有一段预热区，且要求反应管要足够细，管外的传热要足够好，力求床层径向和轴向温度一致。有时还用等粒度的惰性物质来稀释催

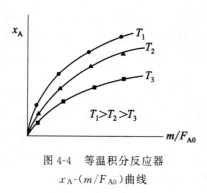

图 4-4 等温积分反应器
x_A-(m/F_{A0}) 曲线

化剂，以减轻管壁传热的负荷。为了强化管外传热，可选用恒温浴、流化床、铜块等方式，力求催化剂床层等温。

所谓积分反应器是指一次通过催化剂床层组分的转化率较大（$x_A > 25\%$）时的情况，这是各个速率下累积的结果。实验时改变流量，测定转化率，按 x_A-(m/F_{A0}) 作图（图4-4）即得到各等温条件下 x_A 与 m/F_{A0} 的曲线。

对床层一体积微元作反应组分 A 的物料衡算，有：

$$-r_A \mathrm{d}m = F_{A0}\,\mathrm{d}x_A \tag{4.4-1}$$

$$-r_A = \frac{\mathrm{d}x_A}{\mathrm{d}\left(\dfrac{m}{F_{A0}}\right)} \tag{4.4-2}$$

可知这些等温线上的斜率就代表该点的反应速率。

积分反应器结构简单，实验方便，转化率较高，对取样和分析要求不苛刻，能全面考察反应的全过程。然而，对热效应大的反应，管径即使很小，仍难以使反应器处于恒温条件，会严重影响数据的精确性。此外，积分反应器在数据处理上比较繁杂。

4.4.3 微分法及其实验装置

微分法就是使催化剂床层进口与出口浓度差很小（一般 $\Delta x_A < 1\%$），可认为在床层内反应速率为常数 $-r_A = \dfrac{F_{A0}}{m}\Delta x_A$，从而直接测得该条件下的反应速率。其实验装置为直流微分反应器，直流微分反应器在构造上与积分反应器相同，只是催化剂床层相当薄，故转化率低，因此可假定在该转化率范围（从进口的 x_{A1} 至出口的 x_{A2}）内，反应速率为常数：

$$-r_A = \frac{F_{A0}}{m}(x_{A2} - x_{A1}) \tag{4.4-3}$$

$-r_A$ 便是组成为平均转化率 $\dfrac{x_{A2}+x_{A1}}{2}$ 时的反应速率。为测得全范围的数据，通常采用配产物气的方法或使用预反应器的方法来改变进入微分反应器的进料组成。

微分反应器的优点是简便，可直接求出反应速率，催化剂用量少，转化率低，易实现等温。但分析精度要求较高。另外配料较复杂，床层较薄，一旦有沟流，将影响实验的准确度。

4.4.4 循环反应器

4.4.4.1 外循环反应器

外循环反应器综合了直流微分反应器和积分反应器的优点，并摒弃了它们的主要缺点。图 4-5 为外循环反应器示意图。反应物通过催化剂床层进行反应后，部分产物通过循环泵又回到反应器的进口，与新鲜物料混合后，再次进入催化剂床层进行反应。

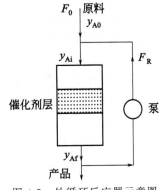

图 4-5　外循环反应器示意图

从结构上看，此反应器与积分反应器无多大差别，只是多了一条循环回路。循环量与新鲜气量之比称为循环比。当循环比足够大时，催化剂床层进出口转化率相差很小，操作与直流微分反应器相同。通过加大循环比，使催化剂床层进出口转化率相差甚微，以致可视为在恒定反应组分浓度下操作。这样，外循环反应器测得的反应速率较直流微分反应器更准确可靠。当循环比大于25 时，用下式计算反应速率：

$$-r_A = \frac{F_0(y_{A0} - y_{Af})}{m} \tag{4.4-4}$$

其误差不会超过 1%。

虽然外循环反应器催化剂层进出口浓度相差有限，但由式（4.4-4）知，反应速率是根据新鲜气的浓度 y_{A0} 及床层出口浓度 y_{Af} 计算，而 y_{A0} 与 y_{Af} 相差较大，对分析精度的要求不那么苛刻。由于外循环反应器的单程转化率低，通过床层的气量大，甚至对于强放热反应，也易实现床层等温。短路、壁效应对测定没有影响，可用于测定工业原粒度催化剂的反应速率。此外，通过对新鲜气量和循环气量的调节，便能测定不同组成的反应速率，无需专门配气。

但外循环反应器空间大，操作达定常态需要时间较长；不适用于有均相副反应的体系；循环泵系统不易做到与反应器等温，对易冷凝系统不适用。

4.4.4.2　内循环无梯度反应器

内循环无梯度反应器的设计思想是使反应物料在反应器内呈全混流，从而可按全混流模型来处理反应速率数据，即：

$$-r_A = \frac{F_0(y_{A0} - y_{Af})}{m} \tag{4.4-4}$$

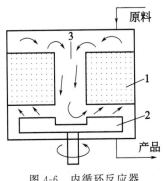

图 4-6　内循环反应器
1—催化剂床层；2—离心叶轮；
3—中心管

实质上就是使化学反应在等温和等浓度的条件下进行。因此，这一类型的反应器叫做无梯度反应器。前述的外循环反应器也可看作是无梯度反应器。

内循环无梯度反应器是通过机械搅拌器的作用，使反应物料在反应器内达到完全混合，如图 4-6 所示。器中装设一涡轮（即离心式）搅拌器，由于其中心处为负压，通过中心管 3 吸入气体，而从涡轮的外缘输出，自下而上地通过环形催化剂床层 1，由床层流出的气体又回到中心管中，从而构成了气体的循环。循环气量的多少，取决于叶轮结构及转速。只要涡轮设计合理，转速足够高，是完全可达到理想混合状态。这类反应器体积小，达到定常态所需时间短，而且没有冷凝问题，然而结构较复杂。其中密封、轴承位置等问题都需要认真处理。

4.4.5　动力学模型建立概述

根据实验室反应器测得的动力学数据，建立本征动力学模型。在本书1.2节所讲述的方法，同样适用于气固相本征动力学模型的建立。数学模型的建立通常包括下列四个步骤。

（1）根据已有的理论知识以及对实验数据的分析，提出可能的数学模型　例如在理想吸附模型基础上，提出可能的反应机理及控制步骤，推导出可能的动力学方程。这时若假设机理或控制步骤不同，对同一实验数据可提出多个动力学模型来。每个模型中反应速率是温度、压力、浓度等的函数，其中包括待定的模型参数：反应活化能、指前因子、反应级数以及吸附常数等。

（2）模型的筛选　第一步提出的多个数学模型，究竟哪一个更真实地反映了反应过程，需要进行筛选，亦即确定函数的形式。一个反应过程的模型化往往需要通过数十个模型的检验，才能获得成功。问题是什么样的模型才叫做合适？总的说来，合适的模型应该符合全部实验数据，应该有意义，并且是可用的。首先检验各个模型对实验数据的符合程度，例如比较它们各自的残差平方和，最小者符合程度最好。其次可根据物理化学的约束条件来判定，例如双曲模型中吸附常数应为正值，出现负值的模型就应淘汰掉。又如反应的活化能应为正值，而吸附热应为负值等，都可作为适用与否的条件。第三要研究极限情况下模型的性质是否与实际情况符合，如反应初速率与总压的关系等。第四是简单、适用为最好。

（3）模型参数的精确估值　对筛选出来的合适模型，下一步的工作就是对模型参数进行精确估值，亦即求出活化能、指前因子、反应级数、吸附常数等值。常用的参数估值方法是最小二乘法。概括地说就是选定模型参数，使模型计算值与实验值的残差平方和最小。实质上参数估值是一个最优化问题。需要指出，在进行模型筛选时，就需对模型参数作出判断。因此，往往要对数个模型参数估值，以便于比较。

（4）对模型进行显著性检验　找出准确描述过程所需的最少变量数目，进一步检验模型的可靠性，这主要是运用数理统计知识来进行。例如进行F检验。显著性检验通常是结合第二、第三步来做，这样有利于模型的筛选。

为了少做实验而又可获得丰富的信息，必须进行实验设计。所谓实验设计就是对实验条件作最佳安排，以达到上述目的。实验设计是数理统计的一个分支，常用的实验设计方法有正交设计、因子设计等，可参考有关专著。后来发展起来的一种实验设计方法叫序贯法，它与前面的方法不同，不是一次都将全部实验条件规划出来，而是先做有限的几个实验，将所得的结果送入计算机进行计算判断，提出下一次实验的条件，按此条件做实验，对实验结果进行计算，再提出新的条件，依此类推，直至筛选出最佳模型或达到最精确的参数估值为止。

本章小结

1. 气固相催化过程

（1）气固相催化反应过程的特点：改变反应历程、加快反应速度、催化剂最终实现无质和量的变化；不能改变平衡状态，正逆反应速度以相同倍数增加；有良好的选择性。

（2）反应速率表达为：

$$-r_A = -\frac{1}{V_S}\frac{dn_A}{dt} \tag{4.1-4}$$

或

$$-r_A = -\frac{1}{m_S}\frac{dn_A}{dt} \tag{4.1-6}$$

（3）非均相催化反应过程可分为内、外扩散和表面动力学等共七个步骤。控制步骤就是指该步速率比其它各步速率慢得多，整个反应速率取决于该步速率的步骤。

2. 固体催化剂

一种好的固体催化剂必须具有高活性、高选择性、高强度和长寿命的特点。

（1）固体催化剂的组成　其组成包括催化活性物质、载体、助剂和抑制剂。催化剂的核心部分是它的活性组分，载体附载活性组分并常常兼作稳定剂和分散剂。助催化剂本身催化活性很小，但添加极少量于催化剂之后却能显著地改善催化剂的效能。抑制剂是促进剂的对立物，用来降低催化剂对不希望发生的副反应的活性。

（2）固体催化剂的制备　固体催化剂的活性与选择性等均受制备方法和制备条件的影响。一个性能良好催化剂的制造工艺往往是经过多年不断总结成功和失败的经验得出来的。

（3）催化剂的活化与钝化　催化剂在使用之前通常还需要活化。催化剂表面的活化过程可以除去吸附和沉积的外来杂质，而且可以改变催化剂的性质，在空气中会很快起变化的催化剂必须在卸出之前小心地使之钝化。

（4）固体催化剂的孔隙率　固体催化剂的非均相反应只在具有化学吸附活性的部分表面上发生。对催化剂性能影响比较大的物理性质主要有比表面积、孔体积和孔体积分布。催化剂颗粒的孔隙率计算式；

$$\varepsilon_P = \frac{颗粒的微孔体积}{颗粒总体积} = \frac{V_g}{\left(\frac{1}{\rho_P}\right)} = V_g\rho_P \tag{4.2-4}$$

（5）孔容分布　催化反应的效率不仅取决于空隙空间的体积 V_g，而且还与空隙体积在催化剂中的分布即孔容分布有关。孔结构的简单模型是把空隙空间模拟为半径为 r 圆柱形孔。测定孔容分布的方法有两种，压汞法和氮吸附法。

3. 气固催化反应本征动力学是研究没有扩散过程影响的动力学

（1）化学吸附速率的一般表达式

$$A + \sigma \longrightarrow A\sigma$$

吸附速率：
$$r_a = k_{a0} \exp\left(\frac{-E_a}{RT}\right) p_A \theta_V \tag{4.3-4}$$

脱附速率：
$$r_d = k_{d0} \exp\left(\frac{-E_d}{RT}\right) \theta_A \tag{4.3-5}$$

吸附过程的表观速率 r 为吸附速率与脱附速率之差：

$$r = r_a - r_d$$

$$r = k_{a0} \exp\left(\frac{-E_a}{RT}\right) p_A \theta_V - k_{d0} \exp\left(\frac{-E_d}{RT}\right) \theta_A \tag{4.3-6}$$

吸附平衡方程：

$$K_A = \frac{k_{a0}}{k_{d0}} \exp\left(\frac{E_d - E_a}{RT}\right) = \frac{k_{a0}}{k_{d0}} \exp\left(\frac{q}{RT}\right) = \frac{\theta_A}{p_A \theta_V} \tag{4.3-8}$$

① 兰格缪尔（Langmuir）吸附模型。兰格缪尔模型假设吸附过程满足下列条件：催化剂表面分布均匀；吸附活化能和脱附活化能为常数；活性中心单层吸附；被吸附分子间无作用力。

若固体吸附剂仅吸附 A 组分 $A + \sigma \underset{k_d}{\overset{k_a}{\rightleftharpoons}} A\sigma$

吸附速率：

$$r = r_a - r_d$$

$$r = k_{a0} \exp\left(\frac{-E_a}{RT}\right) p_A \theta_V - k_{d0} \exp\left(\frac{-E_d}{RT}\right) \theta_A \tag{4.3-6}$$

当达到吸附平衡时：

$$\theta_A = \frac{K_A p_A}{1 + K_A p_A} \tag{4.3-10}$$

若 A 组分在吸附时发生解离：

$$A_2 + 2\sigma \underset{k_d}{\overset{k_a}{\rightleftharpoons}} 2A\sigma$$

吸附达到平衡时：

$$\theta_A = \frac{\sqrt{K_A p_A}}{1 + \sqrt{K_A p_A}} \tag{4.3-12}$$

对于 n 个组分在同一吸附剂上被吸附时，表观吸附速率通量为：

$$r_I = k_{aI} p_I \theta_V - k_{dI} \theta_I \tag{4.3-18}$$

吸附等温式为：

$$\theta_I = \frac{K_I p_I}{1 + \sum_{i=1}^{n} K_i p_i} \tag{4.3-19}$$

若其中有解离时，仅需将该组分的 $(K_I p_I)$ 项改成 $(\sqrt{K_I p_I})$ 即可。

② 焦姆金（Темкин）吸附模型。焦姆金吸附模型假设吸附活化能 E_a，脱附活化能 E_d 以及吸附热 q 与覆盖率 θ 呈线性函数关系，即：

$$E_a = E_a^0 + \alpha\theta$$
$$E_d = E_d^0 - \beta\theta$$
$$q = E_d - E_a = (E_d^0 - E_a^0) - (\alpha + \beta)\theta = q^0 - (\alpha + \beta)\theta$$
$$r = r_a - r_d = k_a p_A \exp(-g\theta) - k_d \exp(+h\theta) \qquad (4.3\text{-}23)$$

焦姆金吸附等温方程：

$$\theta = \frac{1}{f}\ln(K_A p_A) \qquad (4.3\text{-}25)$$

（2）表面化学反应

表面反应动力学主要研究被催化剂吸附的原料分子之间反应生成产物的过程的反应速率问题。该反应式通常可表示如下：

$$A\sigma + B\sigma + \cdots \underset{k'_s}{\overset{k_s}{\rightleftharpoons}} R\sigma + S\sigma + \cdots$$

对基元反应，其反应级数与化学计量系数相等，表面反应速率为：

$$r = r_s - r'_s = k_s \theta_A \theta_B \cdots - k'_s \theta_R \theta_S \cdots \qquad (4.3\text{-}32)$$

当反应达到平衡时：

$$K_s = \frac{k_s}{k'_s} = \frac{\theta_R \theta_S \cdots}{\theta_A \theta_B \cdots} \qquad (4.3\text{-}33)$$

（3）反应本征动力学

① 双曲线型本征动力学方程。双曲线型本征动力学速率方程又称 Hougen-Watson 型速率式，是从兰格缪尔型吸附式导出，其一般形式为：

$$-r_A = (\text{动力学项})\frac{(\text{推动力项})}{(\text{吸附项})^n} \qquad (4.3\text{-}54)$$

根据控制步骤和机理的不同，各项的形式各异。可根据反应机理式和控制步骤写出反应速率式；反之也可根据速率式推知其机理及控制步骤。

② 幂函数型本征动力学方程。幂函数型本征动力学方程认为吸附与脱附过程遵循焦姆金吸附模型或弗鲁德里希吸附模型。表面反应为控制步骤，则本征动力学演化成幂函数型的本征动力学方程为：

$$r = k P_A^m - k' P_R^n$$

4. 本征动力学方程的实验测定

（1）如何用实验法判定内、外扩散的影响及消除方法。

（2）各种实验型反应器的优缺点及测定反应速率的基本方程。

（3）建立动力学模型的过程。

深入讨论

本章主要介绍气固相催化反应动力学的基本原理和建立方法。其大致思路是，首先假设多种吸附与反应过程的机理和控制步骤，再根据这些假设推导出可能的动力学方程基本形式（会有许多种）；利用实验数据进行模型识别和参数估值，从中筛选出与实验数据吻合最好的一个；认定推导出这一动力学方程所依据的控制步骤和反应过程就是这一反应的反应机理。这就产生了一个问题，如果有多于一个根据不同机理和控制步骤推导出来的方程同时满足精度要求，哪一个代表了真正的"机理"？当然，可以把满足精度的标准提高，再次进行筛选，或提高实验数据的精度，总会得到最后唯一的一个。但这真是反应机理的真实表达吗？这里存在着两种观点。

一种观点是，这唯一的最贴切地吻合实验数据的方程的确表达了反应过程的机理。退一步，即使这个不是，只要前面反应过程假设全面，实验精度足够高，一定能够找到反应机理的真实表达。

另一种观点是，真实反应过程的控制步骤和反应机理的假设不可能设想得十分完全，反应过程非常复杂，现有理论无法全面覆盖；实验精度也因条件限制不可能无限提高，因此找到反应机理是不可能的也是没有必要的。寻求反应机理的目的是为了反应器设计，而反应器设计并不一定需要反应机理。如果能够寻找到满足设计要求的方程（无论其是否代表了真实的，甚至可能是根本不存在的反应机理）就达到了目的。

习　题

1. 乙炔与氯化氢在 $HgCl_2$ 活性炭催化剂上合成氯乙烯的反应：

$$C_2H_2 + HCl \longrightarrow C_2H_3Cl$$
$$\text{（A）}\quad\text{（B）}\quad\quad\text{（C）}$$

其动力学方程式可有如下几种形式：

(1) $r = k(p_A p_B - p_C/K)/(1 + K_A p_A + K_B p_B + K_C p_C)^2$

(2) $r = k K_A K_B p_A p_B/[(1 + K_A p_A)(1 + K_B p_B + K_C p_C)]$

(3) $r = k K_A p_A p_B/(1 + K_A p_A + K_B p_B)$

(4) $r = k K_B p_A p_B/(1 + K_B p_B + K_C p_C)$

试说明各式所代表的反应机理和控制步骤。

2. 在 510℃进行异丙苯的催化分解反应：

$$C_6H_5CH(CH_3)_2 =\!\!=\!\!= C_6H_6 + C_3H_6$$
$$\text{（A）}\quad\quad\quad\text{（R）}\quad\text{（S）}$$

测得总压 p 与初速度 r_0 的关系如下：

$r_0/\text{mol} \cdot \text{h}^{-1} \cdot \text{g}_{cat}^{-1}$	4.3	6.5	7.1	7.5	8.1
p/kPa	99.3	265.5	432.7	701.2	1437

如反应属于单活性点的机理，试推导出反应机理式及判断其控制步骤。

3. 丁烯在某催化剂上制备丁二烯的总反应为：

$$C_4H_8 \xrightarrow{k} C_4H_6 + H_2$$
$$\text{（A）}\quad\quad\text{（R）}\quad\text{（S）}$$

若反应按下列步骤进行：

$$a \quad A + \sigma \underset{k_2}{\overset{k_1}{\rightleftharpoons}} A\sigma$$

$$b \quad A\sigma \underset{k_4}{\overset{k_3}{\rightleftharpoons}} R\sigma + S$$

$$c \quad R\sigma \underset{k_6}{\overset{k_5}{\rightleftharpoons}} R + \sigma$$

（1）分别写出 a、c 为控制步骤的均匀吸附动力学方程；

（2）写出 b 为控制步骤的均匀吸附动力学方程，若反应物和产物的吸附都很弱，问此时对丁烯是几级反应。

4. 在氧化钽催化剂上进行乙醇氧化反应：

$$C_2H_5OH+\frac{1}{2}O_2 \longrightarrow CH_3CHO+H_2O$$

$$\text{（A）} \qquad \text{（B）} \qquad \text{（R）} \qquad \text{（S）}$$

其反应机理为：

$$C_2H_5OH+2\sigma_1 \underset{k_2}{\overset{k_1}{\rightleftharpoons}} C_2H_5O\sigma_1+H\sigma_1$$

$$\frac{1}{2}O_2+\sigma_2 \underset{k_4}{\overset{k_3}{\rightleftharpoons}} O\sigma_2$$

$$C_2H_5O\sigma_1+O\sigma_2 \overset{k_5}{\longrightarrow} CH_3CHO+OH\sigma_2+\sigma_1 \qquad \text{（控制步骤）}$$

$$H\sigma_1+OH\sigma_2 \overset{k_6}{\longrightarrow} H_2O+\sigma_2+\sigma_1$$

试证明下述速率表达式：

$$r=k\sqrt{p_A p_B}/[(1+K_B\sqrt{p_B})(1+2\sqrt{K_A p_A})]$$

5. 用均匀吸附模型推导甲醇合成动力学。假定反应机理为：

（1）$CO+\sigma \Longrightarrow CO\sigma$

（2）$H_2+\sigma \Longrightarrow H_2\sigma$

（3）$CO\sigma+2H_2\sigma \Longrightarrow CH_3OH\sigma+2\sigma$

（4）$CH_3OH\sigma \Longrightarrow CH_3OH+\sigma$

推导当控制步骤分别为（1）、（3）、（4）时的反应动力学方程。

6. 一氧化碳变换反应 $CO+H_2O \Longrightarrow CO_2+H_2$ 在催化剂上进行，若 CO 吸附为控制步骤，

（1）用均匀表面吸附模型推导反应动力学方程。

（2）用焦姆金非均匀表面吸附模型推导反应动力学方程。

7. 催化反应 $A \Longrightarrow B$，A、B 为均匀吸附，反应机理为：

（1）$A+\sigma \Longrightarrow A\sigma$

（2）$A\sigma \Longrightarrow B\sigma$

（3）$B\sigma \Longrightarrow B+\sigma$

其中 A 分子吸附（1）和表面反应（2）两步都影响反应速率，而 B 脱附很快达平衡。试推导动力学方程。

5

气固相催化反应宏观动力学

　　本章讨论气固催化反应的宏观反应速率，这是设计和操作气固相催化反应器所必须考虑的问题。下面分别阐述孔型催化剂中传质、传热和反应过程，以推导宏观反应速率。

　　气固相催化反应本征动力学是讨论固相上某一点及与该点相接触的气相之间进行化学反应的反应速率关联式，即排除了内、外扩散影响后的化学反应动力学。但是在反应器床层内的催化剂中，由于受内、外扩散的影响，颗粒内各处的温度和浓度不同，因而在颗粒内各处的实际反应速率并不相同，这样反应速率关联式应用起来相当繁杂和困难。如果把动力学方程表示成以催化剂颗粒体积为基准的平均反应速率与其影响因素之间的关联式，则应用起来方便得多。以颗粒催化剂体积为基准的平均反应速率称为宏观反应速率。宏观反应速率与本征反应速率之间存在如下关系：

$$(-R_A) = \frac{\int_0^{V_S} (-r_A)\, dV_S}{\int_0^{V_S} dV_S} \tag{5.0-1}$$

　　式中，$(-r_A)$ 为 A 组分的本征消耗速率；$(-R_A)$ 为 A 组分的宏观消耗速率；V_S 为催化剂颗粒体积。

　　宏观反应速率不仅与本征反应速率有关，由于其与催化剂颗粒内浓度和温度分布有关，所以宏观反应速率还受催化剂颗粒的大小、形状以及气体扩散过程的影响。宏观反应速率与其影响因素之间的关系称为宏观动力学，它是在本征反应动力学基础上讨论：①气体在固体颗粒孔内的扩散规律；②固体颗粒内气体浓度和温度的分布规律；③宏观反应速率的关联式。

　　对于气固相催化反应，宏观反应动力学的研究更具有实际和重要的意义。

5.1　催化剂颗粒内气体扩散

　　多孔催化剂颗粒内的扩散现象是很复杂的。除扩散路径极不规则外，孔的大小不同时，气体分子扩散机理亦有所不同。

　　当孔径较大时，分子的扩散阻力主要是由于分子间碰撞所致，这种扩散就是通常所称的分子扩散或容积扩散。当微孔的孔径小于分子的平均自由程（约 $10^{-7}\,\mathrm{m}$）时，分子与孔壁的碰撞机会超过了分子间的相互碰撞，从而使分子与孔壁的碰撞成为扩散阻力的主要因素，这种扩散就称为克努森（Knudson）扩散。某些分子筛催化剂的孔径极小，一般为 $0.5\sim1\mathrm{nm}$，与分子大小的数量级相同，在这样小的微孔中的扩散与分子的构型有关，称为构型扩散。一般工业催化剂，孔径远比分子筛的微孔直径要大，可不考虑构型扩散。

在扩散过程中，单位时间内气相物质的扩散速率可用费克（Fick）定律来描述。对于沿 z 轴方向的一维扩散，扩散通量群 $\dfrac{1}{S}\dfrac{\mathrm{d}n_A}{\mathrm{d}t}$ 与浓度梯度成正比，其比例常数就是扩散系数 D_A。

$$\frac{1}{S}\frac{\mathrm{d}n_A}{\mathrm{d}t}=-D_A\frac{\mathrm{d}c_A}{\mathrm{d}z}=-\frac{p}{RT}D_A\frac{\mathrm{d}y_A}{\mathrm{d}z} \tag{5.1-1}$$

式中，n_A 为 A 组分物质的量，mol；c_A 为 A 组分在气相中的浓度，$\mathrm{mol \cdot cm^{-3}}$；$z$ 为沿扩散方向的距离，cm；S 为扩散通道截面积，$\mathrm{cm^2}$；D_A 为 A 组分的扩散系数，$\mathrm{cm^2 \cdot s^{-1}}$。

扩散系数 D_A 的值与气相中扩散物分子的平均自由行程 λ 有关。不同压力下气体分子的平均自由行程可用下式进行估算：

$$\lambda=\frac{1.0133\times10^{-3}}{p} \tag{5.1-2}$$

式中，λ 为分子平均自由行程，cm；p 为压力，kPa。

5.1.1 分子扩散

当孔径 d_0 大于分子平均自由行程 λ，且 $d_0/\lambda > 100$ 时，扩散过程将不受孔径的影响，属于分子扩散。

（1）二元组分的分子扩散系数　二元组分分子扩散系数可按下式计算：

$$D_{AB}=0.436\frac{T^{1.5}\left(\dfrac{1}{M_A}+\dfrac{1}{M_B}\right)^{0.5}}{p\,(V_A^{1/3}+V_B^{1/3})^2} \tag{5.1-3}$$

式中，D_{AB} 为 A 组分在 B 组分中的扩散系数，$\mathrm{cm^2 \cdot s^{-1}}$；$p$ 为系统总压，kPa；T 为系统温度，K；M_A、M_B 为 A、B 组分的相对分子质量；V_A、V_B 为 A、B 组分的分子扩散体积，$\mathrm{cm^3 \cdot mol^{-1}}$。

表 5-1 中列出了某些原子的扩散体积以及一些简单分子的扩散体积。表 5-1 中没有列入的气体，其扩散体积可按组成该分子的原子扩散体积进行加和得到。例如甲苯是由 7 个碳原子和 8 个氢原子组成，而且又为芳烃，故其扩散体积为：$7\times16.5+8\times1.98-20.2=111.1$。

（2）混合物中组分的扩散系数　在化学反应中，经常遇到的是多组分扩散。这种情况下，当混合物中任何二元"组分对"的扩散系数已知时，可使用下式确定混合物中组分的扩散系数。

$$D_{Am}=\frac{1-y_A}{\sum\limits_{i}\left(\dfrac{y_i}{D_{Ai}}\right)} \tag{5.1-4}$$

表 5-1　原子及分子的扩散体积

原子扩散体积		一些简单分子的扩散体积			
C	16.5	H_2	7.07	N_2O	35.9
H	1.98	D_2	6.70	NH_3	14.9
O	5.48	He	2.88	H_2O	12.7
(N)	5.69	N_2	17.9	(CCl_2F_2)	114.8
(Cl)	19.5	O_2	16.6	(Cl_2)	37.7
(S)	17.0	空气	20.1	(SiF_4)	69.7
Ar	16.1	CO	18.9	(Br_2)	67.2
kr	22.8	CO_2	26.9		
Ne	5.59	芳烃及多环化合物	−20.2		
(Xe)	37.9	(SO_2)	41.1		

注：表中带括号者均系由少数实验数据关联得到。

式中，y_i 为 I 组分的摩尔分数；D_{Ai} 为 A 组分对 I 组分的二元扩散系数，$cm^2 \cdot s^{-1}$；D_{Am} 为 A 组分对混合组分的扩散系数，$cm^2 \cdot s^{-1}$。

5.1.2　克努森扩散

当孔径 d_0 小于分子平均自由程 λ 时，且 $d_0/\lambda < 0.1$ 时，碰撞主要发生在气体分子与孔壁之间，而分子之间的相互碰撞则影响甚微，这种扩散为克努森扩散，克努森扩散系数 D_k 是分子运动速度和孔径的函数，可按下式计算：

$$D_k = 4850 d_0 \sqrt{\frac{T}{M}} \tag{5.1-5}$$

式中，D_k 为克努森扩散系数，$cm^2 \cdot s^{-1}$；T 为系统温度，K；M 为扩散物系的相对分子质量；d_0 为微孔孔径，cm。

一般催化剂颗粒的平均孔径可用当量直径进行计算：

$$d_0 = 4 \frac{\varepsilon_P}{S_V} = 4 \frac{\varepsilon_P}{\rho_P S_g} \tag{5.1-6}$$

式中，ε_P 为催化剂颗粒孔隙率，$cm^3 \cdot cm^{-3}$；S_V 为催化剂颗粒的比表面积，$cm^2 \cdot cm^{-3}$；ρ_P 为催化剂颗粒密度，$g \cdot cm^{-3}$；S_g 为以单位质量计的催化剂颗粒表面积，$cm^2 \cdot g^{-1}$。

5.1.3　综合扩散

在给定的孔道中某一浓度范围内，上述两种扩散都同时存在，即 $0.1 < d_0/\lambda < 100$ 时，分子与分子间碰撞以及分子与孔壁间碰撞形成的扩散阻力均不可忽略，这种扩散称为综合扩散，其扩散系数 D 用下式计算：

$$D = \frac{1}{\dfrac{1}{D_k} + \dfrac{1 - \alpha y_A}{D_{AB}}} \tag{5.1-7}$$

式中，D 为综合扩散系数，$cm^2 \cdot s^{-1}$；y_A 为气相中 A 组分的摩尔分数；α 为扩散通量系数，$\alpha = 1 + \dfrac{N_B}{N_A}$；$N_A$，$N_B$ 为 A、B 组分的扩散通量，$mol \cdot m^{-2} \cdot s^{-1}$。

在定常态下进行等分子反方向扩散时，$N_A = -N_B$，$\alpha = 0$，此时式(5.1-7)变为：

$$D = \cfrac{1}{\cfrac{1}{D_k} + \cfrac{1}{D_{AB}}} \tag{5.1-8}$$

5.1.4　以颗粒为基准的有效扩散

严格地说，上述的扩散系数只适用于单直圆柱形孔隙结构。对于工业中所用的催化剂，孔隙结构错综复杂，一般扩散长度 x_L 比直圆柱长，而且互相交叉，孔径也有变化，因此引入微孔曲折因子 τ（或称迷宫因子）来修正长度 $x_L = \tau l$。又因为扩散量以催化剂外表面积来计算，那么，孔截面积为 $S = S_S \theta$。

式中，S_S 为颗粒外表面积；θ 为颗粒孔面积分率。

通常，催化剂孔隙是均匀的，任意截面上孔面积分率都相等，且等于该催化剂的孔隙率，即 $\theta = \varepsilon_P$，因此 $S = S_S \varepsilon_P$。

在单位时间内通过外表面上的孔进入颗粒内部的物质的量可表达为：

$$\frac{\mathrm{d}n_A}{\mathrm{d}t} = -DS\frac{\mathrm{d}c_A}{\mathrm{d}x_L} = -DS_S\varepsilon_P\frac{\mathrm{d}c_A}{\mathrm{d}(\tau l)} = -D\frac{\varepsilon_P}{\tau}S_S\frac{\mathrm{d}c_A}{\mathrm{d}l}$$

令

$$D_e = D\frac{\varepsilon_P}{\tau} \tag{5.1-9}$$

则传质量，以外表面积计算就可表示为：

$$\frac{\mathrm{d}n_A}{\mathrm{d}t} = -D_e S_S\frac{\mathrm{d}c_A}{\mathrm{d}l} \tag{5.1-10}$$

式中，D_e 为以颗粒外表面积为计算基准的有效扩散系数。

固体颗粒的孔隙率 ε_P 和曲折因子 τ 均是固体颗粒的特性数据，可由实验加以测定。通常 $\varepsilon_P = 0.4 \sim 0.5$，$\tau = 1 \sim 7$。

例 5-1　苯于 200℃ 下在镍催化剂上进行加氢反应，若催化剂微孔的平均孔径 $d_0 = 5 \times 10^{-9}\,\mathrm{m}$，孔隙率 $\varepsilon_P = 0.43$，曲折因子 $\tau = 4$，求系统总压为 101.3 kPa 及 3039.3 kPa 时，氢在催化剂内的有效扩散系数 D_e。

解：为方便起见以 A 表示氢，B 表示苯。由表 5-1 可得：

$$M_A = 2 \qquad V_A = 7.07\,\mathrm{cm}^3 \cdot \mathrm{mol}^{-1}$$
$$M_B = 78 \qquad V_B = 90.68\,\mathrm{cm}^3 \cdot \mathrm{mol}^{-1}$$

氢在苯中的分子扩散系数为：

$$D_{AB} = 0.436\frac{(273+200)^{1.5}\left(\cfrac{1}{78} + \cfrac{1}{2}\right)^{0.5}}{p\left(7.07^{\frac{1}{3}} + 90.68^{\frac{1}{3}}\right)^2}\,\mathrm{cm}^2 \cdot \mathrm{s}^{-1} = \frac{78.15}{p}\,\mathrm{cm}^2 \cdot \mathrm{s}^{-1}$$

当 $p = 101.33\,\mathrm{kPa}$ 时　$D_{AB} = 0.7712\,\mathrm{cm}^2 \cdot \mathrm{s}^{-1}$

当 $p = 3039.3\,\mathrm{kPa}$ 时　$D_{AB} = 0.02571\,\mathrm{cm}^2 \cdot \mathrm{s}^{-1}$

氢在催化剂孔内的克努森扩散系数为：

$$D_k = 4850(5 \times 10^{-7})\sqrt{\frac{473}{2}}\,\mathrm{cm}^2 \cdot \mathrm{s}^{-1} = 0.0373\,\mathrm{cm}^2 \cdot \mathrm{s}^{-1}$$

在 $p = 101.33\,\mathrm{kPa}$ 时，分子扩散的影响可以忽略，微孔内属克努森扩散控制：

有效扩散系数：$D_e = D\dfrac{\varepsilon_P}{\tau} = 0.0373\dfrac{0.43}{4}\ cm^2 \cdot s^{-1} = 0.00401\ cm^2 \cdot s^{-1}$

当 $p = 3039.3\ kPa$ 时，两者影响均不可忽略，综合扩散系数为：

$$D = \cfrac{1}{\cfrac{1}{0.0373} + \cfrac{1}{0.02571}}\ cm^2 \cdot s^{-1} = 0.01522\ cm^2 \cdot s^{-1}$$

有效扩散系数为：

$$D_e = D\frac{\varepsilon_P}{\tau} = 0.01522\frac{0.43}{4}\ cm^2 \cdot s^{-1} = 0.001636\ cm^2 \cdot s^{-1}$$

5.2　气固相催化等温反应的宏观动力学方程

由于扩散过程造成固体颗粒内部的气相浓度不同，以颗粒为基础的宏观动力学方程必然受颗粒形状的影响。首先讨论球形催化剂上的宏观动力学方程，其次讨论片状、无限长圆柱形催化剂上的宏观动力学方程，最后归纳出任意形状催化剂上的宏观动力学方程。

5.2.1　球形催化剂上等温反应宏观动力学方程

（1）球形催化剂的基础方程　设球形催化剂的半径为 R，并且处于连续流动的气流中，取一体积单元对 A 组分进行物料衡算。

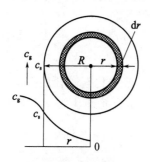

图 5-1　球形粒子内
浓度分布

体积单元的取法如图 5-1 所示，取半径为 r，厚度为 dr 的壳层为一个体积单元。

气相中 A 组分在体积单元内的物料衡算为：在单位时间内

输入 A 量－输出 A 量＝反应消耗 A 量＋积累的 A 量

输入 A 量　$D_e 4\pi(r + dr)^2 \dfrac{d}{dr}\left[c_A + \dfrac{dc_A}{dr}dr \right]$

输出 A 量　　　　　　$D_e 4\pi r^2 \dfrac{dc_A}{dr}$

反应消耗 A 量　　　$4\pi r^2 dr(-r_A)$

积累 A 量　　0（对于定常态过程）

将上述各项分别代入物料衡算式，并令 $z = r/R$，略去 $(dr)^2$ 项整理后可得：

$$\frac{d^2 c_A}{dz^2} + \frac{2}{z}\frac{dc_A}{dz} = \frac{R^2}{D_e}(-r_A) \qquad (5.2\text{-}1)$$

该式为二阶微分方程，边值条件是：

$$r = 0,\ z = 0,\ \frac{dc_A}{dz} = 0\ （中心对称）$$

$$r = R,\ z = 1,\ c_A = c_{AS}$$

式（5.2-1）是球形催化剂的基础方程，解出该方程便可求得催化剂内 A 组分的浓度分布规律。

（2）球形催化剂等温一级反应的宏观动力学方程　若系统中进行的反应为一级不可逆反应，反应的本征动力学方程为：

$$-r_A = kc_A$$

代入式(5.2-1)，并令 $\varphi_S = \dfrac{R}{3}\sqrt{\dfrac{k}{D_e}}$

φ_S 称为西勒（Thiele）模数。可得：

$$\frac{\mathrm{d}^2 c_A}{\mathrm{d}z^2} + \frac{2}{z}\frac{\mathrm{d}c_A}{\mathrm{d}z} = (3\varphi_S)^2 c_A \tag{5.2-2}$$

若令

$$\omega = c_A z$$

则：

$$\frac{\mathrm{d}\omega}{\mathrm{d}z} = c_A + z\frac{\mathrm{d}c_A}{\mathrm{d}z}$$

$$\frac{\mathrm{d}^2\omega}{\mathrm{d}z^2} = z\frac{\mathrm{d}^2 c_A}{\mathrm{d}z^2} + 2\frac{\mathrm{d}c_A}{\mathrm{d}z} = z\left(\frac{\mathrm{d}^2 c_A}{\mathrm{d}z^2} + \frac{2}{z}\frac{\mathrm{d}c_A}{\mathrm{d}z}\right)$$

故

$$\frac{\mathrm{d}^2 c_A}{\mathrm{d}z^2} + \frac{2}{z}\frac{\mathrm{d}c_A}{\mathrm{d}z} = \frac{1}{z}\frac{\mathrm{d}^2\omega}{\mathrm{d}z^2} = (3\varphi_S)^2 c_A \tag{5.2-3}$$

$$\frac{\mathrm{d}^2\omega}{\mathrm{d}z^2} = (3\varphi_S)^2 c_A z = (3\varphi_S)^2 \omega$$

该方程为二阶齐次常微分方程，通解为：

$$\omega = c_A z = M_1 \exp(3\varphi_S z) + M_2 \exp(-3\varphi_S z) \tag{5.2-4}$$

将边值条件代入式(5.2-4)，可求出积分常数：

$$M_1 = \frac{c_{AS}}{2\sinh(3\varphi_S)}$$

$$M_2 = -M_1 = \frac{-c_{AS}}{2\sinh(3\varphi_S)}$$

将积分常数代入通解，经整理便可获得在球形催化剂内 A 组分的浓度分布关系式：

$$c_A = \frac{c_{AS}}{z}\frac{\sinh(3\varphi_S z)}{\sinh(3\varphi_S)} \tag{5.2-5}$$

将式(5.2-5)代入式(5.0-1)中，可得球形催化剂等温一级反应的宏观动力学方程。

因任一球形体积为 $V_S = \dfrac{4}{3}\pi r^3$ 所以 $\mathrm{d}V_S = 4\pi r^2 \mathrm{d}r$，则：

$$-R_A = \frac{1}{V_S}\int_0^{V_S}(-r_A)\,\mathrm{d}V_S$$

$$= \frac{1}{\frac{4}{3}\pi R^3}\int_0^R \frac{kc_{AS}}{\frac{r}{R}}\frac{\sinh\left(3\varphi_S\dfrac{r}{R}\right)}{\sinh(3\varphi_S)}4\pi r^2\,\mathrm{d}r$$

$$= \frac{1}{\varphi_S}\left(\frac{1}{\tanh(3\varphi_S)} - \frac{1}{3\varphi_S}\right)kc_{AS} \tag{5.2-6}$$

式(5.2-6)为宏观动力学方程。

因 $-r_{AS} = kc_{AS}$ 为本征动力学方程在外表面浓度时的反应速率，

$$\eta = \frac{1}{\varphi_S}\left(\frac{1}{\tanh(3\varphi_S)} - \frac{1}{3\varphi_S}\right) \tag{5.2-7}$$

η 称为气固相催化反应的效率因子，宏观动力学方程可改写为：

$$-R_A = \eta\ (-r_{AS}) \tag{5.2-8}$$

式(5.2-8) 是宏观反应动力学方程的另一种简单表示形式，较为常用。

（3）球形催化剂等温非一级反应的宏观动力学方程　对于气固相催化反应，本征动力学方程一般为双曲线型或幂函数型。将动力学方程表达为下列形式：

$$-r_A = k f(c_A)$$

将其代入基础方程式(5.2-1)，得到一个二阶非齐次微分方程。除了个别情况外，一般该方程无解析解。为了对该方程解作近似估算，现将本征动力学方程中浓度函数项 $f(c_A)$ 采用在外表面浓度（c_{AS}）处按泰勒级数展开：

$$f(c_A) \approx f(c_{AS}) + \frac{(c_A - c_{AS})}{1!} f'(c_{AS}) + \frac{(c_A - c_{AS})^2}{2!} f''(c_{AS}) + \cdots$$

取展开式的前两项：

$$f(c_A) = f(c_{AS}) + \frac{(c_A - c_{AS})}{1!} f'(c_{AS})$$

各项除以 $f'(c_{AS})$，并令 $v = \dfrac{f(c_A)}{f'(c_{AS})}$，则：

$$v = \frac{f(c_A)}{f'(c_{AS})} = \frac{f(c_{AS})}{f'(c_{AS})} + c_A - c_{AS} \tag{5.2-9}$$

$$f(c_A) = v f'(c_{AS})$$

对式(5.2-9) 微分

$$\frac{dv}{dz} = \frac{dc_A}{dz} \tag{5.2-10}$$

$$\frac{d^2 v}{dz^2} = \frac{d^2 c_A}{dz^2} \tag{5.2-11}$$

将式(5.2-9)、式(5.2-10) 和式(5.2-11) 代入基础方程式(5.2-1) 中，得：

$$\frac{d^2 v}{dz^2} + \frac{2}{z}\frac{dv}{dz} = \frac{R^2}{D_e} k f'(c_{AS}) v \tag{5.2-12}$$

令

$$\varphi_S = \frac{R}{3}\sqrt{\frac{k}{D_e} f'(c_{AS})} \tag{5.2-13}$$

则：

$$\frac{d^2 v}{dz^2} + \frac{2}{z}\frac{dv}{dz} = (3\varphi_S)^2 v \tag{5.2-14}$$

边值条件也作相应改变：

$$r = 0, \ z = 0, \ \frac{dv}{dz} = 0$$

$$r = R, \ z = 1, \ v = \frac{f(c_{AS})}{f'(c_{AS})}$$

方程式(5.2-14) 与式(5.2-3) 有相似的形式，其结果是：

$$\left.\begin{aligned} & (-R_A) = \eta(-r_{AS}) \\ & \eta = \frac{1}{\varphi_S}\left[\frac{1}{\tanh(3\varphi_S)} - \frac{1}{3\varphi_S}\right] \\ & \varphi_S = \frac{R}{3}\sqrt{\frac{k}{D_e} f'(c_{AS})} \end{aligned}\right\} \tag{5.2-15}$$

在上述推导中，浓度函数项按泰勒级数展开时仅取了前两项，必将带来一定偏差，所以式(5.2-15)是非一级反应的近似解，但可作为任意级数反应的通解。

例 5-2 在硅铝催化剂上，粗柴油催化裂化反应可认为是一级反应。在温度为 630℃时，常压裂解反应的本征动力学方程为：

$$(-r_A) = 7.99 \times 10^{-7} p_A \, \text{mol} \cdot \text{s}^{-1} \cdot \text{cm}^{-3}$$

式中，p_A 为柴油的分压，kPa。

采用的催化剂是直径为 0.3cm 的球体，粗柴油的有效扩散系数 $D_e = 7.82 \times 10^{-4} \text{cm}^2 \cdot \text{s}^{-1}$，试计算催化反应的效率因子。

解：① 计算以浓度为函数的反应速率常数，气相可认为是理想气体。

$$p_A = c_A RT$$

$$(-r_A) = 7.99 \times 10^{-7} RT c_A$$

反应速率常数为：

$$k = 7.99 \times 10^{-7} \times 8314 \times (273 + 630) \, \text{s}^{-1} = 6.0 \, \text{s}^{-1}$$

② 计算西勒模数。

因为

$$f(c_A) = c_A \qquad f'(c_{AS}) = 1$$

所以

$$\varphi_S = \frac{R}{3} \sqrt{\frac{k}{D_e} f'(c_{AS})} = \frac{0.15}{3} \sqrt{\frac{6}{7.82 \times 10^{-4}}} = 4.38$$

③ 计算效率因子。

$$\eta = \frac{1}{\varphi_S} \left[\frac{1}{\tanh(3\varphi_S)} - \frac{1}{3\varphi_S} \right] = \frac{1}{4.38} \left[\frac{1}{\tanh(3 \times 4.38)} - \frac{1}{3 \times 4.38} \right] = 0.2109$$

例 5-3 相对分子质量为 120 的某组分，在 360℃的催化剂上进行反应。该组分在催化剂外表面处的浓度为 $1.0 \times 10^{-5} \text{mol} \cdot \text{cm}^{-3}$，实测出反应速率为 $1.20 \times 10^{-5} \text{mol} \cdot \text{cm}^{-3} \cdot \text{s}^{-1}$。已知催化剂是直径为 0.2cm 的球体，孔隙率 $\varepsilon_P = 0.5$，曲折因子 $\tau = 3$，孔径 $d_0 = 3 \times 10^{-9} \text{m}$，试估算催化剂的效率因子。

解：由于孔径很小，可以设想扩散过程属克努森扩散。

① 计算有效扩散系数 D_e

$$D_k = 4850 \times 3 \times 10^{-7} \sqrt{\frac{273 + 360}{120}} \, \text{cm}^2 \cdot \text{s}^{-1} = 3.342 \times 10^{-3} \text{cm}^2 \cdot \text{s}^{-1}$$

$$D_e = D_k \frac{\varepsilon_P}{\tau} = 3.342 \times 10^{-3} \times \frac{0.5}{3} \text{cm}^2 \cdot \text{s}^{-1} = 5.57 \times 10^{-4} \text{cm}^2 \cdot \text{s}^{-1}$$

② 求 $(-R_A)$ 与 φ_S 的关系。

本题没有提供本征动力学方程，设本征动力学方程为：

$$(-r_A) = k f(c_A)$$

由于

$$f(c_A) = f(c_{AS}) + (c_A - c_{AS}) f'(c_{AS})$$

当 $c_A = 0$ 时，$f(c_A) = 0$

$$f'(c_{AS}) = \frac{f(c_{AS})}{c_{AS}}$$

将上述关系代入 φ_S 中，则：

$$\varphi_S^2 = \left(\frac{R}{3} \right)^2 \frac{k}{D_e} \frac{f(c_{AS})}{c_{AS}} = \frac{R^2}{9} \frac{(-r_A)_S}{D_e c_{AS}}$$

故

$$(-r_A)_S = 9 D_e c_{AS} \left(\frac{\varphi_S}{R} \right)^2$$

宏观动力学方程为：　$(-R_A) = \eta(-r_A)_S = 9D_e c_{AS}\left(\dfrac{\varphi_S}{R}\right)^2 \eta$

将上式整理得：

$$\varphi_S^2 \eta = \frac{R^2}{9}\frac{(-R_A)}{D_e c_{AS}} = \frac{0.1^2}{9} \times \frac{1.2 \times 10^{-5}}{5.57 \times 10^{-4} \times 1 \times 10^{-5}} = 2.394$$

从效率因子与 φ_S 的关系可知：

$$\varphi_S^2 \eta = \varphi_S\left[\frac{1}{\tanh(3\varphi_S)} - \frac{1}{3\varphi_S}\right] = 2.394$$

用试差法可求得：　　　　　　　　$\varphi_S = 2.7273$

$$\eta = \frac{1}{\varphi_S}\left[\frac{1}{\tanh(3\varphi_S)} - \frac{1}{3\varphi_S}\right] = 0.3218$$

（4）西勒模数的物理意义及对反应过程的影响。

① 西勒模数的物理意义　根据西勒模数的定义式：

$$\varphi_S = \frac{R}{3}\sqrt{\frac{k}{D_e}f'(c_{AS})}$$

而

$$\frac{R}{3} = \frac{\frac{4}{3}\pi R^3}{4\pi R^2} = \frac{V_S}{S_S}$$

式中，V_S 为球体体积；S_S 为球体外表面积。

当 $c_A = 0$ 时，$f(c_A) = 0$。

$$f'(c_{AS}) = \frac{f(c_{AS})}{c_{AS}}$$

则

$$kf'(c_{AS}) = \frac{kf(c_{AS})}{c_{AS}} = \frac{(-r_{AS})}{c_{AS}}$$

可得：

$$\varphi_S^2 = \left(\frac{V_S}{S_S}\right)^2 \frac{(-r_{AS})}{D_e c_{AS}} = \frac{最大反应速率}{最大内扩散速率}$$

西勒模数实质上是以颗粒催化剂体积为基准时，最大反应速率与最大内扩散速率的比值。西勒模数的数值反映出过程受化学反应及内扩散过程影响的程度。

② 西勒模数对过程的影响　西勒模数是反映反应速率、内扩散速率对过程影响程度的参数。西勒模数直接决定效率因子的数值。

根据式（5.2-15）以西勒模数 φ_S 为横坐标，效率因子 η 为纵坐标作图，得图 5-2。西勒模数值越小，说明扩散速率相对于反应速率越大，宏观反应速率受扩散的影响越小，过程属反应动力学控制。当西勒模数 $\varphi_S < 0.3$，效率因子 $\eta \approx 1$ 时，内扩散过程已无影响，本征反应速率即是宏观反应速率。

随着西勒模数的增大，扩散过程对整个过程影响逐渐增大。当西勒模数值 $\varphi_S > 3$ 时，化学反应速率远大于扩散速率，宏观反应速率受内扩散控制，此时效率因子的计算式为：

$$\eta \approx \frac{1}{\varphi_S}$$

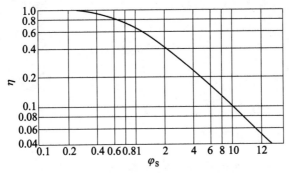

图 5-2　催化剂效率因子与西勒模数关系

5.2.2　其他形状催化剂的等温宏观动力学方程

5.2.2.1　无限长圆柱体催化剂的等温宏观反应动力学方程

所谓无限长圆柱体是指该圆柱体的长径比很大，可忽略两端面扩散的影响。设圆柱体的半径为 R，长度为 L，并被置于连续流动的反应物气流中。在该圆柱体中取一半径为 r，厚度为 dr，长为 L 的体积微元，如图 5-3 所示。对该体积微元作反应物 A 的物料衡算。

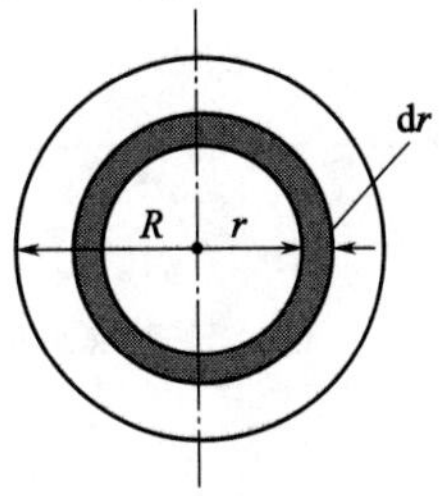

在单位时间内：

输入微元体的 A 量

$$2\pi(r+dr)LD_e \frac{d}{dr}\left[c_A+\frac{dc_A}{dr}dr\right]$$

图 5-3　无限长圆柱
体体积微元示意图

由微元体输出的 A 量

$$2\pi rLD_e \frac{dc_A}{dr}$$

在微元体中反应消耗 A 量

$$2\pi rL\,dr(-r_A)$$

在微元体中积累的 A 量　0（连续稳定过程）

将上述各项代入物料衡算式整理可得：

$$\frac{d^2c_A}{dr^2}+\frac{1}{r}\frac{dc_A}{dr}=\frac{-r_A}{D_e}$$

此方程的边值条件为：

$$r=0,\quad \frac{dc_A}{dr}=0$$

$$r=R,\quad c_A=c_{AS}$$

对 n 级不可逆反应方程的解为：

$$\left.\begin{aligned}(-R_A)&=\eta(-r_{AS})\\[4pt]\eta&=\frac{I_1(2\varphi_S)}{\varphi_S I_0(2\varphi_S)}\\[4pt]\varphi_S&=\frac{R}{2}\sqrt{\frac{k}{D_e}f'(c_{AS})}\end{aligned}\right\}\qquad (5.2\text{-}16)$$

式中，$I_0(X)$ 和 $I_1(X)$ 分别为第一类 0 阶和 1 阶贝塞尔（Bessel）函数。

$$I_0(X) = \sum_{k=0}^{\infty} \frac{\left[\dfrac{X}{2}\right]^{2k}}{(k!)^2}$$

$$I_1(X) = I'_0(X) = \sum_{k=0}^{\infty} \frac{\left[\dfrac{X}{2}\right]^{2k+1}}{(k!)(k+1)!}$$

贝塞尔函数值可由数学手册中查找。

5.2.2.2 圆形薄片催化剂的宏观动力学方程

圆形薄片是指该催化剂的半径远大于其厚度。可忽略侧面处的扩散，仅考虑两端面进入气体的扩散。设圆形薄片半径为 R，高度为 L，放置于连续流动的反应物气流中。在圆形薄片中取距中心截面为 l，厚度为 $\mathrm{d}l$，半径为 R 的薄片作为体积微元体，如图 5-4 所示。在该微元体中单位时间内，对组分 A 作物料衡算：

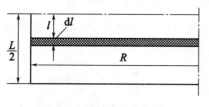

图 5-4 圆形薄片催化剂
体积微元示意图

输入的 A 量

$$\pi R^2 D_e \frac{\mathrm{d}}{\mathrm{d}l}\left(c_A + \frac{\mathrm{d}c_A}{\mathrm{d}l}\mathrm{d}l\right)$$

输出的 A 量

$$\pi R^2 D_e \frac{\mathrm{d}c_A}{\mathrm{d}l}$$

反应消耗的 A 量

$$\pi R^2 \mathrm{d}l(-r_A)$$

体积微元内无 A 量的积累。

将上述各项代入物料衡算式并整理可得：

$$\frac{\mathrm{d}^2 c_A}{\mathrm{d}l^2} = \frac{-r_A}{D_e}$$

此方程的边值条件为：

$$l = 0, \quad \frac{\mathrm{d}c_A}{\mathrm{d}l} = 0$$

$$l = \frac{L}{2}, \quad c_A = c_{AS}$$

方程的解为：

$$\left.\begin{aligned} (-R_A) &= \eta(-r_{AS}) \\ \eta &= \frac{\tanh(\varphi_S)}{\varphi_S} \\ \varphi_S &= \frac{L}{2}\sqrt{\frac{k}{D_e}f'(c_{AS})} \end{aligned}\right\} \tag{5.2-17}$$

5.2.2.3 任意形状催化剂的等温宏观动力学方程

（1）西勒模数的通用表达式　比较球形、无限长圆柱形及圆形薄片催化剂的西勒模数，可以看出它们之间的区别仅在定性尺寸上。若以 V_S 表示催化剂颗粒体积，S_S 表示催化剂颗粒外表面积，上述三种形状催化剂的 V_S/S_S 值分别为：

球形
$$\frac{V_S}{S_S}=\frac{\frac{4}{3}\pi R^3}{4\pi R^2}=\frac{R}{3}$$

无限圆柱体
$$\frac{V_S}{S_S}=\frac{\pi R^2 L}{2\pi R L}=\frac{R}{2}$$

圆形薄片形
$$\frac{V_S}{S_S}=\frac{\pi R^2 L}{2\pi R^2}=\frac{L}{2}$$

显而易见，若取 V_S/S_S 作为西勒模数的定性尺寸，便可将不同形状催化剂的西勒模数表达式统一起来。

$$\varphi_S=\frac{V_S}{S_S}\sqrt{\frac{k}{D_e}f'(c_{AS})} \tag{5.2-18}$$

（2）效率因子的近似估算　若将上述三种形状催化剂的西勒模数与效率因子之间的关系，绘于同一坐标图中（图5-5），不难看出，这三种不同形状催化剂的西勒模数与其效率因子之间的关系大体近似。可以想象，对不同形状的催化剂，若都用球形催化剂效率因子计算式来计算，不会出现大的偏差。

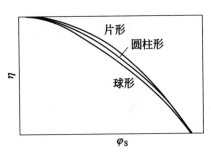

图 5-5　η 与 φ_S 关系图

因此，任意形状催化剂的等温宏观动力学方程可近似表达如下：

$$\left.\begin{array}{l} -R_A=\eta(-r_{AS}) \\ \eta=\dfrac{1}{\varphi_S}\left[\dfrac{1}{\tanh(3\varphi_S)}-\dfrac{1}{3\varphi_S}\right] \\ \varphi_S=\dfrac{V_S}{S_S}\sqrt{\dfrac{k}{D_e}f'(c_{AS})} \end{array}\right\} \tag{5.2-19}$$

例 5-4　某催化反应在 500℃ 下进行，已知本征动力学方程为 $-r_A=7.3\times10^{-7}p_A^2$　$mol\cdot s^{-1}\cdot g_{cat}^{-1}$。式中，$p_A$ 的单位是 kPa。若催化剂是直径和高度均为 5mm 的圆柱体，密度 $\rho_P=0.8g\cdot cm^{-3}$，粒子外表面处反应物 A 的分压为 10.133kPa，气体在粒子内的有效扩散系数 $D_e=0.025cm^2\cdot s^{-1}$。试求该催化剂的效率因子。

解：① 计算以浓度为变量的反应速率常数

$$(-r_A)_V=(-r_A)\rho_P=7.3\times10^{-7}\rho_P(RT)^2c_A^2$$
$$k=7.3\times10^{-7}\rho_P(RT)^2=7.3\times10^{-7}\times0.8\times$$
$$[8.314\times(273+500)]^2 cm^3\cdot mol^{-1}\cdot s^{-1}$$
$$=2.412\times10^7 cm^3\cdot mol^{-1}\cdot s^{-1}$$

② 计算西勒模数

$$\frac{V_S}{S_S}=\frac{\frac{\pi}{4}\times0.5^2\times0.5}{0.5\times0.5\pi+2\frac{\pi}{4}0.5^2}cm=0.0833cm$$

$$f'(c_{AS}) = 2c_{AS} = \frac{2p_{AS}}{RT} = \frac{2 \times 10.133}{8314 \times (273 + 500)} \, \text{mol} \cdot \text{cm}^{-3}$$

$$= 3.153 \times 10^6 \, \text{mol} \cdot \text{cm}^{-3}$$

$$\varphi_S = \frac{V_S}{S_S}\sqrt{\frac{k}{D_e}f'(c_{AS})} = 0.0833\sqrt{\frac{2.412 \times 10^7}{0.025} \times 3.153 \times 10^{-6}} = 4.60$$

③ 计算效率因子值

$$\eta = \frac{1}{\varphi_S}\left(\frac{1}{\tanh(3\varphi_S)} - \frac{1}{3\varphi_S}\right) = \frac{1}{4.6}\left(\frac{1}{\tanh(3 \times 4.6)} - \frac{1}{3 \times 4.6}\right) = 0.2016$$

5.3 非等温过程的宏观动力学

当催化反应速率较快，热效应较大，热量得不到及时补充或导出时，催化剂有明显的温度变化，会对反应过程产生很大的影响。首先研究颗粒内温度分布规律。

5.3.1 催化剂颗粒内部的温度分布规律

现以球形催化剂为例来讨论催化剂颗粒内部的温度分布规律。在半径为 R 的球形催化剂颗粒中，取半径为 r 的球作为计算的体积元。在定常态时，体积元内放出的热量应该是化学反应在该体积元内放出的反应热 Q_R。

仿照由催化剂内物料衡算建立起来的浓度分布式：

$$\frac{d^2 c_A}{dz^2} + \frac{2}{z}\frac{dc_A}{dz} = \frac{R^2}{D_e}(-r_A) \tag{5.2-1}$$

建立催化剂颗粒内的温度分布式：

$$\frac{d^2 T}{dz^2} + \frac{2}{z}\frac{dT}{dz} = -\frac{R^2}{\lambda_c}(-r_A)(-\Delta H_r) \tag{5.3-1}$$

边界条件为：

$$z = 0, \quad \frac{dc_A}{dz} = 0, \quad \frac{dT}{dz} = 0 \,(\text{中心对称})$$

$$z = 1(r = R), \quad c_A = c_{AS}, \quad T = T_S$$

由于 $\dfrac{d^2 c_A}{dz^2} + \dfrac{2}{z}\dfrac{dc_A}{dz} = \dfrac{1}{z^2}\dfrac{d}{dz}\left(z^2\dfrac{dc_A}{dz}\right)$ 则 $\dfrac{d^2 T}{dz^2} + \dfrac{2}{z}\dfrac{dT}{dz} = \dfrac{1}{z^2}\dfrac{d}{dz}\left(z^2\dfrac{dT}{dz}\right)$

式(5.2-1) 与式(5.3-1) 相除可得：

$$\frac{d}{dz}\left(z^2\frac{dT}{dz}\right) = -\frac{D_e(-\Delta H_r)}{\lambda_c}\frac{d}{dz}\left(z^2\frac{dc_A}{dz}\right)$$

积分并代入 $z = 0$ 处的边界条件，可得：

$$\frac{\mathrm{d}T}{\mathrm{d}z} = -\frac{D_e(-\Delta H_r)}{\lambda_c}\frac{\mathrm{d}c_A}{\mathrm{d}z}$$

在此积分并代入 $z=1$ 处的边界条件，则：

$$T - T_S = \frac{D_e(-\Delta H_r)}{\lambda_c}(c_{AS} - c_A)$$

将上式改写为

$$\frac{T - T_S}{T_S} = \frac{D_e(-\Delta H_r)c_{AS}}{\lambda_c T_S}\left(1 - \frac{c_A}{c_{AS}}\right)$$

令 $\beta = \dfrac{D_e(-\Delta H_r)c_{AS}}{\lambda_c T_S}$，称为能量释放系数，可得：

$$T = T_S\left[1 + \beta\left(1 - \frac{c_A}{c_{AS}}\right)\right] \tag{5.3-2}$$

将式(5.2-5)代入式(5.3-2)，得：

$$T = T_S\left[1 + \beta\left(1 - \frac{\sinh(3\varphi_S z)}{z\sinh(3\varphi_S)}\right)\right] \tag{5.3-3}$$

由此式可求得在催化剂颗粒内不同位置处的温度值。对于放热反应，在催化剂颗粒中心处温度最高，其值为：

$$T_{max} = T_S(1 + \beta) \tag{5.3-4}$$

该值极为重要，一般要求催化剂的 T_{max} 值小于催化剂允许使用温度，以免催化剂在高温下失效。

5.3.2 非等温条件下的宏观动力学方程

对于球形催化剂在非等温条件下的宏观动力学方程，可由下列方程联解求得：

$$\begin{cases} (-R_A) = \eta(-r_{AS}) \\ \eta = \dfrac{\int_0^{V_S}(-r_A)\,\mathrm{d}V_S}{(-r_{AS})V_S} \\ -r_A = f(c_A, T) \\ \dfrac{\mathrm{d}^2 c_A}{\mathrm{d}r^2} + \dfrac{2}{r}\dfrac{\mathrm{d}c_A}{\mathrm{d}r} = \dfrac{(-r_A)}{D_e} \\ T = T_S\left[1 + \beta\left(1 - \dfrac{c_A}{c_{AS}}\right)\right] \end{cases}$$

该方程组很难求得解析解，一般采用数值法求解并绘制成图形，以便应用，如图5-6所示。

图中西勒模数

$$\varphi_S = \frac{V_S}{S_S}\sqrt{\frac{k}{D_e}f'(c_{AS})} \tag{5.3-5}$$

能量释放系数

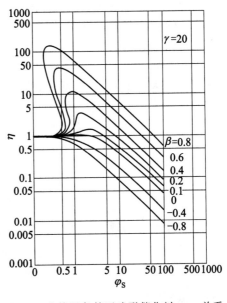

图 5-6 非等温条件下球形催化剂 η-φ_S 关系

$$\beta = \frac{D_e(-\Delta H_r)c_{AS}}{\lambda_c T_S} \tag{5.3-6}$$

阿累尼乌斯数

$$\gamma = \frac{E}{RT} \tag{5.3-7}$$

近年来，有人提出用下式对非等温过程的效率因子进行估算

$$\eta = x' + \left[\exp(1.72\beta(\sqrt{\gamma - 8} - 1) - 1)\right](\exp(x') - 1)$$

式中，$x' = \dfrac{1}{\varphi_S}\left(\dfrac{1}{\tanh(3\varphi_S)} - \dfrac{1}{3\varphi_S}\right)$。

当 $\beta = 0$ 时为等温过程，$\eta = x'$

例 5-5 在例 5-2 中，若粗柴油裂解的反应热为 167.5J·mol^{-1}，催化剂的有效热导率 $\lambda_c = 3.6 \times 10^{-4}$ W·m^{-1}·K^{-1}。试计算催化剂中心处的温度值。

解：① 粗柴油在气相中的浓度

$$c_{AS} = \frac{p_A}{RT} = \frac{101.33}{8314 \times (273 + 630)} \text{mol·cm}^{-3} = 1.35 \times 10^{-5} \text{mol·cm}^{-3}$$

② 能量释放系数

$$\beta = \frac{D_e(-\Delta H_r)c_{AS}}{\lambda_c T_S} = \frac{7.82 \times 10^{-4} \times 10^{-4} \times 167.5 \times 1.35 \times 10^{-5} \times 10^6}{3.6 \times 10^{-4}(273 + 630)} = 5.44 \times 10^{-4}$$

③ 催化剂中心处温度

$$T_{max} = T_S(1 + \beta) = (273 + 630) \times (1 + 5.44 \times 10^{-4}) \text{K} = 903.5\text{K}$$
$$= 630.5℃$$

从以上结果可以看出，催化剂中心温度与表面温度仅差 0.5℃，故例 5-2 采用等温条件计算其效率因子是合理的。

5.3.3 内扩散对复合反应选择性的影响

对于催化反应难免有一些副反应同时发生，反应的选择性如何对催化过程的经济性影响很大。因此，了解多孔催化剂内部传递对选择性的影响是极其重要的。内扩散不仅影响反应速率，还严重影响选择性。下面就几种不同情况加以讨论。

（1）两个独立并存的反应 如含丙烷的正丁烷脱氢反应，写成一般式为：

$$A \xrightarrow{k_1} P + C(主反应)$$

$$B \xrightarrow{k_2} S + W(副反应)$$

假设两个反应均为一级反应，其本征动力学为：

$$-r_A = k_1 c_A$$
$$-r_B = k_2 c_B \qquad 而且 \ k_1 > k_2$$

采用速度比来表示选择性，即：

$$S_P = \frac{(-r_A)}{(-r_B)} = \frac{k_1 c_A}{k_2 c_B}$$

当无内扩散影响时

$$S_P = \frac{k_1 c_{AS}}{k_2 c_{BS}}$$

当有内扩散影响时，选择性用宏观速度比来表示，即：

$$S_P = \frac{-R_A}{-R_B}$$

已知：

$$-R_A = \eta_1 k_1 c_A$$
$$-R_B = \eta_2 k_2 c_B$$

当内扩散影响大时

$$\eta_1 = \frac{1}{\varphi_{S1}}, \quad \eta_2 = \frac{1}{\varphi_{S2}} \quad 则：$$

$$-R_A = \frac{3}{R}\sqrt{\frac{D_{e1}}{k_1}} k_1 c_{AS} = \frac{3}{R}\sqrt{D_{e1} k_1}\, c_{AS}$$

$$-R_B = \frac{3}{R}\sqrt{\frac{D_{e2}}{k_2}} k_2 c_{BS} = \frac{3}{R}\sqrt{D_{e2} k_2}\, c_{BS}$$

当 $D_{e1} \approx D_{e2}$ 时

$$S_P = \frac{-R_A}{-R_B} = \sqrt{\frac{k_1}{k_2}}\frac{c_{AS}}{c_{BS}} \tag{5.3-8}$$

因为 $k_1 > k_2$，当有内扩散影响时，选择性 S_P 就降低了。

（2）平行反应 反应物可同时进行两个或两个以上反应的平行反应过程，如乙醇同时发生脱氢、脱水生成乙醛和乙烯的反应。写成一般式为：

$$A \xrightarrow{k_1} P(目的产物) \qquad (-r_A)_1 = k_1 c_A^n$$
$$A \xrightarrow{k_2} S(副产物) \qquad (-r_A)_2 = k_2 c_A^m$$

不存在内扩散影响时，表面浓度 c_{AS} 等于催化剂内浓度 c_A，瞬时选择性 S_P 为：

$$S_P = \frac{k_1 c_{AS}^n}{k_1 c_{AS}^n + k_2 c_{AS}^m} = \frac{1}{1 + \frac{k_2}{k_1} c_{AS}^{m-n}} \tag{5.3-9}$$

存在内扩散影响时，催化剂颗粒内反应物 A 的浓度 c_A 显然低于外表面浓度 c_{AS}，即 $c_A < c_{AS}$。存在内扩散影响时，瞬时选择性是增大还是减小取决于两个反应的反应级数之差。从式(5.3-9) 中可看出：

$m = n$ 时，S_P 不变

$m > n$ 时，S_P 上升

$m < n$ 时，S_P 下降

由此可见，当两个平行反应的反应级数相等时，内扩散对反应选择性没有影响；当主反应的反应级数大于副反应时，内扩散使反应选择性降低；当主反应的反应级数小于副反应时，内扩散使反应选择性增加。

（3）连串反应 丁烯脱氢生成丁二烯后又进一步生成聚合物就是连串反应，又如氧化、卤化、加氢等许多反应都是这类反应。写成一般式为：

$$A \xrightarrow{k_1} P(目的产物) \xrightarrow{k_2} S(副产物)$$

对于一级反应，催化剂颗粒内任意位置上的选择性为：

$$S_P = \frac{r_P}{-r_A} = \frac{k_1 c_A - k_2 c_P}{k_1 c_A} = 1 - \frac{k_2 c_P}{k_1 c_A} \tag{5.3-10}$$

如果没有内扩散的影响，催化剂内部任意位置上的浓度与外表面浓度相同。

此时式(5.3-10)就是全颗粒平均选择性的表达。而存在内扩散影响时，在催化剂颗粒内 c_P/c_A 的值是随位置不同而不同的，故 S_P 也各处不一。由于内扩散阻力的影响，反应物 A 的浓度从外表面浓度 c_{AS} 单调降低到 $c_{A(r=0)}$，而中间（目的）产物浓度则不同，在 A 和 P 的扩散系数大致相同的情况下，随着向颗粒内的深入，P 的浓度逐渐升高，随后又逐渐降低，可能存在着一个极值点，这个极值点的位置和极值的大小取决于 k_2 与 k_1 的比值。这个问题的定量解决，涉及复杂的数学推导，在此处不作过多介绍，若需要可参阅有关文献。在求得了内扩散影响下粒内 A 及 P 组分的浓度分布后，就可以求出全粒子总括的选择性。例如，在内扩散阻力大（$\eta < 0.2$），而有效扩散系数相等的情况下，可得：

$$S_P = \frac{R_P}{-R_A} = \frac{1}{1 + \sqrt{\dfrac{k_2}{k_1}}} - \sqrt{\frac{k_2}{k_1}} \frac{c_{PS}}{c_{AS}} \tag{5.3-11}$$

式中，c_{PS} 与 c_{AS} 为颗粒表面的浓度，其数值与颗粒在反应器中的位置和外扩散条件有关。

对比式(5.3-10)和式(5.3-11)可以看出，内扩散使全颗粒总括的选择性下降。

5.4　流体与催化剂外表面间的传质和传热

前面讨论宏观动力学时，采用的温度和浓度为催化剂表面温度 T_S、表面浓度 c_{AS} 或表面分压 p_{AS}。在实验测定和设计计算中，能够测量易于得到的是流体主体的温度浓度信息，希望建立的是流体主体温度浓度与反应速率之间的关系。而这一目的是需要借助对外扩散影响的研究来实现的。当外扩散过程较快，对整个过程无影响（或影响甚微）时，可以认为气相主体的温度和浓度与催化剂的外表面处温度、浓度相等。当外扩散阻力不可忽略时，则需考虑这个差别，下面即对此进行探讨。

5.4.1　流体与催化剂颗粒外表面间的传质

前面已讨论过流体与催化剂颗粒外表面间存在一个层流边界层，从而使催化剂外表面浓度（c_{AS}）与流体主体相浓度（c_{Ag}）不同，组分 A 要由主体相达到颗粒表面时，必须借助于扩散过程。流体通过边界层向催化剂颗粒表面扩散的传质速率方程可表示如下：

$$\frac{dn_A}{dt} = k_g S_S \varphi (c_{Ag} - c_{AS}) \tag{5.4-1}$$

式中，$\dfrac{dn_A}{dt}$ 为单位时间内传递 A 物质的量，$mol \cdot s^{-1}$；k_g 为气相传质系数，$cm \cdot s^{-1}$；c_{Ag} 为气相主体中 A 物质浓度，$mol \cdot cm^{-3}$；c_{AS} 为催化剂颗粒外表面处 A 物质浓度，$mol \cdot cm^{-3}$；S_S 为催化剂颗粒外表面积，cm^2；φ 为颗粒表面利用系数，球体 $\varphi = 1$，圆柱体 $\varphi = 0.91$，其他形状 $\varphi = 0.90$。

（1）气相传质系数 k_g 传质系数反映了传质过程阻力的大小，对传质速率的影响极其重大，传质系数越小阻力越大。传质系数与颗粒的几何形状及尺寸、流体力学条件及流体的物理性质有关。

气相传质系数 k_g 可用有关实验关联式计算，常用的有 J_D 因子计算法：

$$J_D = \frac{k_g \rho_g}{G} Sc^{\frac{2}{3}} \tag{5.4-2}$$

式中，ρ_g 为气相密度，$g \cdot cm^{-3}$；G 为气体质量流速，$g \cdot cm^{-2} \cdot s^{-1}$；$Sc = \frac{\mu_g}{\rho_g D}$ 为施密特数；μ_g 为气相黏度，$g \cdot cm^{-1} \cdot s^{-1}$；$D$ 为气相分子扩散系数，$cm^{-2} \cdot s^{-1}$。

J_D 是雷诺数的函数。

当 $0.3 < Re_m < 300$ 时，$J_D = 2.10 Re_m^{-0.51}$

当 $300 < Re_m < 6000$ 时，$J_D = 1.19 Re_m^{-0.41}$

$$Re_m = \frac{d_S G}{\varphi \mu_g (1 - \varepsilon_B)} \tag{5.4-3}$$

式中，d_S 为催化剂颗粒的比表面当量直径，cm；ε_B 为催化剂床层空隙率。

（2）传质过程对反应的影响 流体与颗粒外表面之间存在的层流边界层，造成了流体主体的浓度与颗粒外表面处浓度不同。宏观动力学方程是以表面浓度为计算基准的。因此，外扩散过程直接影响反应的结果。

对于连续稳定过程，反应组分 A 在单位时间内由气相主体扩散到颗粒外表面上的量应该等于 A 组分在催化剂中反应掉的量，即：

$$\frac{dn_A}{dt} = k_g S_S \varphi (c_{Ag} - c_{AS}) = -R_A V_S = \eta V_S k f(c_{AS}) \tag{5.4-4}$$

此式将 c_{Ag} 与 c_{AS} 关联起来。因为 c_{Ag} 是气相主体中 A 的浓度，可以直接测定，从而解决了宏观动力学方程中 c_{AS} 值的计算问题。

若本征动力学方程为：

$$-r_A = k f(c_A)$$

则

$$c_{Ag} - c_{AS} = \frac{\eta V_S k f(c_{AS})}{k_g S_S \varphi} \tag{5.4-5}$$

令

$$\frac{\eta V_S k}{k_g S_S \varphi} = Da \tag{5.4-6}$$

Da 称为坦克莱（Damköhler）数，坦克莱数的物理意义为化学反应速率与外扩散速率之比。其值愈大，化学反应速率比外扩散速率愈大，外扩散对过程速率影响愈显著。反之，当 $Da \rightarrow 0$ 时，可忽略外扩散的影响。

对于一级反应：

$$f(c_{AS}) = c_{AS}$$

$$c_{Ag} - c_{AS} = Da c_{AS}$$

$$c_{AS} = \frac{1}{1 + Da} c_{Ag}$$

对于二级反应：

$$f(c_{AS}) = c_{AS}^2$$

$$c_{Ag} - c_{AS} = Da c_{AS}^2$$

$$c_{AS} = \frac{\sqrt{1 + 4Dac_{Ag}} - 1}{2Da}$$

其他类型的本征动力学方程均可按同样方法求得 c_{Ag} 与 c_{AS} 之间关系，即 $c_{AS} = g(c_{Ag})$。

有外扩散影响的宏观动力学方程为：

$$-R_A = \frac{k_g S_S \varphi}{V_S} [c_{Ag} - g(c_{Ag})] \tag{5.4-7}$$

如果反应速率常数 k 较之传质系数 k_g 要大得多，则颗粒外表面处浓度接近于零（即 $c_{AS} = 0$），反应为外扩散控制。此时，宏观动力学方程为：

$$-R_A = \frac{6k_g \varphi}{d_S} c_{Ag} \tag{5.4-8}$$

如果反应速率常数 k 远小于传质系数 k_g，此时 $c_{Ag} = c_{AS}$，外扩散的影响可以不予考虑，宏观动力学方程为：

$$-R_A = \eta k f(c_{Ag}) \tag{5.4-9}$$

需要注意的是，在进行气固相催化反应本征动力学实验时，必须消除内、外扩散的影响，否则会得出错误的结论。

例 5-6 在实验室中，苯加氢反应器在 1013.3kPa 下操作，气体质量速度 $G = 3000\text{kg} \cdot \text{m}^{-2} \cdot \text{h}^{-1}$，催化剂为 $\phi 8\text{mm} \times 9\text{mm}$ 圆柱体，颗粒密度 $\rho_P = 0.9\text{g} \cdot \text{cm}^{-3}$，床层堆积密度 $\rho_B = 0.6\text{g} \cdot \text{cm}^{-3}$，在反应器某处气体温度为 220℃，气体组成为 10%苯，80%氢，5%环己烷和 5%甲烷（体积分数），测得该处宏观反应速率 $(-R_A) = 0.015\text{mol} \cdot \text{h}^{-1} \cdot \text{g}_{cat}^{-1}$。试估算该处催化剂的外表面浓度。

注：气体黏度 $\mu = 1.4 \times 10^{-2}\text{mPa} \cdot \text{s}$，扩散系数 $D = 0.267\text{cm}^2 \cdot \text{s}^{-1}$。

解： ① 计算催化剂的比表面当量直径 d_S。

$$S_S = 2 \times \frac{\pi}{4}d^2 + \pi L d = \left[\frac{\pi}{2}0.8^2 + \pi \times 0.9 \times 0.8\right]\text{cm}^2 = 3.267\text{cm}^2$$

$$V_S = \frac{\pi}{4}d^2 L = \frac{\pi}{4}0.8^2 \times 0.9\text{cm}^3 = 0.4524\text{cm}^3$$

$$d_S = 6\frac{V_S}{S_S} = 6 \times \frac{0.4524}{3.267}\text{cm} = 0.8308\text{cm}$$

② 计算床层中气体的雷诺数。

$$\varepsilon_B = 1 - \frac{\rho_B}{\rho_P} = 1 - \frac{0.6}{0.9} = 0.333$$

$$Re_m = \frac{d_S G}{\mu_g \varphi (1 - \varepsilon_B)} = \frac{0.8308 \times 10^{-2} \times 3000/3600}{1.4 \times 10^{-2} \times 10^{-3} \times 0.91 \times (1 - 0.333)} = 814.7$$

③ 计算 J_D 和 k_g 值。

$$J_D = 1.19 Re_m^{-0.41} = 1.19 \times 814.7^{-0.41} = 0.0762$$

$$M_m = \sum x_i M_i = 0.1 \times 78 + 0.8 \times 2 + 0.05 \times 84 + 0.05 \times 16 = 14.4$$

$$\rho_g = \frac{pM_m}{RT} = \frac{1013.3 \times 14.4}{8314 \times (273 + 220)}\text{g} \cdot \text{cm}^{-3} = 3.56 \times 10^{-3}\text{g} \cdot \text{cm}^{-3}$$

$$k_g = \frac{J_D G}{\rho_g}\left(\frac{\mu_g}{\rho_g D}\right)^{-\frac{2}{3}} = \frac{0.0762 \times 3000 \times 10^3}{3.56 \times 10^{-3}}\left(\frac{1.4 \times 10^{-4}}{3.56 \times 10^{-3} \times 0.267}\right)^{-\frac{2}{3}}\text{cm} \cdot \text{s}^{-1}$$

$$= 6.397\text{cm} \cdot \text{s}^{-1}$$

④ 计算 c_{Ag} 和 c_{AS}。

$$c_{Ag}=\frac{p_A}{RT}=\frac{1013.3\times0.1}{8.314\times(273+220)}\text{kmol}\cdot\text{m}^{-3}=2.472\times10^{-2}\text{kmol}\cdot\text{m}^{-3}$$

$$c_{Ag}-c_{AS}=\frac{(-R_A)\rho_P V_S}{k_g S_S \varphi}=\frac{\left(\dfrac{0.015}{3600}\right)\times0.9\times0.4524}{6.397\times3.267\times0.91}\text{mol}\cdot\text{cm}^{-3}$$
$$=8.92\times10^{-8}\text{mol}\cdot\text{cm}^{-3}=8.92\times10^{-5}\text{kmol}\cdot\text{m}^{-3}$$

$$c_{AS}=c_{Ag}-8.92\times10^{-5}=(2.472\times10^{-2}-8.92\times10^{-5})\text{kmol}\cdot\text{m}^{-3}$$
$$=2.463\times10^{-2}\text{kmol}\cdot\text{m}^{-3}$$

5.4.2 流体与催化剂颗粒外表面间的传热

由于气体与催化剂颗粒外表面间存在层流边界层，造成流体主体相中温度与颗粒外表面处的温度不同，两者之间必然有热量的交换。该热量的交换有时是不容忽视的。单位时间内由颗粒外表面传递至气相主体的热量可由牛顿冷却定律表达：

$$\frac{dQ}{dt}=\alpha_g S_S \varphi(T_S-T_g) \tag{5.4-10}$$

式中，α_g 为流体对颗粒的给热系数，$\text{J}\cdot\text{m}^{-2}\cdot\text{h}^{-1}\cdot\text{K}^{-1}$；$T_S$、$T_g$ 分别为颗粒外表面处和流体主体的温度，K；S_S 为颗粒外表面积，m^2；φ 为颗粒外表面利用系数。

只要有了给热系数，就可计算这部分热量。下面讨论给热系数的计算。

（1）流体对颗粒的给热系数　流体对颗粒的给热系数可用传热 J_H 因子法计算：

$$J_H=\left(\frac{\alpha_g}{Gc_p}\right)Pr^{\frac{2}{3}} \tag{5.4-11}$$

式中，$Pr=\dfrac{c_p\mu_g}{\lambda_g}$，为普兰特数；$c_p$ 为气体的恒压比热容，$\text{J}\cdot\text{kg}^{-1}\cdot\text{K}^{-1}$；$\lambda_g$ 为气体的热导率，$\text{J}\cdot\text{m}^{-1}\cdot\text{s}^{-1}\cdot\text{K}^{-1}$；$\mu_g$ 为气体的黏度，$\text{Ns}\cdot\text{m}^{-2}$；$G$ 为气体的质量流量，$\text{kg}\cdot\text{m}^{-2}\cdot\text{s}^{-1}$。

传热 J 因子（J_H）是雷诺数（Re_m）的函数，具体关联式为：

$0.06<Re_m<300$，$J_H=2.26Re_m^{-0.51}$

$300<Re_m<6000$，$J_H=1.28Re_m^{-0.41}$

由雷诺数可计算得到传热因子 J_H，由 J_H 定义式就可进一步求得流体对颗粒外表面的给热系数 α_g。

（2）外扩散过程对表面温度的影响　对于定常态过程，单位时间内传递的热量必然等于单位时间内反应放出的热量。

单位时间内反应放出的热量为：

$$\frac{dQ}{dt}=(-R_A)V_S(-\Delta H)$$

将传递热量与反应热量关联起来，得：

$$(-R_A)V_S(-\Delta H)=\alpha_g S_S \varphi(T_S-T_g)$$

得到：

$$(-R_A)=\frac{\alpha_g S_S \varphi(T_S-T_g)}{V_S(-\Delta H)} \tag{5.4-12}$$

在前面传质计算部分已知：

$$(-R_A) = \frac{k_g S_S \varphi}{V_S} (c_{Ag} - c_{AS})$$

可得：

$$(T_S - T_g) = \frac{k_g}{\alpha_g} (-\Delta H)(c_{Ag} - c_{AS}) \tag{5.4-13}$$

该式将催化剂表面浓度与表面温度关联起来，在已知流体主体温度和浓度以及催化剂表面浓度后，通过式(5.4-13)很容易求得催化剂表面温度。

对式(5.4-13)还可以作进一步简化。对气相而言，$Sc \approx Pr$

在 $0.06 < Re_m < 300$ 时

$$\frac{J_H}{J_D} = \frac{2.26}{2.10} = 1.076$$

在 $300 < Re_m < 6000$ 时

$$\frac{J_H}{J_D} = \frac{1.28}{1.19} = 1.076$$

由此可知：

$$\frac{J_H}{J_D} = \frac{\dfrac{\alpha_g}{Gc_p}}{\dfrac{k_g \rho_g}{G}} \left(\frac{Pr}{Sc}\right)^{\frac{2}{3}} = \frac{\alpha_g}{k_g \rho_g c_p} = 1.076$$

则

$$\frac{k_g}{\alpha_g} = \frac{0.93}{\rho_g c_p} \tag{5.4-14}$$

将式(5.4-14)代入式(5.4-13)可得：

$$T_S - T_g = \frac{0.93(-\Delta H)(c_{Ag} - c_{AS})}{\rho_g c_p} \tag{5.4-15}$$

例 5-7 试计算例 5-6 中催化剂的外表面处温度。已知反应热为 $(-\Delta H) = 2.135 \times 10^5 J \cdot mol^{-1}$，气体的定压热容 $c_p = 49 J \cdot mol^{-1} \cdot K^{-1}$。

解：

$$T_S - T_g = \frac{0.93(-\Delta H)(c_{Ag} - c_{AS})}{\rho_g c_p}$$

$$= \frac{0.93 \times 2.135 \times 10^5 \times 8.92 \times 10^{-8}}{3.56 \times 10^{-3} \times 49} \, ℃$$

$$= 0.1℃$$

$$T_S = (220 + 0.1)℃ = 220.1℃$$

从例 5-6、例 5-7 可看到在该操作工况下，$c_{Ag} - c_{AS} = 8.92 \times 10^{-5} kmol \cdot m^{-3}$，$T_S - T_g = 0.1℃$，此时宏观反应速率可不考虑外扩散过程的影响。

5.5 催化剂的失活

催化剂的活性通常都随时间而降低。开发一个新的催化反应过程时，催化剂的寿命往往是主要的经济指标。有些催化剂由于它们的活性寿命短而且失活后不能再生，即使它们活性很高，也是不宜采用的。因此，了解催化剂失掉活性的原因是极其重要的。

5.5.1 失活现象

催化剂有一定的使用寿命。一般催化剂开始使用时活性很高，经过很短时间后，活性便降到相对稳定值，该值能持续一段时间，是催化剂正常使用的时间范围。催化剂和操作条件不同，稳定期是不同的，有的几个月，有的可达 3～5 年。超过一定期限后，由于组成和结构改变等因素，催化剂逐渐失去活性。如果在很短时间就失去部分或全部活性，则属于非正常失活，这种情况应防止。

催化剂失活的类型和原因很复杂，大致可分为三类：

（1）结构变化　催化剂的物理结构在反应过程中发生变化，如晶型改变、细分散晶粒长大、颗粒烧结和载体粉化等，从而失去活性。这种失活是不可逆转的。发生这种情况的主要原因是温度过高，也可能是气体带进杂质组分造成的。如二氧化硅为载体的钒催化剂在 HF 作用下，会造成催化剂粉化，活性下降。

（2）物理中毒　固体杂质如粉尘、炭等沉积在催化剂表面上遮盖活性中心，使内扩散阻力增加，可导致活性下降。这种失活是杂质的物理作用引起的，清除杂质后，还可恢复大部分活性。石油化工催化反应中的"结炭"现象属于物理中毒，用空气使炭燃烧成 CO 和 CO_2 后而使催化剂再生。另外，某些惰性气体组分可能在催化剂表面上强吸附，占据部分活性中心，使催化剂活性降低。当反应气体中这部分组分减少时，还可脱附恢复催化剂活性。

（3）化学中毒　某些被吸附的气体杂质分子（毒物）与催化剂活性物质发生不可逆反应，生成无活性物质，如硫、磷等化合物对铜、锌、镍等催化剂的毒害；或生成挥发性物质逸入气相，如砷化物可与钒催化剂生成挥发性 $V_2O_5 \cdot As_2O_5$ 气体将 V_2O_5 带走；或固定在催化剂表面，催化副反应，降低目的产物的选择性。如石油原料中很少量的镍、钒、铁等毒物沉积在裂解催化剂上时，会增加氢和焦炭的产率，降低汽油产率。化学中毒引起的催化剂失活难以恢复，称为永久性失活。

5.5.2 失活反应动力学

失活的原因很复杂，考察起来相当困难，但对工业却是很普遍和重要的。在失活动力学方面的研究显著增多了，但还很不充分、不成熟。目前具有代表性的动力学模型有均匀中毒模型和壳层渐近中毒模型。

（1）均匀中毒模型　该模型假设有毒物质在活性中心上的吸附速率远比该组分在微孔内的扩散速率慢得多，故颗粒内各处均匀地失活。

假设中毒表面所占分率为 α_P，则对一级反应，其反应速率为：

$$(-R_A) = \eta k (1 - \alpha_P) c_{AS} \tag{5.5-1}$$

式中，c_{AS} 为 A 组分在催化剂外表面处的浓度；η 为催化剂有效因子。

定义催化剂的活性度（或比活性）L_R 为：

$$L_R = \frac{实际反应速率}{初始反应速率} = \frac{-r_A}{(-r_A)_0} \tag{5.5-2}$$

当无内扩散阻力（$\eta=1$）时：

$$L_R = 1 - \alpha_P \qquad (5.5\text{-}3)$$

当内扩散阻力很大$\left(\eta=\dfrac{1}{\varphi_S}\right)$时：

$$(-r_A) = \frac{3}{R}\sqrt{D_e k (1-\alpha_P)}\, c_{AS} \qquad (5.5\text{-}4)$$

则

$$L_R = \sqrt{1 - \alpha_P} \qquad (5.5\text{-}5)$$

将式(5.5-3)、式(5.5-4)中α_P与L_R关系用图表示，如图5-7中的曲线A和B所示。

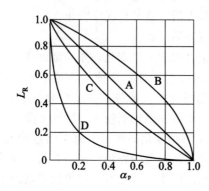

图5-7 α_P与L_R的关系

A为慢反应均匀中毒 $\eta\approx1$；B为快反应均匀中毒 $\eta<0.2$；C为慢反应壳层渐近中毒 $\varphi_S=3.0$；D为快反应孔口中毒 $\varphi_S=4.0$

（2）壳层渐近中毒模型 该模型假定中毒性吸附速率比扩散速率快得多，随着中毒过程的进行，失活壳层逐渐向颗粒中心扩展，直至全部失活。

这时活性度与中毒表面分率关系如下：

$$L_R = \cfrac{1}{\cfrac{1}{1-\alpha_P} + \cfrac{3\eta\varphi_S^2\left[1-(1-\alpha_P)^{\frac{1}{3}}\right]}{(1-\alpha_P)^{\frac{1}{3}}}} \qquad (5.5\text{-}6)$$

图5-7中的曲线C及D属于这一类的情况。

然而，实际的失活情况不如上述情况那样理想和简单，而且失活的速率亦因体系的不同有很大差别，文献中有多种不同的表达式。直至目前，失活动力学模型远未达到可用于设计的程度。

5.5.3 工业上处理失活问题的方法

催化剂失活对工业生产过程有重大影响，虽然已进行了大量的研究工作，但仍不充分。上述过程的研究分析为设计、操作积累了知识和经验。现在工业上采用下列措施来防止和弥补催化剂失活，保证过程的正常运转，提高过程的经济效益。

5.5.3.1 改进催化剂

为减少催化剂失活的可能性和延长更换催化剂的周期，国内外都在不断改进催化剂配方和工艺，提供低温活性高、机械强度高、耐高温和抗毒物的催化剂。如V_2O_5催化剂中添加少量铯能显著提高钒催化剂的低温活性；德国巴斯夫公司开发的高温稳定型钒催化剂能在650℃高温下稳定运行；国内开发成功的抗硫变换催化剂等。这些改进对催化剂维持稳定的活性，实现长周期运行起到了重要作用。

5.5.3.2 采用"中期活性"或安全系数设计反应器

生产能力在反应器设计中必须得到保障，即要求在一定周期内，稳定地达到规定的产量和质量。这就必须合理地确定催化剂用量。然而，确定催化剂失活规律是很困难的。为可靠起见，在研究催化动力学时，采用工业上使用过的具有"中期活性"的催化剂，以获得的动力学数据作为设计依据。这样的设计相对可靠得多。然而，失活现象千差万别，各厂均不相同；即使是同一厂，不同时间情况也不同；同一时间，不同段位的催化剂也不同。为保障催化剂床层在较长周期内有稳定的生产能力，有人对工业床层失活做了概率统计，在此基础上设计院就有一个催化剂各段位的安全系数（即在计算出的催化剂量的基础上增加若干倍的系数，称为安全系数）。这一方法尽管不算科学合理，然而却是有效的。

5.5.3.3　严格控制操作条件

在多数情况下，催化剂的失活都是由于操作条件控制不当引起的，如超温、进气中毒物超指标等。为保证正常运行，必须做到以下各点：

（1）充分净化原料气，避免毒物超指标进入催化床层。如 Cu-Zn-Al$_2$O$_3$ 催化剂，必须保证原料气中硫化物小于规定的指标，以保证催化剂的寿命。

（2）严格控制操作温度，防止超温现象，减少活性组分结构变化，避免烧结、分解等造成的永久性失活。

（3）必要的恢复活性处理。对物理变化造成暂时性中毒的催化剂，为保证催化剂的活性，必须进行恢复活性处理。如吸附水蒸气而失活的催化剂，可在高温下通入干空气进行再生；结炭催化剂可通入用水蒸气稀释的空气进行再生等。

5.5.3.4　优化操作，以弥补失活造成的生产能力下降

由于催化剂缓慢失活，若仍然保持操作条件不变，产品产量或质量就达不到原设计的要求。为保障生产能力，随着催化剂的逐渐失活，必须优化操作条件。其中最有效的方法是根据失活情况逐渐提高反应温度，以弥补失去的活性。对于单一可逆放热反应，使用多段绝热催化反应器时，可采用逐段最大转化率法（又称逐段最大温差法），使每段催化床都是在前段获得最大转化率条件下获得的最大转化率，整个催化床层处于一定条件下的最佳状态，达到最大生产能力。由前向后的序列调节，使处于前段的催化剂最先得到充分利用。

本章小结

1. 宏观反应速率

（1）宏观反应速率定义：以颗粒体积为基准的平均反应速率称为宏观反应速率。

（2）宏观反应速率（$-R_A$）与本征反应速率（$-r_A$）之间的关系。

$$(-R_A) = \frac{\int_0^{V_S}(-r_A)\,\mathrm{d}V_S}{\int_0^{V_S}\mathrm{d}V_S} \tag{5.0-1}$$

2. 催化剂内气体的扩散

（1）分子扩散：扩散阻力来自分子间碰撞，分子扩散系数计算

$$D_{AB} = 0.436 \frac{T^{1.5} \left[\dfrac{1}{M_A} + \dfrac{1}{M_B} \right]^{0.5}}{p (V_A^{1/3} + V_B^{1/3})^2} \tag{5.1-3}$$

（2）克努森扩散：扩散阻力来自分子与孔壁的碰撞

$$D_k = 4850 d_0 \sqrt{\frac{T}{M}} \tag{5.1-5}$$

（3）综合扩散：同时考虑分子扩散阻力和克努森扩散阻力时

$$D = \frac{1}{\dfrac{1}{D_k} + \dfrac{1}{D_{AB}}} \tag{5.1-8}$$

（4）以颗粒为基准的有效扩散系数为

$$D_e = D \frac{\varepsilon_P}{\tau} \tag{5.1-9}$$

3. 气固相催化反应宏观动力学

（1）等温反应宏观动力学

$$\left. \begin{aligned} -R_A &= \eta(-r_{AS}) \\ \eta &= \frac{1}{\varphi_S} \left[\frac{1}{\tanh(3\varphi_S)} - \frac{1}{3\varphi_S} \right] \\ \varphi_S &= \frac{V_S}{S_S} \sqrt{\frac{k}{D_e} f'(c_{AS})} \end{aligned} \right\} \tag{5.2-19}$$

（2）非等温宏观动力学

$$-R_A = \eta(-r_{AS})$$

η 用查图求解，引入三个参数

西勒模数
$$\varphi_S = \frac{V_S}{S_S} \sqrt{\frac{k}{D_e} f'(c_{AS})} \tag{5.3-5}$$

能量释放系数
$$\beta = \frac{D_e(-\Delta H_r) c_{AS}}{\lambda_c T_S} \tag{5.3-6}$$

阿累尼乌斯数
$$\gamma = \frac{E}{RT} \tag{5.3-7}$$

放热反应颗粒内温度分布：
$$T = T_S \left[1 + \beta \left(1 - \frac{c_A}{c_{AS}} \right) \right] \tag{5.3-2}$$

$$T_{max} = T_S(1+\beta) \tag{5.3-4}$$

（3）西勒模数的物理意义

$$\varphi_S^2 = \frac{最大反应速率}{最大内扩散速率}$$

反映了化学反应过程受内扩散影响的大小。

$\varphi_S < 0.3$ 时，$\eta \approx 1$，内扩散过程几乎无影响。

$\varphi_S > 9$ 时，$\eta \approx \dfrac{1}{\varphi_S}$，受内扩散控制。

（4）有效因子物理意义

$$\eta = \frac{催化剂内实际反应速率}{催化剂内无浓度差时的反应速率}$$

（5）内扩散过程对反应的影响

4.外扩散过程对反应的影响

（1）流体与催化剂颗粒外表面间的传质系数与给热系数可用传质 J 因子、传热 J 因子计算。

（2）传质对反应的影响用坦克莱数描述：

$$\frac{\eta V_s k}{k_g S_s \varphi} = Da \qquad (5.4\text{-}6)$$

外扩散控制时：

$$-R_A = \frac{6k_g \varphi}{d_s} c_{Ag} \qquad (5.4\text{-}8)$$

表面温度与表面浓度的关系为：

$$T_s - T_g = \frac{0.93(-\Delta H)(c_{Ag} - c_{AS})}{\rho_g c_p} \qquad (5.4\text{-}15)$$

5.催化剂失活

（1）失活原因包括结构变化、物理中毒、化学中毒。

（2）失活反应动力学。

中毒表面占活性表面的分率为 α_P

$$催化剂的活性度 L_R = \frac{实际反应速率}{初始反应速率} = \frac{-r_A}{(-r_A)_0} \qquad (5.5\text{-}2)$$

均匀中毒模型：

$$L_R = \begin{cases} 1 - \alpha_P & (\eta = 1) \\ \sqrt{1 - \alpha_P} & (\eta = \frac{1}{\varphi_s}) \end{cases} \qquad (5.5\text{-}3, 5.5\text{-}5)$$

壳层渐近中毒模型：

$$L_R = \frac{1}{\dfrac{1}{1 - \alpha_P} + \dfrac{3\eta \varphi_s^2 \left[1 - (1 - \alpha_P)^{\frac{1}{3}}\right]}{(1 - \alpha_P)^{\frac{1}{3}}}} \qquad (5.5\text{-}6)$$

（3）处理失活的方法：改进催化剂；采用合理的安全系数设计反应器；严格控制操作条件；优化操作条件。

习 题

1.异丙苯在催化剂上脱烷基生成苯，如催化剂为球形，密度为 $\rho_P = 1060 \text{kg} \cdot \text{m}^{-3}$，空隙率 $\varepsilon_P = 0.52$，比表面积为 $S_g = 350 \text{m}^2 \cdot \text{g}^{-1}$，求在 500℃ 和 101.33kPa 时，异丙苯在微孔中的有效扩散系数，设催化剂的曲折因子 $\tau = 3$，异丙苯-苯的分子扩散系数 $D_{AB} = 0.155 \text{cm}^2 \cdot \text{s}^{-1}$。

2.在 30℃ 和 101.33kPa 下，二氧化碳向镍铝催化剂中的氢进行扩散，已知该催化剂的孔容为 $V_P = 0.36 \text{cm}^3 \cdot \text{g}^{-1}$，比表面积 $S_g = 150 \text{m}^2 \cdot \text{g}^{-1}$，曲折因子 $\tau = 3.9$，颗粒密度 $\rho_S = 1.4 \text{g} \cdot \text{cm}^{-3}$，氢的摩尔扩散体积 $V_B = 7.4 \text{cm}^3 \cdot \text{mol}^{-1}$，二氧化碳的摩尔扩散体积 $V_A = 26.9 \text{cm}^3 \cdot \text{mol}^{-1}$，试求二氧化碳的有效扩散

系数。

3. 在硅铝催化剂球上，粗柴油催化裂解反应可认为是一级反应，在 630℃时，该反应的速率常数为 $k=6.01s^{-1}$，有效扩散系数为 $D_e=7.82\times10^{-4}cm^2\cdot s^{-1}$，试求颗粒直径为 3mm 和 1mm 时的催化剂的效率因子。

4. 常压下正丁烷在镍铝催化剂上进行脱氢反应。已知该反应为一级不可逆反应。在 500℃时，反应的速率常数为 $k=0.94cm^3\cdot s^{-1}\cdot g_{cat}^{-1}$，若采用直径为 0.32cm 的球形催化剂，其平均孔径 $d_0=1.1\times10^{-8}m$，孔容为 $0.35cm^3\cdot g^{-1}$，空隙率为 0.36，曲折因子等于 2.0。试计算催化剂的效率因子。

5. 某一级不可逆催化反应在球形催化剂上进行，已知 $D_e=10^{-3}cm^2\cdot s^{-1}$，反应速率常数 $k=0.1s^{-1}$，若要消除内扩散影响，试估算球形催化剂的最大直径。

6. 某催化反应在 500℃条件下进行，已知反应速率为：
$$-r_A=3.8\times10^{-9}p_A^2 \quad mol\cdot s^{-1}\cdot g_{cat}^{-1}$$

其中，p_A 的单位为 kPa，颗粒为圆柱形，高×直径为 5mm×5mm，颗粒密度 $\rho_P=0.8g\cdot cm^{-3}$，粒子表面分压为 10.133kPa，粒子内 A 组分的有效扩散系数为 $D_e=0.025cm^2\cdot s^{-1}$，试计算催化剂的效率因子。

7. 某相对分子质量为 225 的油品在硅铝催化剂上裂解，反应温度为 630℃、压力为 101.3kPa，催化剂为球形，直径 0.176cm，密度 0.95g·cm^{-3}，比表面积为 338m^2·g^{-1}，空隙率 $\varepsilon_P=0.46$，热导率为 $3.6\times10^{-4}J\cdot s^{-1}\cdot cm^{-1}\cdot K^{-1}$，测得实际反应速率常数 $k_V=6.33s^{-1}$，反应物在催化剂外表面处的浓度 $c_{AS}=1.35\times10^{-5}mol\cdot cm^{-3}$，反应焓 $\Delta H_R=1.6\times10^5J\cdot mol^{-1}$，扩散过程属于克努森扩散，曲折因子为 $\tau=3$，试求催化剂的效率因子和颗粒内最大温差。

8. 实验室中欲测取某气固相催化反应动力学，该动力学方程包括本征动力学与宏观动力学方程，试问如何进行？

9. 什么是宏观反应速率的定义式？什么是宏观反应速率的计算式？两者有何异同？

6

气固相催化反应固定床反应器

工业生产中许多重要的化学产品，如氨、硫酸、硝酸、甲醇、甲醛、氯乙烯及丙烯腈等，都是经过多相催化反应合成得到的。多相催化也是石油炼制的重要单元操作，如催化裂化、催化重整等。本章讨论固定床反应器的设计问题。主要讨论流体在固定床内的传递、流动特性，结合具体的反应特点，讲述固定床一维拟均相理想流动模型以及利用该模型进行反应器的设计及优化。同时介绍一下其他数学模型。

6.1 流体在固定床内的传递特性

固定床反应器型式很多，但大体上都可看成是一些基本单元的组合。所谓基本单元是指装填有一定量固体颗粒的均匀直圆管，如图 6-1 所示。气体一般自上而下通过床层，床层通过器壁与外界进行热量交换。本节就基本单元内气体与固体颗粒之间的传递特性进行讨论。

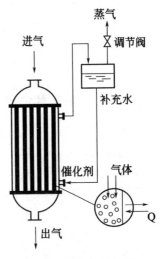

图 6-1 固定床反应器的基本单元组合

6.1.1 流体在固定床内的流动特性

6.1.1.1 床层空隙率与流体的流动

流体在床层内流动与在空管中流动不同。当床层中装有固体颗粒时，流体只能从颗粒之间的缝隙通过，而且不断与颗粒相碰撞改变流向，因此它较空管更容易形成湍流。

讨论流体在床层中行为时，床层空隙率是一个重要参数。空隙率是指单位床层体积内的空隙体积，用 ε_B 表示，即：

$$\varepsilon_B = \frac{空隙体积}{床层体积} = 1 - \frac{颗粒体积}{床层体积} = 1 - \frac{V_P}{V_B}$$

$$\varepsilon_B = 1 - \frac{\text{颗粒质量/床层体积}}{\text{颗粒质量/颗粒体积}} = 1 - \frac{\text{颗粒堆积密度}}{\text{颗粒密度}} = 1 - \frac{\rho_B}{\rho_P} \qquad (6.1\text{-}1)$$

床层空隙率不仅与颗粒尺寸及形状有关，还与床层直径有关。在壁面附近处空隙率大，而且空隙率的变化也大。离器壁越远，变化逐渐减小，最后趋于一个定值，如图 6-2 所示。

空隙率的分布将直接影响流体流速的分布，图 6-3 为流体在床层内径向流速分布曲线。由于床层空隙率不均匀，引起流速不同，使流体与颗粒间传热、传质行为不同，流体的停留时间不同，最终会影响到化学反应的结果。这种由于沿壁处空隙率不同而带来的对过程的影响称为沿壁效应。为减少沿壁效应的影响，要求床层直径（d_t）至少为粒径 d_P 的八倍以上，即 $d_t > 8d_P$。空隙率的数值往往需要实验测定。如果不考虑壁效应，填充单一尺寸球形颗粒的床层空隙率接近某一定值，这一定值与填充方式有关，与颗粒直径无关，大约 0.35～0.4。填充不同尺寸的颗粒，其空隙率小于均匀颗粒，粒径相差越大空隙率越低。壁效应使床层空隙率增加。可参考相关书籍。

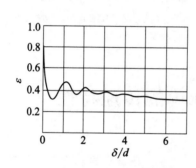

图 6-2　空隙率与床层径向位置的关系

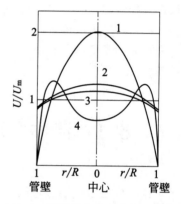

图 6-3　床层径向流速分布示意图
1—空管内层流；2—空管内湍流；3—填充层内液体流动；4—填充层内气体流动（U_m 为平均流速）

6.1.1.2　颗粒的定型尺寸

颗粒定型尺寸是颗粒体系的重要参数，常用粒径来表示。对于球形颗粒，粒径自然是球的直径。对于其它形状颗粒，其粒径根据需要，有不同的涵义。

体积当量直径（d_V）：与颗粒具有相同体积的球体的直径称为该颗粒的体积当量直径。若颗粒体积为 V_S，则：

$$d_V = \left(\frac{6V_S}{\pi} \right)^{\frac{1}{3}} \qquad (6.1\text{-}2)$$

面积当量直径（d_a）：与颗粒具有相同外表面积的球体的直径称为面积当量直径。若颗粒的外表面积为 S_S，则：

$$d_a = \left(\frac{S_S}{\pi} \right)^{\frac{1}{2}} \qquad (6.1\text{-}3)$$

比表面当量直径（d_S）：与颗粒具有相同比表面积的球体的直径称为比表面积当量直径。比表面积（S_V）是指单位颗粒体积具有的外表面积，即：

$$S_V = \frac{S_S}{V_S} \qquad\qquad (6.1\text{-}4)$$

则：
$$d_S = \frac{6}{S_V} = \frac{6V_S}{S_S} \qquad\qquad (6.1\text{-}5)$$

在前一章中提到的西勒模数，便是以 d_S 为定型尺寸的。

若床层内充填的是粒径不同的混合粒子，其平均直径可用筛分数据按下式求得：

$$d_S = \frac{1}{\sum \dfrac{w_i}{d_i}} \qquad\qquad (6.1\text{-}6)$$

式中，w_i 是直径为 d_i 的粒子所占的质量分数。

6.1.1.3　流体通过床层的压降

流体通过床层空隙所形成的通道时，必然产生压降。根据化工原理中流体力学提出的压降计算式：

$$-\frac{\mathrm{d}p}{\rho_g} = \lambda \frac{\mathrm{d}l}{d_e} \frac{u^2}{2}$$

或

$$-\frac{\mathrm{d}p}{\mathrm{d}l} = \frac{\lambda}{d_e} \frac{u^2}{2} \rho_g \qquad\qquad (6.1\text{-}7)$$

式中，$\dfrac{\mathrm{d}p}{\mathrm{d}l}$ 为流体通过单位床高引起的压强变化；ρ_g 为气相密度；u 为流体通过床层的实际流速。

若以 u_m 表示流体通过床层的空塔流速。则：
$$u_m = u\varepsilon_B \qquad\qquad (6.1\text{-}8)$$

d_e 为作为定型尺寸的床层当量直径，与床层真实直径无关。表达式为：

$$d_e = 4\,\frac{\text{截面积}}{\text{润湿周边}} = \frac{4\varepsilon_B}{(1-\varepsilon_B)S_V}$$

而 $S_V = \dfrac{6}{d_S}$，所以

$$d_e = \frac{2}{3}\frac{\varepsilon_B}{1-\varepsilon_B}d_S \qquad\qquad (6.1\text{-}9)$$

将式(6.1-8)、式(6.1-9) 代入式(6.1-7) 得：

$$-\frac{\mathrm{d}p}{\mathrm{d}l} = \lambda'\frac{u_m^2\rho_g}{d_S}\frac{1-\varepsilon_B}{\varepsilon_B^3}$$

式中，$\lambda' = \dfrac{3}{4}\lambda$，为摩擦系数，其值与雷诺数有关。

雷诺数
$$Re = \frac{d_S u\rho_g}{\mu_g} = \frac{2}{3}\frac{d_S u_m\rho_g}{\mu_g(1-\varepsilon_B)}$$

令 $Re_m = \dfrac{d_S u_m\rho_g}{\mu_g(1-\varepsilon_B)}$ 称为修正雷诺数。

λ' 与 Re_m 的关系经实验测定为：

$$\lambda' = \frac{150}{Re_m} + 1.75$$

由此可得：

$$-\frac{\mathrm{d}p}{\mathrm{d}l}=\left(\frac{150}{Re_{\mathrm{m}}}+1.75\right)\frac{u_{\mathrm{m}}^{2}\rho_{\mathrm{g}}}{d_{\mathrm{S}}}\frac{1-\varepsilon_{\mathrm{B}}}{\varepsilon_{\mathrm{B}}^{3}} \qquad (6.1\text{-}10)$$

此式称为厄根（Ergun）方程。

如果流体通过床层时温度变化不大，压降相对较小，床层填充均匀，则方程解为：

$$-\frac{\Delta p}{L}=\left(\frac{150}{Re_{\mathrm{m}}}+1.75\right)\frac{u_{\mathrm{m}}^{2}\rho_{\mathrm{g}}}{d_{\mathrm{S}}}\frac{1-\varepsilon_{\mathrm{B}}}{\varepsilon_{\mathrm{B}}^{3}} \qquad (6.1\text{-}11)$$

从上式可看出，床层空隙率的大小对流动和压降的影响极大。

为保证整个床层截面上流量均匀，必须使床层空隙率分布均匀，因此宜使用形状规整（圆形或短圆柱形）、尺寸均一的粒子，而且要填充均匀。此外，流体的预分布也是必要的，这可通过在进口管与床面之间装预分布器（如用一层或多层挡板、挡网或同心锥体等）来实现，以免进气直冲局部床面，引起分布不均。对于列管式反应器，往往有上千根管子要装填催化剂，要求各管装量相同，压降均等，否则气体偏流，使各管反应程度不一，温度不一，对产品产量、质量造成严重不良后果。然而在有些情况下，如反应器压降不大，或压力对反应速度影响不大时，可以以反应器入口压力或平均压力计算而不考虑压降影响。

例 6-1 在内径为 50mm 的管内装有 4m 高的催化剂层，催化剂的粒径分布如表 6-1 所示。

表 6-1　粒径分布

粒径 $d_{\mathrm{S}}/\mathrm{mm}$	3.40	4.60	6.90
质量分数 w	0.60	0.25	0.15

催化剂为球体，空隙率 $\varepsilon_{\mathrm{B}}=0.44$。在反应条件下气体的密度 $\rho_{\mathrm{g}}=2.46\mathrm{kg}\cdot\mathrm{m}^{-3}$，黏度 $\mu_{\mathrm{g}}=2.3\times10^{-2}\mathrm{mPa}\cdot\mathrm{s}$，气体的质量流速 $G=6.2\mathrm{kg}\cdot\mathrm{m}^{-2}\cdot\mathrm{s}^{-1}$。求床层的压降。

解： ① 求颗粒的平均直径

$$d_{\mathrm{S}}=\frac{1}{\sum\dfrac{w_{i}}{d_{i}}}=\left(\frac{0.60}{3.40}+\frac{0.25}{4.60}+\frac{0.15}{6.90}\right)^{-1}\mathrm{mm}=3.96\mathrm{mm}=3.96\times10^{-3}\mathrm{m}$$

② 计算修正雷诺数

$$Re_{\mathrm{m}}=\frac{d_{\mathrm{S}}G}{\mu_{\mathrm{g}}(1-\varepsilon_{\mathrm{B}})}=\frac{3.96\times10^{-3}\times6.2}{2.3\times10^{-5}(1-0.44)}=1906$$

③ 计算床层压降

$$\begin{aligned}
-\Delta p&=\left(\frac{150}{Re_{\mathrm{m}}}+1.75\right)\frac{u_{\mathrm{m}}^{2}\rho_{\mathrm{g}}}{d_{\mathrm{S}}}\frac{1-\varepsilon_{\mathrm{B}}}{\varepsilon_{\mathrm{B}}^{3}}L\\
&=\left(\frac{150}{Re_{\mathrm{m}}}+1.75\right)\frac{G^{2}}{d_{\mathrm{S}}\rho_{\mathrm{g}}}\frac{1-\varepsilon_{\mathrm{B}}}{\varepsilon_{\mathrm{B}}^{3}}L\\
&=\left(\frac{150}{1906}+1.75\right)\times\frac{6.2^{2}}{3.96\times10^{-3}\times2.46}\times\frac{1-0.44}{0.44^{3}}\times4\mathrm{Pa}\\
&=1.898\times10^{5}\mathrm{Pa}
\end{aligned}$$

6.1.2　固定床内径向传递

前章讨论外扩散问题时，讨论了催化剂颗粒与流体间的传质和传热。固定床床层是由许多固体颗粒所组成的，就床层整体而言，除包含上述传质、传热外，还存在床层内轴向和径向的传质和传热。

工业催化固定床反应器床层的轴向传质和传热在一般情况下影响不显著，用活塞流模型来处理，误差不大，因此不予讨论。在这里主要讨论径向传热和传质问题。

6.1.2.1　径向传热

在固定床中与流体流动方向相垂直的横截面上，流体的温度分布是不均匀的。图 6-4 为固定床反应器内进行邻二甲苯氧化反应时的床层径向温度分布图（床层进口处气体温度为 357℃）。显而易见，床层存在径向温度分布，因此必然存在径向的传热问题。

固定床径向传热通常可看成由两部分传热过程串联所组成，即床层内传热和器壁与层流边界层之间的传热。对于床层内传热，传热方式包括空隙中流体的对流传热、导热和辐射传热；颗粒接触面处的热传导；相邻颗粒周围边界层的热传导；颗粒间的热辐射；颗粒内的热传导。在简化计算时，可将床层视为均一的固体，用傅里叶定律加以描述。传热情况可用径向有效热导率 λ_{er} 来表示。已有若干关于计算 λ_{er} 的关联式发表，详细情况可参阅有关书籍。

床层外沿与床层器壁间的传热可用牛顿冷却定律加以描述，用壁膜传热系数 h_W 来描述传热的快慢。然而，已发表的 h_W 实验数据极其分散，不同作者的实验结果相差甚远。

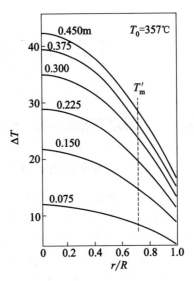

图 6-4　固定床反应器不同轴向
位置处径向温度分布示意图

将床层热阻和壁膜热阻合并作为一个热阻来考虑，用床层的传热系数 h_0 来表示，以简化计算。h_0 为填充床层与反应器内壁间的传热系数，它涵盖了流体与器壁间的对流传热和固体催化剂颗粒与器壁间的接触传热。应当注意，床层径向温度分布应当用 λ_{er}，而不是 h_0 来计算。下面推荐两个计算 h_0 的关联式。对于球形颗粒，当 $20 < Re_m < 7000$，$0.05 < \dfrac{d_s}{d_t} < 0.3$ 时，有：

$$\frac{h_0 d_t}{\lambda_g} = 2.03 Re_m^{0.8} \exp\left(-6\frac{d_s}{d_t}\right) \tag{6.1-12}$$

对于圆柱形颗粒，当 $20 < Re_m < 800$，$0.03 < \dfrac{d_s}{d_t} < 0.2$ 时，有：

$$\frac{h_0 d_t}{\lambda_g} = 1.26 Re_m^{0.95} \exp\left(-6\frac{d_s}{d_t}\right) \tag{6.1-13}$$

式中，d_t 为反应器直径，m；λ_g 为流体热导率，$W \cdot m^{-1} \cdot K^{-1}$；$d_S$ 为颗粒比表面当量直径，m；Re_m 为修正的雷诺数，$Re_m = \dfrac{d_S u_m \rho_g}{\mu_g (1 - \varepsilon_B)}$。

一般情况下，h_0 值在 $17 \sim 89 W \cdot m^{-2} \cdot K^{-1}$ 范围内。

6.1.2.2　径向传质

固定床反应器存在径向温度分布和径向流速分布，不同径向位置的化学反应速率自然也不相同，因而径向必然存在浓度分布和扩散。同时流体撞击固体颗粒时产生再分散，改变流向，会造成返混。将以上返混用径向彼克列数 $Pe_r = \dfrac{d_P u_m}{E_r}$ 描述。E_r 为径向总括扩散系数，u_m 为平均流速。

根据理论分析以及实验结果，Pe_r 的值在 $5 \sim 13$ 之间，在不同 Re 下近于常数。在多数反应装置内，流体处于充分湍流状态，故取 $Pe_r = 10$ 不致有太大的误差。

6.2　固定床催化反应器的设计

6.2.1　固定床催化反应器的特点及类型

6.2.1.1　固定床催化反应器的特点

固定床催化反应器之所以能在工业上广泛应用是因为固定床中催化剂不易磨损而且可长期使用，更主要的是床层内流体的流动接近于平推流。与返混式的反应器相比，它的反应速率较快，可用较少量的催化剂和较小容积的反应器获得较大的生产能力。此外，由于停留时间可以控制，温度分布可以适当调节，有利于达到高的转化率和高的选择性。

这种反应器缺点是固定床中传热较差，催化剂载体又往往是导热不良物质，而化学反应常伴有热效应，反应速率对温度的敏感性强。因此，对于热效应大的反应过程，传热与控温问题是固定床技术中的难点和关键所在。各种技术方案几乎都是针对这一难点而提出的。固定床反应器另一缺点是更换催化剂时必须停止生产，这在经济上将受到相当大的影响，而且更换时，劳动强度大，粉尘量大。因此，要求催化剂必须有足够长的使用寿命。

另一种气-固催化反应器是流化床反应器，这种反应器是将催化剂颗粒放在容器的水平格栅上，气体由下向上吹入，颗粒被气流夹带向上移动。由于颗粒间的相互碰撞及上部空间气速的降低，被气流夹带的颗粒又落下，颗粒处于恒定的搅动状态。流化床反应器的特点是：①颗粒剧烈搅动和混合，整个床层处于等温状态，可在最佳温度点操作；②传热强度高，适于强吸热或放热反应过程；③颗粒比较细小，有效系数高，可减少催化剂用量；④压降恒定，不易受异物堵塞；⑤返混较严重，不适于高转化率过程；⑥为避免沟流、偏流等，对设备精度要求较高。

6.2.1.2　固定床催化反应器的类型

下面对各种固定床反应器的型式作简单的介绍和评述。

（1）绝热固定床反应器　这种反应器是在一个中空圆筒的底部放置搁板（支撑板），在搁板上堆积固体催化剂，如图 6-5 所示。气体由上向下通过催化剂层进行反应。整个外壳包有绝热保温层，以保证反应器与外界不进行热交换。

这类反应器结构简单，反应器单位体积内催化剂量大，即生产能力大。对于反应热效应不大，反应过程允许温度有较宽变动范围的反应过程，常采用此类反应器。

（2）多段绝热式反应器　虽然绝热式反应器有结构简单、有效容积大的优点，但在反应过程中温度变化较大，限制了其使用。多段绝热式反应器是为弥补此不足而提出的。多段绝热式反应器如图 6-6 所示，是在圆筒体内放置几层搁板，搁板上放置催化剂，层与层之间设置气体的冷却（或加热）装置。由于催化剂被放置在多层搁板上，每层催化剂量均较少，故可减小床内的温度变化。层间冷却（或加热）装置可保证各层有较高的反应速率。根据气体冷却或加热方式不同，多段绝热式反应器可分为中间间接换热式（采用中间换热器）和冷激式（气体中直接混入冷原料气）等类型。

图 6-5　绝热固定
床反应器

这类反应器结构较简单，能容纳较多的催化剂，温度分布较合理，能使反应接近最佳温度曲线进行。故生产能力大，转化率高。

（3）列管式反应器　列管式反应器如图 6-7 所示，类似于列管式换热器。在管内装填催化剂，壳程通入热载体。由于每根管子较细，故有较大的比换热面积。列管式反应器的传热效果好，易控制催化剂床层温度，又因管径较细，流体在催化床内流动可视为平推流。故反应速度快，转化率高，选择性高。然而结构较复杂，设备费用高。

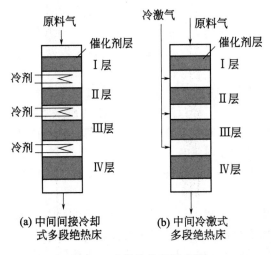

(a) 中间间接冷却
式多段绝热床

(b) 中间冷激式
多段绝热床

图 6-6　多段绝热床反应器

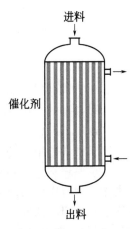

图 6-7　列管式固定
床反应器

（4）自热式固定床反应器　自热式固定床反应器是在床层内设置冷管，如图6-8所示。以原料气作为冷却剂来冷却床层，并将冷原料气预热至反应所要求的温度，然后进入床层反应，显然只适用于放热反应。较易维持床层一定温度分布。然而，这类反应器结构复杂，造价高，适用于热效应不大的高压反应过程，如中小型合成氨反应器。

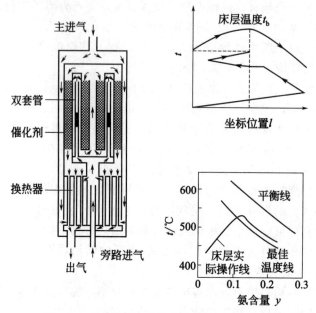

图 6-8　双套管并流式反应器及床层温度分布

6.2.1.3　设计固定床反应器的要求

在设计固定床反应器时，应做到尽可能大的生产强度，即单位床层的生产能力大；气体通过床层的阻力小；床层温度分布合理；结构简单，操作稳定性好，运行可靠，维修方便。

气固相催化反应固定床反应器的计算通常包括下述三种情况：

（1）为了完成一定生产任务，对反应器进行工艺设计。即已知原料气进反应器时的各项参数（温度、压力、流量及组成），并确定了反应器出口气体的组成（或转化率）时，通过计算求出反应器的直径、催化剂床层高度以及有关工艺参数。

（2）对已有的反应器（已知其直径和催化剂层高度），在规定了原料气各项参数后，计算该反应器能否实现工艺指标（即反应器出口气体是否符合要求）。

（3）对已有的反应器，为满足生产所需要的产品要求，计算反应器的最大生产能力（也即该反应器可以处理的最大原料量）。

上述三种任务中，第一种为设计任务，后两种为反应器校核。尽管要求不同，但计算原理和方法是同样的。

流体在固定床内的流动、传质、传热和化学反应是十分复杂的问题。固定床反应器中有关问题的解决通常采用模型法，即对固定床内流体与颗粒的行为进行"合理"简化，提出一个物理模型，再根据化学反应原理，结合动量、热量和质量传递对物理模型进行数学描述，获得数学模型。最后对数学模型进行求解，以获得所需要的结果。

下面着重介绍一维拟均相理想流动模型及其计算，并对其他模型作简单介绍。

6.2.2 采用一维拟均相理想流动模型对反应器进行设计计算

6.2.2.1 一维拟均相理想流动模型

一维拟均相理想流动模型是固定床反应器中最简单的模型，其基本假定有：①流体在反应器中径向温度、浓度是均一的，仅沿轴向变化；②流体与催化剂在任一与流体流动方向垂直的横截面处的温度、反应物浓度是相同的；③流体在床层中的流动属平推流。这个模型对于管径较小，反应热效应不大而且流体在床层中流速较快的系统是合适的。由于其计算简单，通常也用来对一般反应器进行初步估算。

一维拟均相理想流动模型的基本方程（数学模型）有三个：动量衡算方程；物料衡算方程；热量衡算方程。现介绍如下：

（1）动量衡算方程
即

$$-\frac{\mathrm{d}p}{\mathrm{d}l}=\left(\frac{150}{Re_{\mathrm{m}}}+1.75\right)\frac{u_{\mathrm{m}}^{2}\rho_{\mathrm{g}}}{d_{\mathrm{S}}}\frac{1-\varepsilon_{\mathrm{B}}}{\varepsilon_{\mathrm{B}}^{3}} \tag{6.1-10}$$

（2）物料衡算方程　在反应器中取一体积单元

$$\mathrm{d}V_{\mathrm{R}}=S_{\mathrm{t}}\mathrm{d}l=\frac{\pi}{4}d_{\mathrm{t}}^{2}\mathrm{d}l$$

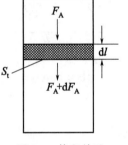

图 6-9　体积单元物料示意图

其中，催化剂体积 $\mathrm{d}V_{\mathrm{S}}=(1-\varepsilon_{\mathrm{B}})\mathrm{d}V_{\mathrm{R}}$

在该体积单元中作单位时间内 A 组分的物料衡算（见图 6-9）：

输入 A 量$=F_{\mathrm{A}}$

输出 A 量$=F_{\mathrm{A}}+\mathrm{d}F_{\mathrm{A}}$

反应消耗 A 量$=(-R_{\mathrm{A}})(1-\varepsilon_{\mathrm{B}})\mathrm{d}V_{\mathrm{R}}$
$$=(-R_{\mathrm{A}})(1-\varepsilon_{\mathrm{B}})S_{\mathrm{t}}\mathrm{d}l$$

积累 A 量$=0$（对于定常态过程，体积单元内无积累 A 量）

输入 A 量－输出 A 量=反应消耗 A 量+积累 A 量

因为
$$\mathrm{d}F_{\mathrm{A}}=-F_{\mathrm{A0}}\mathrm{d}x_{\mathrm{A}}=-S_{\mathrm{t}}u_{\mathrm{m0}}c_{\mathrm{A0}}\mathrm{d}x_{\mathrm{A}}$$

将物料衡算中各项代入并整理可得：

$$\frac{\mathrm{d}x_{\mathrm{A}}}{\mathrm{d}l}=\frac{-R_{\mathrm{A}}(1-\varepsilon_{\mathrm{B}})}{u_{\mathrm{m0}}c_{\mathrm{A0}}} \tag{6.2-1}$$

式中，F_{A} 为 A 组分的摩尔流量，$\mathrm{mol\cdot s^{-1}}$；S_{t} 为床层截面积，$\mathrm{m^{2}}$；ε_{B} 为床层空隙率；u_{m0} 为进口处空床线速度，$\mathrm{m\cdot s^{-1}}$；c_{A0} 为进口处 A 组分浓度，$\mathrm{mol\cdot m^{-3}}$；x_{A} 为 A 组分的转化率。

（3）热量衡算方程
对该体积单元作热量衡算：

输入热量－输出热量+反应放热=向外界供热+积累热

若进入体积单元的气体质量流量为 G，$\mathrm{kg\cdot s^{-1}}$，比热容为 c_{p}，$\mathrm{J\cdot kg^{-1}\cdot K^{-1}}$，则：

$$\text{输入热量} = Gc_pT$$
$$\text{输出热量} = Gc_p(T + dT)$$
$$\text{反应放热} = (-\Delta H)(-R_A)(1-\varepsilon_B)S_t dl$$
$$\text{积累热量} = 0 \text{（连续、稳定过程）}$$
$$\text{向外界供热} = h_0(T - T_W)\pi d_t dl$$

式中，h_0 为床层对器壁的传热系数，$W \cdot m^{-2} \cdot K^{-1}$，通过式（6.1-12）和式（6.1-13）计算可得；T、T_W 分别为床层温度和器壁温度，K。

将上述各项代入热量衡算方程后整理可得：

$$\frac{dT}{dl} = \frac{1}{u_m \rho_g c_p}\left[(-\Delta H)(-R_A)(1-\varepsilon_B) - 4\frac{h_0}{d_t}(T-T_W)\right] \quad (6.2\text{-}2)$$

上述三个基本方程再加上宏观动力学方程一起构成一维拟均相理想流动模型的基本方程组。上述微分方程组的边值条件为：

$$L = 0 \text{ 时，} p = p_0，x_A = 0，T = T_0。$$

求解此方程组，其结果绘于图 6-10。利用上述微分方程组的解，可以比较容易地解决固定床反应器的计算问题。

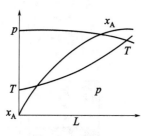

图 6-10 一维拟均相理想流动模型中 T、p、x_A 与 L 关系

在进行反应器设计时，由于已知原料气的各项参数及催化剂的工况，可由催化剂颗粒大小及允许压降，合理选择床层的空塔气速 u_{m0}，借此可求得床层直径。再由微分方程组求解，将结果标绘成图 6-10，即可找出符合出口转化率的催化剂床层高度 L，同时还可求得床层的压降及温度分布。

尽管一维拟均相理想流动模型对固定床反应器作了大量的简化，但其数学模型（微分方程组）仍然十分复杂，一般无法求得解析解，只能依靠计算机求其数值解。然而，在一定条件下，该方程组可求得解析解。下面将讨论等温条件及绝热条件下的方程组的解。

6.2.2.2 等温反应器的计算

当反应热效应不大，管径较细，恒温控制良好时，反应管内各处可近似视作等温。由于其计算简单，有时也被用来对非等温反应器作粗略估算。

由于各处温度恒定，$\frac{dT}{dl} = 0$，反应速率常数视为定值。则动量衡算式为：

$$p = p_0 - L\left(\frac{150}{Re_m} + 1.75\right)\frac{u_m^2 \rho_g}{d_S}\frac{1-\varepsilon_B}{\varepsilon_B^3} \quad (6.1\text{-}11)$$

物料衡算式为：

$$\frac{dx_A}{dl} = \frac{-R_A(1-\varepsilon_B)}{u_{m0}c_{A0}} \quad (6.2\text{-}1)$$

床层高度

$$L = \int_0^L dl = \frac{u_{m0}c_{A0}}{1-\varepsilon_B}\int_0^{x_A}\frac{dx_A}{-R_A} \quad (6.2\text{-}3)$$

式中，$-R_A = \eta k f(c_{AS})$，为已知以催化剂颗粒体积计算的宏观反应速率。该方程组的解绘于图 6-11 中。

让固定床反应器进行等温操作在工业上极难实现。原因如下：

将 $\dfrac{\mathrm{d}T}{\mathrm{d}l}=0$ 代入式(6.2-2) 中得：

$$T_W = T - \frac{(-\Delta H)(-R_A)(1-\varepsilon_B)d_t}{4h_0}$$

$$= T - \frac{u_{m0}c_{A0}d_t(-\Delta H)(-R_A)}{4h_0}\frac{\mathrm{d}x_A}{\mathrm{d}l}$$

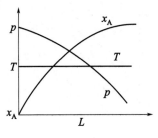

图 6-11　等温反应器床内温度、压力、转化率分布图

由上式可知，由于 A 组分的转化率沿床层高度的变化是非线性的，因此床壁温度沿床高亦非定值，而是需要按一定规律加以改变，除非操作时采用计算机控制并逐段分别供（或取）热。否则难以实现等温操作。

6.2.2.3　单层绝热床的计算

反应器外壁有良好的绝热层，反应器与外界可视作无热量交换的操作过程称绝热操作。进行绝热操作的反应器称绝热反应器。

绝热反应器的数学模型为：

$$-\frac{\mathrm{d}p}{\mathrm{d}l} = \left(\frac{150}{Re_m}+1.75\right)\frac{u_m^2\rho_g}{d_S}\frac{(1-\varepsilon_B)}{\varepsilon_B^3} \tag{6.1-10}$$

$$\frac{\mathrm{d}x_A}{\mathrm{d}l} = \frac{-R_A(1-\varepsilon_B)}{u_{m0}c_{A0}} \tag{6.2-1}$$

$$\frac{\mathrm{d}T}{\mathrm{d}l} = \frac{1}{u_m\rho_g c_p}\left[(-\Delta H)(-R_A)(1-\varepsilon_B) - 4\frac{h_0}{d_t}(T-T_W)\right] \tag{6.2-2}$$

式中，$T=T_W$。

其边界条件为：

$$L=0 \text{ 时}, \quad x_A=0, \quad T=T_0, \quad p=p_0$$

其解为：

$$p = p_0 - L\left(\frac{150}{Re_m}+1.75\right)\frac{u_m^2\rho_g}{d_S}\frac{1-\varepsilon_B}{\varepsilon_B^3} \tag{6.1-11}$$

$$\frac{\mathrm{d}T}{\mathrm{d}x_A} = \frac{u_{m0}c_{A0}(-\Delta H)}{u_m\rho_g c_p} \approx \frac{c_{A0}(-\overline{\Delta H})}{\overline{\rho_g}\,\overline{c_p}} = \lambda \tag{6.2-4}$$

式中，λ 为绝热温升，在一定工况下，近似为常数；$\overline{\rho_g}$、$\overline{c_p}$、$-\overline{\Delta H}$ 分别为平均操作温度下的气体密度、热容和反应热。

$$T = T_0 + \lambda(x_A - x_{A0}) \tag{6.2-5}$$

则

$$L = \int_0^L \mathrm{d}t\,\frac{u_{m0}c_{A0}}{1-\varepsilon_B}\int_0^{x_A}\frac{\mathrm{d}x_A}{-R_A} \tag{6.2-3}$$

已知

$$-R_A = \eta k_0 e^{\left(\frac{-E}{RT}\right)}f(c_{A0}, x_A) \tag{6.2-6}$$

将式(6.1-11)、式(6.2-3)、式(6.2-5) 和式(6.2-6) 联解，就可得到床内温度、压力、转化率的分布曲线，求出达到一定转化率所需床层高度（或催化剂用

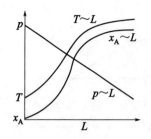

图 6-12　绝热床内温度、
压力、转化率曲线

量），如图 6-12 所示。

6.2.2.4　多段绝热反应器的计算

在绝热反应器中进行吸热反应，由于 $-\Delta H < 0$，因此 $\lambda = \dfrac{c_{A0}(-\Delta H)}{\rho_g c_p} < 0$。如图 6-13 所示，随着反应转化率提高，温度愈来愈低，低到 B 点使反应不能进行下去，这时必须提高温度到 C 点，继续进行反应，这种反应器称为多段绝热反应器。这里的 T_{max} 为催化剂允许最高温度，T_{min} 为催化剂允许最低温度。当已知 T_{max}、T_{min} 时，就可根据绝热操作线方程式(6.2-5)算出每段出口转化率，催化剂用量可采用单段绝热床同样的方法计算得到。

对于简单放热反应，若在绝热床中进行，由于 $-\Delta H > 0$，$\lambda > 0$，随着反应进行，温度升高，但也不能高过催化剂允许最高温度，必须降温后再进行反应。与吸热反应一样，可计算每段催化剂用量。

若在绝热床中进行可逆放热反应，要使反应速度尽可能地保持最大，必须随着转化率的增高，按最佳温度曲线相应地降低温度，如图 6-14 所示。

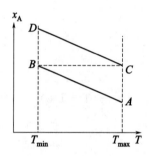

图 6-13　吸热反应 $T\text{-}x$ 图

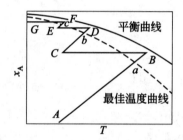

图 6-14　可逆放热反应的 $T\text{-}x$ 图

要使床层温度尽可能地接近最佳温度分布，以便使催化剂用量尽可能地少，就必须有尽可能多的段数。但段数愈多，装置结构所花的费用也愈高，而且随着段数的继续增加，效果也逐渐减小，所以一般很少有超过六段的。多段绝热床的优化问题，通常是在一定段数床层内，对于一定的进料和最终转化率，选定各段进出口温度和转化率，以总的催化剂用量最少为目标。

现讨论中间间接冷却的多段绝热床，如图 6-15 所示。

对第 i 段反应床，所需催化剂体积为：

$$V_{Ri} = S_t L_i = \frac{S_t u_{m0} c_{A0}}{1-\varepsilon_B} \int_{x_{Ai0}}^{x_{Aif}} \frac{dx_A}{R_A} = \frac{V_0 c_{A0}}{1-\varepsilon_B} \int_{x_{Ai0}}^{x_{Aif}} \frac{dx_A}{-R_A}$$

整个反应器所需催化剂为：

$$V_R = \sum_i V_{Ri} = \frac{V_0 c_{A0}}{1-\varepsilon_B} \sum_{i=1}^n \int_{x_{Ai0}}^{x_{Aif}} \frac{dx_A}{-R_A} = \frac{F_{A0}}{1-\varepsilon_B} \sum_{i=1}^n \int_{x_{Ai0}}^{x_{Aif}} \frac{dx_A}{-R_A}$$

若要求 V_R 最小，将 V_R 分别对各段的 x_f、T_0 微分，并

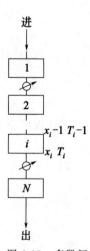

图 6-15　多段间接换热的绝热床示意图

令其等于零，以求极值，定出各段的转化率 x_A 和温度 T_0。

即
$$\frac{\partial V_R}{\partial T_{i0}}=0, \frac{\partial V_R}{\partial x_{Aif}}=0$$

现分别求取满足以上目的的条件式。

首先求取

$$\frac{\partial V_R}{\partial x_{Aif}}=\frac{F_{A0}}{1-\varepsilon_B}\frac{\partial}{\partial x_{Aif}}\left[\int_{x_{A10}}^{x_{A1f}}\frac{\mathrm{d}x_A}{-R_A}+\cdots+\int_{x_{Ai0}}^{x_{Aif}}\frac{\mathrm{d}x_A}{-R_A}+\cdots+\int_{x_{An0}}^{x_{Anf}}\frac{\mathrm{d}x_A}{-R_A}\right]$$

由于是间接换热

$$x_{Aif}=x_{A(i+1)0}$$

所以

$$\frac{\partial V_R}{\partial x_{Aif}}=\frac{F_{A0}}{1-\varepsilon_B}\left[\frac{1}{(-R_A)_{if}}-\frac{1}{(-R_A)_{(i+1)0}}\right]=0$$

即
$$(-R_A)_{if}=(-R_A)_{(i+1)0} \tag{6.2-7}$$

该条件是要求前一段出口的反应速率等于后一段进口的反应速率。当前一段出口确定后就根据这一条件来确定后一段进口的温度。式（6.2-7）称为条件式（Ⅰ）。

再对温度求极值条件

$$\frac{\partial V_R}{\partial T_{i0}}=\frac{F_{A0}}{1-\varepsilon_B}\frac{\partial}{\partial T_{i0}}\left[\int_{x_{A10}}^{x_{A1f}}\frac{\mathrm{d}x_A}{-R_A}+\cdots+\int_{x_{Ai0}}^{x_{Aif}}\frac{\mathrm{d}x_A}{-R_A}+\cdots+\int_{x_{An0}}^{x_{Anf}}\frac{\mathrm{d}x_A}{-R_A}\right]$$

$$\frac{\partial V_R}{\partial T_{i0}}=\frac{F_{A0}}{1-\varepsilon_B}\int_{x_{Ai0}}^{x_{Aif}}\frac{-1}{(-R_A)^2}\frac{\partial(-R_A)}{\partial T_{i0}}\mathrm{d}x$$

$$\int_{x_{Ai0}}^{x_{Aif}}\frac{1}{(-R_A)^2}\frac{\partial(-R_A)}{\partial T_{i0}}\mathrm{d}x=0 \tag{6.2-8}$$

若要求一个积分值为零，其被积函数必有一部分大于零，一部分小于零。上式表示在任意一段的 x_{A0} 与 x_{Af} 之间，必有一点的 $\frac{\partial(-R_A)}{\partial T_{i0}}=0$，即各段入口操作点和出口操作点分别位于最佳温度曲线的低温一侧和高温一侧，并应满足上式。式（6.2-8）称为条件式（Ⅱ）。也就是当某一段的进口转化率和进口温度确定以后，必然存在一个出口转化率，使得该段的催化剂用量最少。或者说，当某一段的进口转化率和出口转化率一定时，有一最佳进口温度，使催化剂用量最少。

由于 $T=T_0+\lambda(x_A-x_{A0})$，$\frac{\partial(-R_A)}{\partial T_{i0}}=\frac{\partial(-R_A)}{\partial T}$。至于 $\frac{\partial(-R_A)}{\partial T}$ 的值，可由动力学方程对 T 求导得到，也可用数值微分的方法求得或者由图解法求得。

图解法是以转化率为参数，$(-R_A)$ 对 T 作图，得到一个曲线簇，然后在与转化率相对应的温度曲线点作该曲线的切线，切线的斜率即为所求。

根据条件式（Ⅰ）、式（Ⅱ），结合图 6-14，可将寻优概括为下列步骤：

① 根据进口条件 x_{A0} 设一 T_0，在图上定出 A 点。

② 根据绝热操作线方程，按条件式（Ⅱ）作操作线 AB，B 点的位置应当在最佳温度曲线之上，且不超过最高允许温度。

③ 从 B 点平行于 T 轴作水平线到 C 点，满足条件式（Ⅰ），即 C 点处的反应

速率等于 B 点的反应速率。

④ 从 C 点作 AB 的平行线，按条件式（Ⅱ）定出 D 点。

⑤ 按前顺序继续进行下去，直到末段。看其出口转化率是否满足要求，若不满足则重新假设 T_0 点，重复上述步骤，再进行计算，直到末段出口转化率满足要求为止。

⑥ 根据优化后的各段进、出口条件，计算催化剂用量 V_R 或床层高度 L。

由于气固相催化反应的动力学方程大都比较复杂，以上步骤通常要借助计算机来完成。在编程求解时，思路与图解法完全相同。

在一定出口转化率要求下，如果段数一定，譬如说，$N=$ 四段，需要确定的参数有：

第一段进口温度 T_{10}；

第一段出口转化率 x_{A1f}；

第二段进口温度 T_{20}；

第二段出口转化率 x_{A2f}；

第三段进口温度 T_{30}；

第三段出口转化率 x_{A3f}；

第四段进口温度 T_{40}；

即 $2N-1$ 个。相对应调用的方程有：

第一段进口温度 T_{10}，设定；

第一段出口转化率 x_{A1f}，由 $\int_{x_{A10}}^{x_{A1f}} \dfrac{1}{(-R_A)^2} \dfrac{\partial(-R_A)}{\partial T} \mathrm{d}x = 0$ 求得；

第二段进口温度 T_{20}，由 $(-R_A)_{1f} = (-R_A)_{20}$ 求得；

第二段出口转化率 x_{A2f}，由 $\int_{x_{A20}}^{x_{A2f}} \dfrac{1}{(-R_A)^2} \dfrac{\partial(-R_A)}{\partial T} \mathrm{d}x = 0$ 求得；

第三段进口温度 T_{30}，由 $(-R_A)_{2f} = (-R_A)_{30}$ 求得；

第三段出口转化率 x_{A3f}，由 $\int_{x_{A30}}^{x_{A3f}} \dfrac{1}{(-R_A)^2} \dfrac{\partial(-R_A)}{\partial T} \mathrm{d}x = 0$ 求得；

第四段进口温度 T_{40}，由 $(-R_A)_{3f} = (-R_A)_{40}$ 求得；

求取第四段出口转化率 x_{A4f}，由 $\int_{x_{A40}}^{x_{A4f}} \dfrac{1}{(-R_A)^2} \dfrac{\partial(-R_A)}{\partial T} \mathrm{d}x = 0$ 求得，求得的 x_{A4f} 与设定值未必相符，若不符，重新假定 T_{10}，重复上述运算，直到与设定值相符为止。

看起来，需要求得的未知数是 $2N-1$ 个，调用的方程也是 $2N-1$ 个，应有唯一解，而且把这 $2N-1$ 个方程联立就能解得。实际上，求解每一个方程都需要反复试算，直接把诸方程联立的解法往往是行不通的。

例 6-2 年产 10 万吨硫酸厂用中间间接冷却的五段绝热床（4＋1，前 4 段转化后进行中间吸收，再进行第 5 段转化）流程进行 SO_2 催化氧化，反应式为 $SO_2 + \dfrac{1}{2}O_2 \longrightarrow SO_3$，所用催化剂为国产 S101 钒催化剂，其反应宏观动力学方程为：

$$-R_{SO_2} = k_{eff} P_{O_2} \frac{K P_{SO_2}/P_{SO_3}(1-\xi^2)}{(\sqrt{B+(B-1)P_{SO_2}/P_{SO_3}} + \sqrt{K P_{SO_2}/P_{SO_3}})^2} \quad \mathrm{kmol} \cdot \mathrm{kg_{cat}^{-1}} \cdot \mathrm{s^{-1}}$$

基础数据：

混合物定压热容 $c_p = 1.067\mathrm{kJ \cdot kg^{-1} \cdot K^{-1}}$，化学反应热 $-\Delta H = 96797\mathrm{kJ \cdot kmol^{-1}}$，床层堆积密度 $\rho_b = 554\mathrm{kg \cdot m^{-3}}$，进口 SO_2 浓度 8.0%，O_2 浓度 9.0%，其余为氮气。

$$k_{eff} = 7.6915 \times 10^{18} \exp\left(\frac{-38280}{T}\right) \qquad (410 \sim 475℃)$$

$$k_{eff} = 1.5128 \times 10^{7} \exp\left(\frac{-18114}{T}\right) \qquad (475 \sim 610℃)$$

$$B = 48148 \exp\left(\frac{-7355.5}{T}\right)$$

$$K = 2.3 \times 10^{-8} \exp\left(\frac{13689}{T}\right)$$

$$\xi = \frac{P_{SO_3}}{K_P P_{SO_2} P_{O_2}^{1/2}}$$

$$K_P = 2.26203 \times 10^{-5} \exp\left(\frac{11295.3}{T}\right)$$

反应在常压下进行，第一转吸收前转化率98%。要求以前四段催化剂用量最少为目标函数，对前四段进行最优化处理，求各段的进出口温度转化率以及催化剂用量。

解：(1) 计算方法

本例可以按照前面介绍的方法进行。为减少计算误差，本例采用从后向前的计算方法。全部计算借助电脑编程进行。

步骤如下：

① 作平衡线。将反应速率方程中 ξ 中各分压全部用转化率替换，以转化率0.001%为步长，在400℃与610℃之间以二分法求取 $\xi=1$ 时的温度，连线得平衡线。

② 作最佳温度线。将反应速率方程中各分压全部用转化率替换，以转化率0.001%为步长，在400℃与平衡线之间以二分法求取 $\dfrac{\partial(-R_{SO_2})}{\partial T}=0$ 时的温度，连线得最佳温度线。偏微分由数值方法完成，虽然可以手工微分得偏微分的函数形式。以上两步纯为显示计算结果作图之用。

③ 设定第四段出口转化率98%。

④ 在第四段出口转化率98%的条件下，以步骤①和②的方法求平衡点和最佳温度点，并以这两点作为上下限作二分法求第四段出口温度程序。第一次循环的四段出口温度为 $T_{opt} + \dfrac{T_{eq} - T_{opt}}{2}$。此程序为最大一重循环，判据为步骤⑧。

⑤ 由步骤④设定的第四段出口温度，调用式(6.2-8)求取第四段入口的温度及转化率。积分方法为逐步向前推进，判据为积分值为0。

⑥ 由步骤⑤求得的第四段进口温度转化率，以此转化率下的平衡点和最佳温度点为上下限，调用式(6.2-7)求取第三段出口温度。

⑦ 重复步骤⑤和⑥直到求得第一段出口温度。

⑧ 以求得的第一段出口温度转化率和第一段进口转化率为0并满足绝热温升关系为上下限，调用式(6.2-8)，求其值。若小于要求的误差，跳出循环输出

结果。否则，返回步骤④，若积分值大于 0，提高第四段出口温度，若小于 0 则降低第四段出口温度。

⑨ 以各段进出口温度及转化率求催化剂用量。

⑩ 输出结果并作图，得图例 6-2。

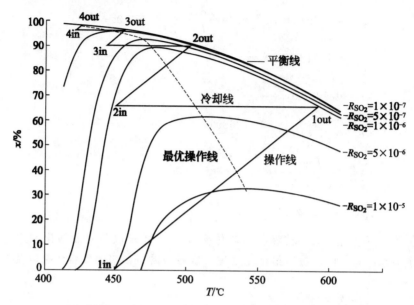

图例 6-2　二氧化硫转化的平衡线和等速率线图

（2）计算结果

项目	进口转化率/%	出口转化率/%	进口温度/℃	出口温度/℃	催化剂量/kg
第一段	0	65.76	450.7	603.4	3797
第二段	65.76	90.13	450.3	506.9	5802
第三段	90.13	96.18	442.8	456.9	10802
第四段	96.18	98.00	420.2	424.5	24818

（3）讨论

本例计算出的催化剂用量较实际少许多，原因有以下几点：

① 计算中没有考虑到催化剂失活，按全新催化剂计算的结果。

② 没有考虑气流分布不均匀的影响，按平推流计算。

③ 动力学模型可能与实际有出入。

例 6-3 （1）任务书

在管式反应器中进行的邻二甲苯催化氧化制邻苯二甲酸酐是强放热反应过程，催化剂为 V_2O_5，以有催化作用的硅胶为载体。

活性温度范围：610～700K

粒径：$d_P=3mm$

堆积密度：$\rho_B=1300kg \cdot m^{-3}$

催化剂有效因子：$\eta=0.67$

催化剂比活性：$L_R=0.92$

反应器管长：$L=3m$

管内径：$D=25mm$

管数：$n=2500$ 根

由邻苯二甲酸酐产量推算，原料气体混合物单管入口质量流速：$G=9200\text{kg}\cdot\text{m}^{-2}\cdot\text{h}^{-1}$。烃在进入反应器之前蒸发，并与空气混合。为保持在爆炸极限以外，控制邻二甲苯的摩尔分数低于 1%。操作压力接近常压：$p=126.7\text{kPa}$。

原料气中：

邻二甲苯的初摩尔分数：$y_{A0}=0.9\%$

空气的初摩尔分数：$y_{B0}=99.1\%$

混合气平均摩尔质量：$M=30.14\text{kg}\cdot\text{kmol}^{-1}$

混合气平均热容：$c_p=1.071\text{kJ}\cdot\text{kg}^{-1}\cdot\text{K}^{-1}$

混合气入口温度：$640\sim650\text{K}$

化学反应式：

$$C_6H_4(CH_3)_2+3O_2 =\!=\!= C_6H_4(C_2O_3)+3H_2O$$
$$\quad (A)\qquad\quad (B)\qquad\quad\quad (P)\qquad\quad (S)$$

宏观反应动力学：

$$-R_A=L_R\eta k p_A p_B \quad (\text{kmol}\cdot\text{kg}^{-1}\cdot\text{h}^{-1})$$

$$k=\exp\left[10.627-\frac{13636}{T}\right]$$

（2）设计要求

按一维拟均相理想流模型测算在换热式反应器中的转化率分布、温度分布，并绘制 $L\text{-}x_A\text{-}T$ 分布曲线。

在换热条件下，反应器管间用熔盐循环冷却，并将热量传递给外部锅炉。管间热载体熔盐温度范围 $630\sim650\text{K}$。

床层对流给热系数　　　　$h=561\text{W}\cdot\text{m}^{-2}\cdot\text{K}^{-1}$

颗粒的有效热导率　　　　$\lambda_S=0.778\text{W}\cdot\text{m}^{-1}\cdot\text{K}^{-1}$

总传热系数　　　　$K=h_0=\dfrac{8h\lambda_S}{8\lambda_S+hd_t}\quad \text{W}\cdot\text{m}^{-2}\cdot\text{K}^{-1}$

一方面可以进行反应器设计的优化（多方案比较）；另一方面可以进行反应器参数的灵敏性分析，即通过改变如下参数，考虑测算结果的变化。

催化剂有效因子 η　　　　　　　　总传热系数 h_0

催化剂比活性 L_R　　　　　　　　管间冷载体熔盐温度 T_S

进料组成（原料气中邻二甲苯的初摩尔分数）y_{A0}　　　操作压力 p

管内径 d_t　　　　　　　　　　管数 n

混合气入口温度 T_0　　　　　　　原料气体混合物单管入口质量流速 G

（3）计算方法

设定管壁温度等于入口温度，调用数值积分程序同时对式（6.2-1）和式（6.2-2）进行数值积分。

$$\frac{\mathrm{d}x_A}{\mathrm{d}l}=\frac{-R_A(1-\varepsilon_B)}{u_{m0}c_{A0}} \tag{6.2-1}$$

$$\frac{\mathrm{d}T}{\mathrm{d}l}=\frac{1}{u_m\rho_g c_p}\left[(-\Delta H)(-R_A)(1-\varepsilon_B)-4\frac{h_0}{d_t}(T-T_W)\right] \tag{6.2-2}$$

设定合理的积分步长。在本例中，步长取 1mm 足矣。步长太大，计算误差大；步长过小，计算量太大；而且步长太小时，由于计算机运算时有效数字位数的限制，计算误差也会变大甚至溢出。

数值积分程序可以自己编制。通用的数值积分程序一般都是固定了积分上下限的，而本例中需要的是由一端向另一端积分。可以借助矩形法、梯形法或辛普生法的思路编制，极为简单。实践证明梯形法的精度足可以满足要求。

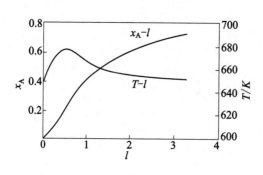

图 6-16　温度、转化率与 l 的关系

随着积分的进行，转化率升高，体系温度与壁温逐渐拉开。积分进行到转化率基本不变时可以退出了，这时，体系温度与壁温又接近了。

（4）计算结果

根据计算结果绘制 x_A-l、T-l 曲线，如图 6-16 所示。按照设计要求改变诸参数看对 x_A-l、T-l 曲线的影响。

6.3　固定床反应器模型评述

在此对其他固定床反应器模型作简单介绍，并加以评述，形成完整的概念，以便于在实际工作中选择合理的模型。

6.3.1　一维拟均相非理想流模型

该模型是在一维拟均相理想流动模型的基础上作了一些修正。其基本假定包括：①流体在床层中流动属非理想流动，但遵循轴向扩散模型；②流体沿床层径向温度、浓度是均一的，仅沿轴向变化；③流体与催化剂在同一截面处的温度、反应物浓度相同。

三个基本方程的推演如下。

（1）动量衡算方程　与一维拟均相理想流动模型相同，即式（6.1-10）。

（2）物料衡算方程如图 6-17 所示。

以体积单元 $dV_R = S_t dl$ 对 A 组分衡算：

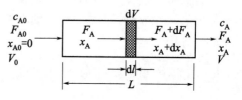

图 6-17　物料衡算示意图

$$输入 A 量 = F_A + E_Z \frac{\partial}{\partial l} \left(c_A + \frac{\partial c_A}{\partial l} dl \right) S_t$$

$$输出 A 量 = F_A + dF_A + E_Z \frac{\partial c_A}{\partial l} S_t$$

$$反应消耗 A 量 = (-R_A)(1-\varepsilon_B) S_t dl$$

积累 A 量 $= 0$（定常态过程）即 $\dfrac{\partial c_A}{\partial t} S_t dl = 0$

将以上各项代入物料衡算方程并加以整理得：

$$E_Z \frac{d^2 c_A}{dl^2} - u \frac{dc_A}{dl} = (1-\varepsilon_B)(-R_A) \tag{6.3-1}$$

式中，E_Z 为轴向有效扩散系数。

（3）热量衡算方程　对体积单元作热量衡算：

$$输入热量 = Gc_p T + \lambda_Z S_t \frac{\partial}{\partial l}\left[T + \frac{\partial T}{\partial l}dl\right]$$

$$输出热量 = Gc_p\left[T + \frac{\partial T}{\partial l}dl\right] + \lambda_Z S_t \frac{\partial T}{\partial l}$$

$$反应放热 = (1-\varepsilon_B)(-R_A)(-\Delta H)S_t dl$$

$$向外散热 = \pi d_t h_0 (T - T_W)dl$$

系统无积累热量（定常态过程）。即 $\dfrac{c_p S_t dl}{\rho_g}\dfrac{\partial T}{\partial t} = 0$

代入热量衡算式并加以整理得：

$$\lambda_Z \frac{d^2 T}{dl^2} - u\rho_g c_p \frac{dT}{dl} = (1-\varepsilon_B)(-R_A)(-\Delta H) + \frac{4h_0}{d_t}(T - T_W) \quad (6.3\text{-}2)$$

式中，λ_Z 为轴向有效热导率。

方程组的边值条件为：

$$l = 0\ 时，\quad u_0(c_{A0} - c_A) = -E_Z \frac{dc_A}{dl}$$

$$u_0 \rho_g c_p (T_0 - T) = -\lambda_Z \frac{dT}{dl}$$

$$l = L\ 时，\quad \frac{dc_A}{dl} = 0$$

$$\frac{dT}{dl} = 0$$

解此方程组并将结果绘于图中，可得与图 6-10 相类似的图形。

6.3.2　二维拟均相模型

一维模型假定径向温度分布和径向浓度分布是均匀的，对于热效应大的反应和催化剂管径粗的反应器，径向存在较大的温度差和浓度差，此时，一维模型就不能满足要求了。

生产中固定床反应器一般都是圆柱形的，而且是轴对称的，所以可用径向和轴向这两维坐标来加以描述。二维拟均相模型的基本假定包括：①流体在床层内流动属非理想流动，遵循轴向扩散模型；②流体与催化剂之间无温度、组分浓度的差异；③同一截面不同半径处参数不同，用径向扩散模型来描述。

衡算体积单元取为半径 r 至 $r+dr$，高度为 dl 的环状体，如图 6-18 所示。

$$dV = 2\pi r(dr)(dl)$$

（1）物料衡算　对 A 组分进行衡算，输入体积单元的 A 量：

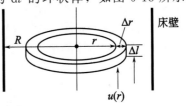

图 6-18　固定床中环状
微元体示意图

$$(2\pi r dr)uc_A - (2\pi r dr)E_Z \frac{\partial c_A}{\partial l} - (2\pi r dl)E_r \frac{\partial c_A}{\partial r}$$

（流动带入）　　（轴向扩散带入）　（径向扩散带入）

由体积单元输出的 A 量：

$$(2\pi r\,dr)u\left[c_A+\frac{\partial c_A}{\partial l}dl\right]-(2\pi r\,dr)E_Z\frac{\partial}{\partial l}\left[c_A+\frac{\partial c_A}{\partial l}dl\right]-\left[2\pi(r+dr)\,dl\right]E_r\frac{\partial}{\partial r}\left[c_A+\frac{\partial c_A}{\partial r}\right]$$

在单元体积内反应消耗的 A 量：

$$(-R_A)(1-\varepsilon_B)2\pi r\,dr\,dl$$

对于定常态过程，体积单元内无 A 量的积累。物料衡算式经整理后可得：

$$E_r\left(\frac{\partial^2 c_A}{\partial r^2}+\frac{1}{r}\frac{\partial c_A}{\partial r}\right)+E_Z\frac{\partial^2 c_A}{\partial l^2}-u\frac{\partial c_A}{\partial l}=(1-\varepsilon_B)(-R_A)\qquad(6.3\text{-}3)$$

（2）热量衡算　输入体积单元的热量：

$$(2\pi r\,dr)u\rho_g c_p T-(2\pi r\,dr)\lambda_Z\frac{\partial T}{\partial l}-(2\pi r\,dl)\lambda_r\frac{\partial T}{\partial r}$$

（流动带入）　　　（轴向热传导）　　（径向热传导）

由体积单元输出的热量：

$$(2\pi r\,dr)u\rho_g c_p\left[T+\frac{\partial T}{\partial l}dl\right]-(2\pi r\,dr)\lambda_Z\frac{\partial}{\partial l}\left[T+\frac{\partial T}{\partial l}dl\right]-$$

$$\left[2\pi(r+dr)\,dl\right]\lambda_r\frac{\partial}{\partial r}\left[T+\frac{\partial T}{\partial r}dr\right]$$

在体积单元内物料反应放热：

$$(-R_A)(1-\varepsilon_B)(-\Delta H)2\pi r\,dr\,dl$$

上述各项代入热量衡算式并经整理后可得：

$$\lambda_r\left(\frac{\partial^2 T}{\partial r^2}+\frac{1}{r}\frac{\partial T}{\partial r}\right)+\lambda_Z\frac{\partial^2 T}{\partial l^2}-u\rho_g c_p\frac{\partial T}{\partial l}=(1-\varepsilon_B)(-R_A)(-\Delta H)$$

$$(6.3\text{-}4)$$

（3）动量衡算方程　流体流动视为平推流加轴向扩散，故同一截面处的流速仍是相同的，动量衡算方程仍为：

$$-\frac{dp}{dl}=\left(\frac{150}{Re_m}+1.75\right)\frac{u_m^2\rho_g}{d_S}\frac{1-\varepsilon_B}{\varepsilon_B^3}\qquad(6.1\text{-}10)$$

方程组的边值条件为：

$l=0$　　$0<r<R$ 时，　　　　$c_A=c_{A0},T=T_0,p=p_0$

$r=0$　　$0<l<L$ 时，　　　　$\dfrac{\partial c_A}{\partial r}=0,\dfrac{\partial T}{\partial r}=0$

$r=R$　　$0<l<L$ 时，　　　　$\dfrac{\partial c_A}{\partial r}=0,-\lambda_r\dfrac{\partial T}{\partial r}=h_W(T-T_W)$

式中，h_W 为壁给热膜系数；T_W 为壁温。

解此二阶偏微分方程组，可得径向温度和浓度分布图［图 6-19(a)］以及轴向温度和浓度的分布图［图 6-19(b)］。

任一截面上流体的平均温度和浓度分别为：

$$\overline{T}=\frac{\int_0^R 2\pi r u\rho_g c_p T\,dr}{\pi R^2 u\rho_g c_p}=\frac{2}{R^2}\int_0^R rT\,dr\qquad(6.3\text{-}5)$$

$$\bar{c}_A=\frac{\int_0^R 2\pi r c_A\,dr}{\pi R^2}=\frac{2}{R^2}\int_0^R rc_A\,dr\qquad(6.3\text{-}6)$$

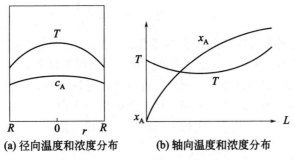

(a) 径向温度和浓度分布	**(b) 轴向温度和浓度分布**

图 6-19　二维拟均相固定床温度和浓度分布

在拟均相模型中轴向有效热导率 λ_Z 和径向有效热导率 λ_r，是把床层视为均一相的整个床层的轴向和径向虚拟的热导率，其值常由实验确定或经验关联公式作估算。

6.3.3　非均相模型

非均相模型的基本特点是认为流体与固体颗粒之间由于外扩散的影响，两者的温度和浓度相差较大，不能作为拟均相处理，而需要分别加以考虑。非均相模型也可分为一维理想流模型、一维非理想流模型、二维理想流模型和二维非理想流模型等。其中二维非理想流模型考虑因素较多，其他模型均可由此模型加以简化而得到。

二维非均相非理想流模型的基础方程有

① 流体的物料衡算方程

$$u\,\frac{\partial c_A}{\partial l} = \varepsilon_B E_r \left(\frac{\partial^2 c_A}{\partial r^2} + \frac{1}{r}\frac{\partial c_A}{\partial r} \right) + \varepsilon_B E_Z \frac{\partial^2 c_A}{\partial l^2} - \frac{6(1-\varepsilon_B)}{d_S} k_g (c_A - c_{AS})$$

$$(6.3\text{-}7)$$

② 固体的物料衡算方程

$$\frac{6}{d_S} k_g (c_A - c_{AS}) = (-R_A)(1-\varepsilon_B) \qquad (6.3\text{-}8)$$

③ 流体的热量衡算方程

$$u\rho_B c_p \frac{\partial T}{\partial l} = \lambda_{rf} \left(\frac{\partial^2 T}{\partial r^2} + \frac{1}{r}\frac{\partial T}{\partial r} \right) + \lambda_{Zf} \frac{\partial^2 T}{\partial l^2} - \frac{6(1-\varepsilon_B)}{d_S} h(T_S - T) \quad (6.3\text{-}9)$$

④ 固体的热量衡算方程

$$\frac{6(1-\varepsilon_B)}{d_S} h(T_S - T) = (-R_A)(1-\varepsilon_B)(-\Delta H) + \lambda_{rS} \left(\frac{\partial^2 T_S}{\partial r^2} - \frac{1}{r}\frac{\partial T_S}{\partial r} \right)$$

$$(6.3\text{-}10)$$

方程组的边值条件为：

$r=0$ 　　 $0<l<L$ 时，　　　　　　$\dfrac{\partial T}{\partial r}=0$，　$\dfrac{\partial c_A}{\partial r}=0$

$$\frac{\partial c_A}{\partial r}=0$$

$r=R$ 　　 $0<l<L$ 时，　　　　　　$\alpha_f (T_W - T) = -\lambda_{rf} \dfrac{\partial T}{\partial r}$

$$\alpha_S(T_W - T_S) = -\lambda_{rS}\frac{\partial T}{\partial r}$$

式中，h 为流体与颗粒间的传热系数；α_f、α_S 分别为壁面处流体和固体对壁面的给热膜系数；λ_{rf}、λ_{rS} 分别为流体和固体径向热导率。

对于非均相模型的特性和适用性，曾有人作过许多研究。由于在固定床反应器中，催化剂颗粒内、外各步传递过程的重要性顺序为：

传热　层内＞流体与粒子间＞粒内

传质　粒内＞层内＞流体与粒子间

即在工业装置中，由于实际采用的流速往往足够高，流体与粒子间的温差和浓差，除少数快速强放热反应外，都可忽略。因此，重要的是处理床层中的传热和催化剂粒子内扩散传质。因此，只要把催化剂的有效系数和床层的有效热导率解决好，那么固定床反应器的设计和放大采用拟均相模型就不致有多大的偏差。而采用非均相模型后，计算量大大增加，其结果却又与拟均相模型的结果很接近。因此，由于一维拟均相理想流模型最为简化，经常采用它对反应器进行估算。

而对反应器直径较大，放热量较大、连续换热的情形一般用拟均相二维模型最合适。

本章小结

1. 固定床的传递特性

（1）床层空隙率与流动

$$\varepsilon_B = 1 - \frac{V_P}{V_B} = 1 - \frac{\rho_B}{\rho_P} \tag{6.1-1}$$

为避免壁效应，$d_t > 8d_P$。

（2）床层压降（厄根方程）

$$-\frac{\mathrm{d}p}{\mathrm{d}l} = \left(\frac{150}{Re_m} + 1.75\right)\frac{u_m^2 \rho_g}{d_S}\frac{1-\varepsilon_B}{\varepsilon_B^3} \tag{6.1-10}$$

其中

$$Re_m = \frac{d_S G}{\mu_g(1-\varepsilon_B)} = \frac{d_S u_m \rho_g}{\mu_g(1-\varepsilon_B)}$$

2. 固定床反应器的计算

（1）固定床反应器的特点和类型

（2）一维拟均相理想流动模型的设计计算

a. 一维拟均相理想流动模型的基本假设：①流体在反应器中径向温度、浓度均一，仅沿轴向变化；②流体与催化剂视为均一；③流体在床层中流动属平推流。

b. 基本设计方程：

$$\frac{\mathrm{d}x_A}{\mathrm{d}l} = \frac{-R_A(1-\varepsilon_B)}{u_{m0}c_{A0}} \tag{6.2-1}$$

$$\frac{\mathrm{d}T}{\mathrm{d}l} = \frac{1}{u_m \rho_g c_p}\left[(-\Delta H)(-R_A)(1-\varepsilon_B) - 4\frac{h_0}{d_t}(T - T_W)\right] \tag{6.2-2}$$

c. 等温反应器计算

$$L = \int_0^L \mathrm{d}l = \frac{u_{m0} c_{A0}}{1 - \varepsilon_B} \int_0^{x_A} \frac{\mathrm{d}x_A}{-R_A} \tag{6.2-3}$$

d. 单层绝热床的计算

绝热操作线方程
$$T = T_0 + \lambda (x_A - x_{A0}) \tag{6.2-5}$$

$$\lambda = \frac{c_{A0}(-\Delta \overline{H})}{\overline{\rho}_g \overline{c}_p} \tag{6.2-4}$$

$$L = \frac{u_{m0} c_{A0}}{1 - \varepsilon_B} \int_0^{x_A} \frac{\mathrm{d}x_A}{-R_A} \tag{6.2-3}$$

e. 多段绝热床的优化

优化条件式（Ⅰ）
$$(-R_A)_{if} = (-R_A)_{(i+1)0} \tag{6.2-7}$$

条件式（Ⅱ）
$$\int_{x_{Ai0}}^{x_{Ai}} \frac{1}{(-R_A)^2} \frac{\partial (-R_A)}{\partial T_{i0}} \mathrm{d}x = 0 \tag{6.2-8}$$

3. 固定床反应器其他模型

（1）一维拟均相非理想流动模型的基本假定。

（2）二维拟均相模型的基本假定及评述。

习 题

1. 在一总长为 4m 的填充床中，气体以 2500kg·m⁻²·h⁻¹ 的质量流率通过床层。床层填装直径为 3mm 的球形催化剂颗粒，空隙率为 0.45，气体密度为 2.9kg·m⁻³，其黏度为 1.8×10^{-2} mPa·s。求床层的压降。

2. 不可逆反应 $2A + B \longrightarrow R$，若按均相反应进行，其动力学方程为：

$$-r_A = 3.8 \times 10^{-3} p_A^2 p_B \ \mathrm{kmol \cdot m^{-3} \cdot h^{-1}}$$

在催化剂存在下，其动力学方程为：

$$-r_A = \frac{10^{-2} p_A^2 p_B}{56.3 + 22.1 p_A^2 + 3.64 p_R} \ \mathrm{mol \cdot h^{-1} \cdot g_{cat}^{-1}}$$

若反应在 101.3kPa 下恒温操作，进料组分中 $p_A = 5.07$ kPa，$p_B = 96.26$ kPa，催化剂的堆积密度为 600kg·m⁻³。试求在一维拟均相反应器中为保证出口气体中 A 的转化率为 93%，两种反应器所需的容积比。

3. 在铝催化剂上进行乙腈的合成反应

$$\mathrm{C_2H_2 + NH_3 \longrightarrow CH_3CN + H_2 + 92.14kJ}$$
$$\ \ \ (A) \ \ \ \ \ (B) \ \ \ \ \ \ \ (R) \ \ \ \ \ (S)$$

设原料气的体积比为 $\mathrm{C_2H_2 : NH_3 : H_2 = 1 : 2.2 : 1}$。采用三段绝热式反应器，段间间接冷却，使各段出口温度均为 550℃，每段入口温度也相同，其反应动力学方程可近似表示为：

$$-r_A = 3.08 \times 10^4 \exp\left(\frac{-7960}{T}\right)(1 - x_A) \ \mathrm{kmol \cdot h^{-1} \cdot g_{cat}^{-1}}$$

流体的平均热容 $c_p = 128$ J·mol⁻¹·K⁻¹。若要求乙腈的转化率为 92%，且日产乙腈 20t，求各段的催化剂量。

4. 在一固定床反应器中，填充 5.40m³ 的催化剂。在 550℃，101.3kPa 下进行 2A $\longrightarrow$ 2R+S 的反应，用水蒸气作稀释剂，反应物 A 与水蒸气的配比为 1：4（物质的量比）。标准状态下加料量为 1.0m³·h⁻¹，出口转化率为 50%，当反应速率采用 $-r_A = -\dfrac{1}{V}\dfrac{\mathrm{d}n_A}{\mathrm{d}t}$（其中 V 是催化剂填充体积）的定义时，550℃下的反应速率常数为 1.0h⁻¹。若忽略外扩散的影响，并假定有效因子在床层内为一常数，求其有效因子。

5. 在 $T\text{-}x$ 图上，①为平衡曲线，②为最佳温度曲线，AMN 为等转化率曲线，指出最大速率点和最小速率点。BCD 为等温线，指出最大速率点和最小速率点。

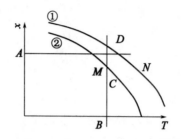

6. 在 $T\text{-}x$ 图上，定性绘出三段间接换热 SO_2 氧化反应的操作线。在 $T\text{-}x$ 图上，定性绘出三段原料气冷激的 SO_2 氧化反应的操作线。

7 气固相催化反应流化床反应器

本章讨论在流化床反应器内进行气固相催化反应的有关内容。在介绍流化床的基本概念后，着重介绍流化床内进行反应过程的模型以及反应器的工艺计算。

7.1　流化床的基本概念

7.1.1　流化床的基本概念

当流体自下而上通过堆积有固体颗粒的床层时，床层内的固体颗粒必将受到流体对颗粒的浮力、流动的流体对颗粒产生的曳力以及颗粒自身重力的影响。

当通过床层的流体流量较小时，颗粒受到的升力（浮力与曳力之和）小于颗粒自身重力时，颗粒在床层内静止不动，流体由颗粒之间的空隙通过。此时床层称为固定床。

随着流体流量增加，颗粒受到的曳力也随着增大。若颗粒受到的升力恰好等于自身重量时，颗粒受力处于平衡状态，故颗粒将在床层内作上下、左右、前后的激烈运动，这种现象被称为固体的流态化，整个床层称为流化床。当流体流量继续增大时，含有固体颗粒的床层将会膨胀，床层的空隙率增大。此时床层中的流体的实际流速将维持不变而颗粒依然处于合力平衡状态，床层依然属于流化床。

当流速进一步增大，颗粒受到的升力大于自身重量时，颗粒将随流体一起运动而被带出床层。这种状态称为移动床，也叫气流输送状态。不同流速时床层的变化见图 7-1。

7.1.2　散式流化和聚式流化

当床层处于流化床状态时，随流体流量的增加床层将随之膨胀，床层内空隙率也随之增大。此时床层内可能出现两种不同的形态，见图 7-2。

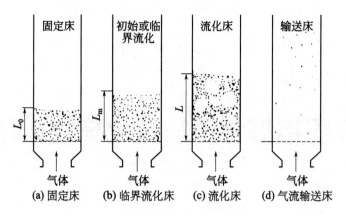

图 7-1　不同流速时床层的变化

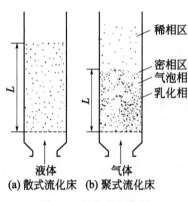

图 7-2　流化床的类型

（1）散式流态化　随着流体流量的加大，床层内空隙率增大，颗粒之间间距加大，而颗粒在床层中分布均匀，流体基本上以平推流形式通过床层，这种流化形式称为散式流态化。

（2）聚式流态化　在此类流态化形式中，床层明显地分成两部分。其一是乳化相：固体颗粒被分散于流体中，单位体积内颗粒量类似于散式流化床的初始流化状态。其二是气泡相：流体以气泡形式通过床层。气泡向上运动必然将周围一定范围的乳化相挟带一起运动，气泡上升到界面破裂时，这部分乳化相失去曳力而留于床层。同时气泡在上升过程中可能发生分裂以及与相邻气泡产生聚并。气泡在运动过程中对乳化相产生激烈的扰动，对两相间的传质与反应过程产生很大影响。

（3）两种流态化的判别　一般认为液固流态化为散式流态化，而气固之间的流化状态多为聚式流态化。但是重度较小的液体和重度较大的固体之间发生流化现象时，有可能出现聚式流化现象。另外，高压下的气固之间流化时，有可能出现散式流化现象。因此准确判别流体与固体颗粒之间发生的流化现象时，该流化现象属散式流态化还是聚式流态化是至关重要的。研究表明，可用下列四个无量纲数的乘积来表征流化形态：

$$Fr_{mf}Re_{mf}\frac{\rho_P-\rho}{\rho}\frac{L_{mf}}{D_e}<100 \qquad 为散式流态化$$

$$Fr_{mf}Re_{mf}\frac{\rho_P-\rho}{\rho}\frac{L_{mf}}{D_e}>100 \qquad 为聚式流态化$$

式中，弗鲁特数：$Fr_{mf}=\dfrac{u_{mf}^2}{d_Pg}$；雷诺数：$Re_{mf}=\dfrac{d_Pu_{mf}\rho}{\mu}$；$u_{mf}$ 为初始流化速度；d_P 为颗粒平均粒径；ρ、ρ_P 分别为流体密度和颗粒密度；L_{mf} 为初始流化时的浓相段床高；D_e 为流体的扩散系数；μ 为流体黏度。

7.1.3　浓相段和稀相段

当流体通过固体床层的空塔速度值高于初始流化速度但低于逸出速度时，颗粒在气流作用下悬浮于床层中，所形成的流固混合物称为浓相段。在浓相段中上升的气泡在界面上破裂，气泡内颗粒以及受气泡挟带的乳化相中颗粒将被抛向浓相段上方空间。由于浓相段上方空间中固体含量很少故而实际气速较小，该气速不足以维持固体颗粒处于悬浮态时，将在重力作用下返回浓相段。由于颗粒离开浓相段具有一定的向上运动速度，故颗粒在上方空间将上升一定距离后才能下降，形成如图 7-3 所示的图像，流化床反应器必须有这一作为颗粒分离所需的空间。这段空间称为稀相段或称分离段。整个流化床反应器将由浓相段和稀相段组合而成。

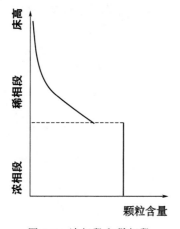

图 7-3　浓相段和稀相段

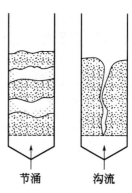

图 7-4　节涌和沟流

7.1.4　流态化的不正常现象

在流态化操作中沟流和节涌是聚式流化床两种常见的不正常操作情况，见图 7-4。

（1）沟流。由于流体分布板设计或安装上存在问题，使流体通过分布板进入浓相段形成的不是气泡而是气流，称沟流。沟流造成气体与乳化相之间接触减少，传质与反应效果明显变差。

（2）节涌（腾涌）。在流化床的内径较小而床高与床径比较大时，气泡在上升过程中因聚并而增大，气泡有可能占据整个床层截面，气流将床层一节节地往上做柱塞式推动，在上升到某一位置而崩落，流化床的正常操作被破坏。这种情况称节涌（或称腾涌）。

流态床反应器的特点：

（1）流化床反应器采用的催化剂颗粒直径远小于固定床反应器选用的颗粒直径。则流化床反应器中颗粒外表面积远大于固定床反应器中颗粒的外表面积。这对传质与反应过程是有利的。

（2）由于流化床反应器颗粒直径较小，催化剂颗粒的内扩散影响可被忽略。

在流化床中流体流速较快，外扩散影响也可不予考虑。宏观动力学方程与本征动力学方程相同，反应速率获得提高。

（3）流体通过床层时基本上可视为平推流，催化剂颗粒在床内运动接近全混流。这对某些反应过程是有利的。若在床内加入内构件很容易改变床层内的流动形态以适应不同反应需要。

（4）由于颗粒在床内运动激烈，故要求颗粒有足够强度。颗粒在床内被气流带出损失较大，对使用昂贵催化剂的过程是不利的。

7.2 流化床的工艺计算

气固相催化反应过程聚式流化床反应器的工艺计算是指根据已知气体流量及催化剂用量，计算反应器的床层内径以及反应器的床层高度。

7.2.1 反应器内径的计算

由气体流量的衡算式

$$V_G = \frac{\pi}{4} d_t^2 u \tag{7.2-1}$$

可得

$$d_T = \sqrt{\frac{4V_G}{\pi u}} \tag{7.2-2}$$

式中，V_G 为气流的体积流量，$m^3 \cdot s^{-1}$；d_T 为流化床内径，m；u 为气流的空塔流速，$m \cdot s^{-1}$。

可见，流化床的内径取决于气流的空塔气速，而流化床的空塔气速应介于初始流化速度（也称临界流化速度）与逸出速度之间，即维持流化状态的最低气速与最高气速之间。

（1）初始流化速度（u_{mf}）的计算

气流在初始流化速度时，床层处于固定床与流化床之间。当流体通过固定床时，气体的压力降为：

$$\frac{\Delta p'}{L_e} = \left(\frac{150}{Re} + 1.75\right) \left(\frac{\rho u^2}{d_S}\right) \left(\frac{1-\varepsilon_B}{\varepsilon_B^3}\right) \tag{7.2-3}$$

而床层处于流态化时气体压降为：

$$\Delta p'' = \frac{W}{A_f} = L_{mf}(1-\varepsilon_{mf})(\rho_P - \rho)g \tag{7.2-4}$$

$$L_{mf} \approx L_0$$

式中，L_0 为固定床时的床高。

当在初始流态化时 $\Delta p' = \Delta p''$

由此可导出下列算式：

$$\frac{1.75}{\varphi \varepsilon_{mf}^3} Re^2 + \frac{150(1-\varepsilon_{mf})}{\varphi^2 \varepsilon_{mf}^3} Re = \frac{d_P^3 \rho (\rho_P - \rho)g}{\mu^2} \tag{7.2-5}$$

其中

$$Re = \frac{d_P u_{mf} \rho}{\mu} \tag{7.2-6}$$

此式为 Re 的一元二次方程，很容易求出 Re 值，由此可计算出 u_{mf} 值。对于小颗粒流化床，当 $Re < 2$ 时式中第一项可以忽略

$$Re = \frac{1}{150} \left(\frac{\varphi^2 \varepsilon_{mf}^3}{1 - \varepsilon_{mf}} \right) \frac{d_P^3 \rho (\rho_P - \rho) g}{\mu^2} \tag{7.2-7}$$

对于大颗粒流化床，当 $Re > 1000$ 时式中第二项可以忽略

$$Re = \left[\left(\frac{\varphi \varepsilon_{mf}^3}{1.75} \right) \frac{d_P^3 \rho (\rho_P - \rho) g}{\mu^2} \right]^{\frac{1}{2}} \tag{7.2-8}$$

当缺乏 φ 与 ε_{mf} 数值时，可取

$$\frac{1}{\varphi \varepsilon_{mf}^3} \approx 14 \quad \text{及} \quad \frac{1 - \varepsilon_{mf}}{\varphi^2 \varepsilon_{mf}^3} \approx 11 \tag{7.2-9，7.2-10}$$

则以上三式可分别写成：

$$Re = \left(33.7^2 + 0.0408 \frac{d_P^3 \rho (\rho_P - \rho) g}{\mu^2} \right)^{\frac{1}{2}} - 33.7 \tag{7.2-11}$$

$$Re = \frac{1}{1650} \frac{d_P^3 \rho (\rho_P - \rho) g}{\mu^2} \qquad \text{在 } Re < 2 \text{ 时} \tag{7.2-12}$$

或

$$u_{mf} = \frac{d_P^2 (\rho_P - \rho) g}{1650 \mu} \tag{7.2-13}$$

$$Re = \left(\frac{d_P^3 \rho (\rho_P - \rho) g}{24.5 \mu^2} \right)^{\frac{1}{2}} \qquad \text{在 } Re > 1000 \text{ 时} \tag{7.2-14}$$

或

$$u_{mf} = \left(\frac{d_P^2 (\rho_P - \rho) g}{24.5 \rho} \right)^{\frac{1}{2}} \tag{7.2-15}$$

式中，d_P 为颗粒平均直径，m；u_{mf} 为初始流化速度，$m \cdot s^{-1}$；ρ_P 和 ρ 分别为固体及流体密度，$kg \cdot m^{-3}$；μ 为流体黏度，$kg \cdot m^{-1} \cdot s^{-1}$。

（2）逸出速度（u_T）的计算

当气体在反应器内实际气速与空塔速度相同，床内已无固体颗粒时，此时的速度称逸出速度，其最低值是固体颗粒仍处于悬浮状态。受力情况可由下式表示：

$$\frac{\pi}{6} d_P^3 (\rho_P - \rho) = \frac{1}{2} C_D \frac{\rho}{g} \left[\frac{\pi}{4} d_P^2 \right] u^2 \tag{7.2-16}$$

可整理成

$$C_D Re_P^2 = \frac{4}{3} Ar \tag{7.2-17}$$

其中

$$Ar = \frac{d_P^3 \rho g (\rho_P - \rho)}{\mu^2} \qquad \text{阿基米德数} \tag{7.2-18}$$

$$Re_P = \frac{d_P \rho u}{\mu} \qquad \text{雷诺数} \tag{7.2-19}$$

C_D 为曳力系数。

当 $Re_P < 2$ 时

$$C_D = \frac{24}{Re}, \quad u = \frac{d_P^2 (\rho_P - \rho) g}{18 \mu} \tag{7.2-20}$$

当 $2 < Re_P < 500$ 时

$$C_D = \frac{10}{Re^{0.5}}, \quad u = \left[\frac{4}{225} \frac{(\rho_P - \rho)^2 g^2}{\mu \rho}\right]^{\frac{1}{3}} d_P \qquad (7.2-21)$$

当 $500 < Re_P$ 时

$$C_D = 0.43, \quad u = 5.52 \left[d_P \frac{\rho_P - \rho}{\rho}\right]^{\frac{1}{2}} \qquad (7.2-22)$$

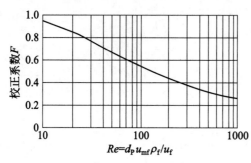

图 7-5 $Re > 10$ 时的校正系数

以上计算是针对一个颗粒的，在流化床内由于颗粒间有相互影响，故逸出速度由此速度值再加以校正而得。

$$u_T = Fu$$

$Re < 10$ 时，$F \approx 1$

$Re > 10$ 时，Re-F 见图 7-5

流化床的初始流化速度和逸出速度的估算都是实验归纳的经验式，除上面介绍的以外尚有其他经验计算式，本处不予介绍，如有需要可参阅有关书籍。

例 7-1 计算萘氧化制苯酐的微球硅胶钒催化剂的初始流化速度和逸出速度。已知催化剂粒度分布如下：

目数	>120	100~120	80~100	60~80	40~60	<40
重量比/%	12	10	13	35	25	5

催化剂颗粒密度 $\rho_P = 1120 \text{kg} \cdot \text{m}^{-3}$

气体密度 $\rho = 1.10 \text{kg} \cdot \text{m}^{-3}$

气体黏度 $\mu = 0.0302 \text{mPa} \cdot \text{s}$

解：（1）计算颗粒平均粒径

根据标准筛的规格，目数与直径关系如下：

目数	120	100	80	60	40
直径/mm	0.121	0.147	0.175	0.246	0.360

在两个目数间隔内颗粒平均直径可按几何平均值计算，即

$$d_P = \sqrt{d_1 d_2}$$

目数	>120	100~120	80~100	60~80	40~60	<40
d_{Pi}	0.121	0.133	0.163	0.208	0.298	0.360
w_i/d_{Pi}	0.99	0.752	0.797	1.680	0.839	0.139

$$d_P = \left(\sum \frac{w_i}{d_{Pi}}\right)^{-1} = (0.99 + 0.752 + 0.797 + 1.680 + 0.839 + 0.139)^{-1} \text{mm} = 0.192 \text{mm}$$

（2）计算初始流化速度（u_{mf}）

$$Re = \left[33.7^2 + 0.0408 \frac{d_P^3 \rho (\rho_P - \rho)}{\mu^2} g\right]^{\frac{1}{2}} - 33.7$$

$$Re = \left[1133.67 + 0.0408 \frac{(1.92 \times 10^{-4})^3 \times 1.1 \times (1120 - 1.1) \times 9.81}{(3.02 \times 10^{-5})^2}\right]^{\frac{1}{2}} - 33.7$$

$$= 0.0568$$

$$u_{mf} = \frac{\mu}{d_P \rho} Re = \frac{3.02 \times 10^{-5}}{1.92 \times 10^{-4} \times 1.1} \times 0.0568 \, \text{m} \cdot \text{s}^{-1}$$

$$= 8.11 \times 10^{-3} \, \text{m} \cdot \text{s}^{-1}$$

（3）计算逸出速度（u_T）

设 $Re < 2$

则

$$u = \frac{d_P^2 (\rho_P - \rho) g}{18 \mu}$$

$$= \frac{(1.21 \times 10^{-4})^2 \times (1120 - 1.1) \times 9.81}{18 \times 3.02 \times 10^{-5}} \, \text{m} \cdot \text{s}^{-1}$$

$$= 0.2956 \, \text{m} \cdot \text{s}^{-1}$$

复核 Re 值

$$Re = \frac{d_P u \rho}{\mu} = \frac{1.21 \times 10^{-4} \times 0.2956 \times 1.1}{3.02 \times 10^{-5}} = 1.3 < 2$$

故，假设 $Re < 2$ 合理。

由 $Re = 1.3$ 可得 $F = 1$

$$u_T = Fu = 0.2956 \, \text{m} \cdot \text{s}^{-1}$$

7.2.2 流化床反应器床高的确定

流化床反应器床层高度分为两部分：浓相段床高和稀相段床高，现分别予以介绍。

（1）浓相段高度的计算

当确定了固体催化剂用量以及床层内径后，催化剂在床层中堆积高度很容易测定或计算出来，该床层称静床层高度（L_0）。在通入气体到初始流化时，床高 $L_{mf} \approx L_0$。若继续加大气量，床层内产生一定量的气泡，浓相段床高（L_f）远大于静床层高度。

关于浓相段床高的计算通常用计算床层空隙率（ε_f）来获得。

令床层膨胀比为 R

$$R = \frac{L_f}{L_{mf}} = \frac{1 - \varepsilon_{mf}}{1 - \varepsilon_f} \tag{7.2-23}$$

$$\varepsilon_f = \left(\frac{u}{u_t}\right)^{\frac{1}{n}} \tag{7.2-24}$$

$0.2 < Re_P < 1$ 时，

$$n = \left(4.35 + 17.5 \frac{d_P}{d_T}\right) Re^{-0.03} \tag{7.2-25}$$

$1 < Re_P < 200$ 时，

$$n = \left(4.45 + 18 \frac{d_P}{d_T}\right) Re^{-0.1} \tag{7.2-26}$$

$200 < Re_P < 500$ 时，　　　$n = 4.45 Re^{-0.1}$ (7.2-27)

$500 < Re_P$ 时，　　　　　$n = 2.39$ (7.2-28)

则　　　　　　　　　　　$L_f = R L_{mf}$

（2）稀相段床高的估算

稀相段也称分离段，主要是用来保证床内因气泡破裂而挟带固体颗粒重新回到浓相段所需的空间。稀相段床高可由化工原理中非均相分离过程计算而得，也可由下述经验方程估算。

$$L_2 = 1.2 \times 10^3 L_0 Re_P^{1.55} Ar^{-1.1} \tag{7.2-29}$$

例 7-2　例 7-1 中的催化反应过程，若操作气速取 $0.12 \mathrm{m \cdot s^{-1}}$，催化剂装填高度 $L_0 = 0.2\mathrm{m}$，气体流量为 $122\mathrm{m^3 \cdot h^{-1}}$，试估算流化床内径以及浓相段、稀相段床高。

解：

① 计算流化床内径

$$d_T = \sqrt{\frac{4 V_G}{\pi u}} = \sqrt{\frac{4 \times \dfrac{122}{3600}}{0.12\pi}}\,\mathrm{m} = 0.6\mathrm{m}$$

② 计算流化床浓相段床高

$$R = \frac{L_f}{L_{mf}} = \frac{1 - \varepsilon_{mf}}{1 - \varepsilon_f}$$

$$\varepsilon_f = \left(\frac{u}{u_t}\right)^{\frac{1}{n}}$$

当 $0.2 < Re_P < 1$ 时，$n = \left(4.35 + 17.5 \dfrac{d_P}{d_T}\right) Re^{-0.03}$

现将数据代入

$$Re_P = \frac{1.92 \times 10^{-4} \times 0.12 \times 1.1}{3.02 \times 10^{-5}} = 0.8392$$

$$n = \left(4.35 + 17.5\,\frac{1.92 \times 10^{-4}}{0.6}\right) \times 0.8392^{-0.03} = 4.379$$

$$\varepsilon_f = \left(\frac{0.12}{0.2956}\right)^{\frac{1}{4.379}} = 0.8139$$

$$R = \frac{1 - 0.5}{1 - 0.8139} = 2.687$$

$$L_f = R L_{mf} = 2.687 \times 0.2\,\mathrm{m} = 0.5374\mathrm{m}$$

③ 计算稀相段床高

$$L_2 = 1.2 \times 10^3 L_0 Re_P^{1.55} Ar^{-1.1}$$

$$Ar = \frac{d_P^3 \rho g (\rho_P - \rho)}{\mu^2} = \frac{(1.92 \times 10^{-4})^3 \times 1.1 \times 9.81 \times (1120 - 1.1)}{(3.02 \times 10^{-5})^2} = 93.7$$

$$L_2 = 1.2 \times 10^3 \times 0.2 \times 0.8392^{1.55} 93.7^{-1.1}\,\mathrm{m} = 1.3136\mathrm{m}$$

④ 床层总高

$$L = L_f + L_2 = (0.5374 + 1.3136)\,\mathrm{m} = 1.851\mathrm{m}$$

7.2.3　流化床的热传递

流化床的热量传递过程大体可分为：固体颗粒之间的热量传递；气体与固体

之间的热量传递；床层与床壁（包括换热器）之间的热量传递。由于流化床中颗粒处于高度运动状态，而固体的热导率较大，因此传热速率很快。床层中温度基本上可以认为是一致的。气体与固体颗粒之间有较大的相对运动，而且颗粒粒径较小具有较大的表面积，从而使气体与固体之间热量传递较快，二者温度大体也可认为趋于一致。

流化床内的热传递问题实际上是床层与器壁（及换热器壁）之间的热交换速率问题。流化床层与器壁的给热系数直到目前为止仍只能通过将实验数据归纳成准数方程而获得。

$$Nu = \frac{h_0 D}{\lambda} = 0.075(1-\varepsilon)\left[RePr\frac{(c_p)_P \rho_P}{c_p \rho}\right]^{\frac{1}{2}} \tag{7.2-30}$$

式中，h_0 为给热系数；D 为与床层尺寸相关的定型尺寸。

流化床层与竖放的换热器器壁之间给热系数计算式为

$$Nu = 1.844 \times 10^{-2} C_R (1-\varepsilon) Re^{0.23} Pr^{0.43}\left[\frac{(c_p)_P}{c_p}\right]^{0.8}\left[\frac{\rho_P}{\rho}\right]^{0.66}\left[\frac{\rho}{\mu}\right]^{0.43} \tag{7.2-31}$$

注意：$\left[\frac{\rho}{\mu}\right]$ 是有单位的，其单位为 s·cm^{-2}；C_R 是管子距床中心位置的校正系数，由图 7-6 查得。

床层与横放的换热器器壁之间传热时，给热系数计算式为

$$Nu = 0.66 Re^{0.44} Pr^{0.3}\left[\frac{\rho_P}{\rho}\frac{(1-\varepsilon)}{\varepsilon}\right]^{0.44} \tag{7.2-32}$$

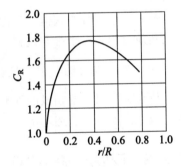

图 7-6 C_R-r/R 关系

7.3 流化床内反应过程的计算

本节主要介绍聚式流化床浓相段内气泡行为以及在床层中进行反应和传质的过程。具体要解决的问题是：在已知气固相催化反应动力学的基础上，对于定量气体为达到所需反应转化率时需要催化剂的量。

7.3.1 床层中气泡行为

在聚式流化床的浓相段中，床层明显可分为乳化相和气泡相两部分，但实际上还存在着第三部分——气泡晕，见图 7-7。当气体通过床层时一部分气体与颗粒之间组成乳化相，其余气体则以气泡形式通过乳化相。由于气体上升速度与乳化相速度不同，存在明显的速度差异，气泡在上升过程中必然会挟带气泡周围一定量的乳化相物质。气泡在上升时其尾部形成负压，将吸入部分乳化相物质随其上升，这部分称尾涡；气泡上升时气泡外侧一定厚度的乳化相将随

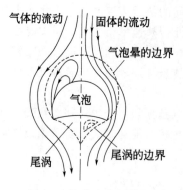

气体的流动　固体的流动

气泡晕的边界

气泡

尾涡　尾涡的边界

图 7-7　流化床中的气泡

气泡一起上升，这部分被称为气泡云。尾涡与气泡云统称为气泡晕，它与原乳化相在运动方式上存在较大差异，因此在计算时作为单独的相予以考虑。

7.3.2　流化床的鼓泡床模型

聚式流态化十分复杂，很难准确加以描述，通常采用模型法对其加以简化。目前提出的模型不下十余种，本处仅介绍应用较多的鼓泡床模型，其他模型请参阅有关书籍。

鼓泡床模型对流化床运动形态作如下简化：

（1）床层在初始时尽管气泡大小不一，但由于气泡的聚并、破裂等原因，可以认为床层主体部分气泡大小均一且均匀分布于床层之中。

（2）床层中乳化相处于初始流化状态，超过初始流化态的气体将以气泡形式通过床层。

（3）床层可分为气泡、气泡晕及乳化相三部分。在气泡、气泡晕和乳化相之间的传质过程是一个串联过程。

（4）在 $\dfrac{u_0}{u_{\mathrm{mf}}} \geqslant 6$ 时，进入稀相段的气体只有气泡破裂而逸出的气体，故稀相段气体组成与离开浓相段的气泡中气体组成相同。

鼓泡床模型在上述基础上可对气固相催化反应过程进行估算。

7.3.3　反应过程的估算

在流化床的浓相段中，对气体中反应物 A 而言，存在如下关系：

A 的总消失量	气泡相（b）	传递 →	气泡晕（c）	传递 →	乳化相（e）
	↓		↓		↓
	反应消耗		反应消耗		反应消耗
相间交换系数		$K_{\mathrm{bc}} = k_{\mathrm{bc}} S_{\mathrm{b}}$		$K_{\mathrm{ce}} = k_{\mathrm{ce}} S_{\mathrm{c}}$	
传质速率		$K_{\mathrm{bc}}(c_{\mathrm{Ab}} - c_{\mathrm{Ac}})$		$K_{\mathrm{ce}}(c_{\mathrm{Ac}} - c_{\mathrm{Ae}})$	
$\dfrac{颗粒体积}{气泡体积}$	γ_{b}		γ_{c}		γ_{e}
反应速率 /mol·s⁻¹·m⁻³（颗粒）	$k_{\mathrm{r}} f(c_{\mathrm{Ab}})$		$k_{\mathrm{r}} f(c_{\mathrm{Ac}})$		$k_{\mathrm{r}} f(c_{\mathrm{Ae}})$
反应速率 /mol·s⁻¹·m⁻³（气泡）	$\gamma_{\mathrm{b}} k_{\mathrm{r}} f(c_{\mathrm{Ab}})$		$\gamma_{\mathrm{c}} k_{\mathrm{r}} f(c_{\mathrm{Ac}})$		$\gamma_{\mathrm{e}} k_{\mathrm{r}} f(c_{\mathrm{Ae}})$

根据上表可得 A 组分的物料衡算。以单位气体体积为基准

总消失量＝在气泡中反应的量＋转移到气泡晕中的量

转移到气泡晕中的量＝在气泡晕中反应掉的量＋转移到乳化相中的量

转移到乳化相中的量＝在乳化相中反应掉的量

A 组分总消失量 $= -\dfrac{\mathrm{d}c_{\mathrm{Ab}}}{\mathrm{d}t} = -\dfrac{\mathrm{d}l}{\mathrm{d}t}\dfrac{\mathrm{d}c_{\mathrm{Ab}}}{\mathrm{d}l} = -u_{\mathrm{b}}\dfrac{\mathrm{d}c_{\mathrm{Ab}}}{\mathrm{d}l} = (K_{\mathrm{r}})_{\mathrm{b}}f(c_{\mathrm{Ab}})$

$$(7.3\text{-}1)$$

式中，$(K_{\mathrm{r}})_{\mathrm{b}}$ 是流化床内总反应速率常数。

$$\frac{\mathrm{d}c_{\mathrm{Ab}}}{f(c_{\mathrm{Ab}})} = -\frac{(K_{\mathrm{r}})_{\mathrm{b}}}{u_{\mathrm{b}}}\mathrm{d}l \qquad (7.3\text{-}2)$$

对该方程进行积分

边值条件为：$l = 0$ 时，$c_{\mathrm{Ab}} = c_{\mathrm{A0}}$，$x_{\mathrm{A}} = 0$

$\qquad\qquad l = L_{\mathrm{f}}$ 时，$c_{\mathrm{Ab}} = c_{\mathrm{Af}}$，$x_{\mathrm{A}} = x_{\mathrm{Af}}$

$$\int_{c_{\mathrm{Af}}}^{c_{\mathrm{Ab}}}\frac{\mathrm{d}c_{\mathrm{Ab}}}{f(c_{\mathrm{Ab}})} = \frac{(K_{\mathrm{r}})_{\mathrm{b}}}{u_{\mathrm{b}}}L_{\mathrm{f}} \qquad (7.3\text{-}3)$$

已知 c_{A0}、c_{Af}（或 x_{Af}），利用该式可求得浓相段床高 L_{f}，进而求出催化剂用量。

已知 c_{A0}、L_{f}，可求得气体的出口浓度 c_{Af}（或转化率 x_{Af}）。

为方便起见，现以反应动力学方程为一级的反应为例。

A 组分总消失量 $= -\dfrac{\mathrm{d}c_{\mathrm{Ab}}}{\mathrm{d}t} = -u_{\mathrm{b}}\dfrac{\mathrm{d}c_{\mathrm{Ab}}}{\mathrm{d}l} = (K_{\mathrm{r}})_{\mathrm{b}}c_{\mathrm{Ab}}$ \qquad $(7.3\text{-}4)$

在气泡中反应量 $= \gamma_{\mathrm{b}}k_{\mathrm{r}}c_{\mathrm{Ab}}$

转移到气泡晕的量 $= K_{\mathrm{bc}}(c_{\mathrm{Ab}} - c_{\mathrm{Ac}})$

在气泡晕中反应量 $= \gamma_{\mathrm{c}}k_{\mathrm{r}}c_{\mathrm{Ac}}$

转移到乳化相的量 $= K_{\mathrm{ce}}(c_{\mathrm{Ac}} - c_{\mathrm{Ae}})$

在乳化相中反应量 $= \gamma_{\mathrm{e}}k_{\mathrm{r}}c_{\mathrm{Ae}}$

可得

$$-u_{\mathrm{b}}\frac{\mathrm{d}c_{\mathrm{Ab}}}{\mathrm{d}l} = (K_{\mathrm{r}})_{\mathrm{b}}c_{\mathrm{Ab}} = \gamma_{\mathrm{b}}k_{\mathrm{r}}c_{\mathrm{Ab}} + K_{\mathrm{bc}}(c_{\mathrm{Ab}} - c_{\mathrm{Ac}}) \qquad (7.3\text{-}5)$$

$$K_{\mathrm{bc}}(c_{\mathrm{Ab}} - c_{\mathrm{Ac}}) = \gamma_{\mathrm{c}}k_{\mathrm{r}}c_{\mathrm{Ac}} + K_{\mathrm{ce}}(c_{\mathrm{Ac}} - c_{\mathrm{Ae}}) \qquad (7.3\text{-}6)$$

$$K_{\mathrm{ce}}(c_{\mathrm{Ac}} - c_{\mathrm{Ae}}) = \gamma_{\mathrm{e}}k_{\mathrm{r}}c_{\mathrm{Ae}} \qquad (7.3\text{-}7)$$

联解此方程，消除 c_{Ac}、c_{Ae} 整理后可得

$$(K_{\mathrm{r}})_{\mathrm{b}} = k_{\mathrm{r}}\left(\gamma_{\mathrm{b}} + \cfrac{1}{\cfrac{k_{\mathrm{r}}}{K_{\mathrm{bc}}} + \cfrac{1}{\gamma_{\mathrm{c}} + \cfrac{1}{\cfrac{k_{\mathrm{r}}}{K_{\mathrm{ce}}} + \cfrac{1}{\gamma_{\mathrm{e}}}}}\right) \qquad (7.3\text{-}8)$$

由 $-u_{\mathrm{b}}\dfrac{\mathrm{d}c_{\mathrm{Ab}}}{\mathrm{d}l} = (K_{\mathrm{r}})_{\mathrm{b}}c_{\mathrm{Ab}}$

边值条件 $l = 0$ 时，$c_{\mathrm{Ab}} = c_{\mathrm{A0}}$

$\qquad\qquad l = L_{\mathrm{f}}$ 时，$c_{\mathrm{Ab}} = c_{\mathrm{Af}}$

代入 $\displaystyle\int_{c_{\mathrm{A0}}}^{c_{\mathrm{Af}}}\frac{\mathrm{d}c_{\mathrm{Ab}}}{c_{\mathrm{Ab}}} = -\int_{0}^{L_{\mathrm{f}}}\frac{(K_{\mathrm{r}})_{\mathrm{b}}}{u_{\mathrm{b}}}\mathrm{d}l = -\frac{K_{\mathrm{r}}L_{\mathrm{f}}}{u_{\mathrm{b}}}$

若浓相段床高为 L_{f}，则出口气体浓度及转化率为

$$c_{\mathrm{Af}} = c_{\mathrm{A0}}\exp\left[-\frac{(K_{\mathrm{r}})_{\mathrm{b}}}{u_{\mathrm{b}}}L_{\mathrm{f}}\right] \qquad (7.3\text{-}9)$$

或 $\qquad\qquad\qquad x_{\mathrm{Af}} = 1 - \exp\left[-\dfrac{(K_{\mathrm{r}})_{\mathrm{b}}}{u_{\mathrm{b}}}L_{\mathrm{f}}\right] \qquad (7.3\text{-}10)$

若要求出口转化率为 x_{Af}，则需浓相段床高 L_f 为

$$L_f = -\frac{u_b}{(K_r)_b}\ln(1-x_{Af}) \tag{7.3-11}$$

在计算此式时，尚需计算出 γ_b、γ_c、γ_e 及 K_{bc}、K_{ce}、u_b 值。现分别予以介绍。

$$\gamma_b = \frac{气泡内颗粒体积}{气泡体积}$$

γ_b 的值在 $0.001 \sim 0.01$ 之间。由于该值较小，对计算影响不大。

$$\gamma_c = \frac{气泡晕内颗粒体积}{气泡体积}$$

$$\gamma_c = (1-\varepsilon_{mf})\left[\frac{3\dfrac{u_{mf}}{\varepsilon_{mf}}}{0.711(gd_b)^{\frac{1}{2}}-\dfrac{u_{mf}}{\varepsilon_{mf}}}+\frac{V_w}{V_b}\right] \tag{7.3-12}$$

式中，$\dfrac{V_w}{V_b}$ 可查图 7-8 得到。

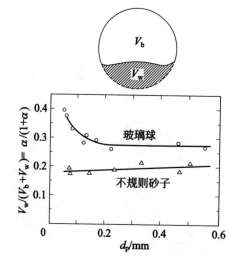

图 7-8 尾涡体积与颗粒直径的关系

$$\gamma_e = \frac{乳化相中颗粒总体积}{床层中气泡总体积}$$

$$\gamma_e = \frac{(1-\varepsilon_{mf})(1-\delta_b)}{\delta_b}-(\gamma_b+\gamma_c) \tag{7.3-13}$$

其中：

$$\delta_b \approx \frac{u-u_{mf}}{u_b} \tag{7.3-14}$$

$$d_b = \frac{\left[\dfrac{u_t}{0.711}\right]^2}{g} \tag{7.3-15}$$

$$K_{bc} = k_{bc}S_b \tag{7.3-16}$$

$$K_{bc} = 4.5\frac{u_{mf}}{d_b}+5.85\left(\frac{D_e^2 g}{d_b^5}\right)^{\frac{1}{4}} \tag{7.3-17}$$

$$K_{ce} = k_{ce}S_c \tag{7.3-18}$$

$$K_{ce} = 6.78\left(\frac{\varepsilon_{mf}D_e u_b}{d_b^3}\right)^{\frac{1}{2}} \tag{7.3-19}$$

D_e 为气体中 A 组分的扩散系数。

例 7-3 计算萘氧化制苯酐的流化床反应器气体出口转化率。
已知：

(1) 催化剂　微球硅胶钒催化剂（同例 7-1）
平均粒径　　$d_P = 1.92 \times 10^{-4}\,\mathrm{m}$
密度　　　　$\rho_P = 1120\,\mathrm{kg \cdot m^{-3}}$

(2) 气体性质
气体密度　　$\rho = 1.1\,\mathrm{kg \cdot m^{-3}}$

气体黏度　　　$\mu = 0.0302 \text{mPa} \cdot \text{s}$

扩散系数　　　$D = 0.204 \text{cm}^2 \cdot \text{s}^{-1}$

（3）流化床特性

静床层高　　　$L_0 = L_{mf} = 20 \text{cm}$

床层直径　　　$d_t = 0.6 \text{m}$

空隙率　　　　$\varepsilon_{mf} = \varepsilon_0 = 0.5$

操作气速　　　$u = 0.12 \text{m} \cdot \text{s}^{-1}$

（4）反应动力学方程

$$R_r = 3.4 c_A$$

解：

（1）计算初始流化速度与逸出速度（见例 7-1）

$u_{mf} = 8.11 \times 10^{-3} \text{m} \cdot \text{s}^{-1}$

$u_T = 0.2956 \text{m} \cdot \text{s}^{-1}$

（2）计算操作条件下的空隙率及膨胀比（见例 7-2）

空隙率　　　　$\varepsilon_f = 0.8$

床层膨胀比　　$R = 3.05$

浓相段高　　　$L_f = 0.5374 \text{m}$

稀相段高　　　$L_2 = 1.3136 \text{m}$

（3）计算气泡上升速度

$$d_b = \frac{\left(\dfrac{u_t}{0.711}\right)^2}{g} = \frac{\left(\dfrac{0.2956}{0.711}\right)^2}{9.81} \text{m} = 0.01762 \text{m}$$

$u_{br} = u_T = 0.2956 \text{m} \cdot \text{s}^{-1}$

$u_b = u - u_{mf} + u_{br} = (0.12 - 0.00811 + 0.2956) \text{m} \cdot \text{s}^{-1} = 0.4075 \text{m} \cdot \text{s}^{-1}$

（4）计算 γ_b、γ_c 和 γ_e 值

取 $\gamma_b = 0.01$

$$\gamma_c = (1 - \varepsilon_{mf}) \left[\frac{3\dfrac{u_{mf}}{\varepsilon_{mf}}}{0.711(gd_b)^{\frac{1}{2}} - \dfrac{u_{mf}}{\varepsilon_{mf}}} + \frac{V_w}{V_b} \right]$$

查 $\dfrac{V_w}{V_b}$ 图，当 $d_P = 1.92 \times 10^{-4} \text{m}$ 时，$\dfrac{V_w}{V_b} = 0.47$

代入 $\gamma_c = (1 - 0.5) \times \left[\dfrac{3\dfrac{0.00811}{0.5}}{0.711(9.81 \times 0.01762)^{\frac{1}{2}} - \dfrac{0.00811}{0.5}} + 0.47 \right] = 0.3221$

$$\gamma_e = \frac{(1 - \varepsilon_{mf})(1 - \delta_b)}{\delta_b} - (\gamma_b + \gamma_c)$$

其中，$\delta_b = \dfrac{u - u_{mf}}{u_b} = \dfrac{0.12 - 0.00811}{0.4075} = 0.2746$

代入 $\gamma_e = \dfrac{(1 - 0.5) \times (1 - 0.2746)}{0.2746} - (0.01 + 0.3221) = 0.8435$

(5) 计算 K_{bc} 和 K_{ce} 值

$$K_{bc} = 4.5 \frac{u_{mf}}{d_b} + 5.85 \left(\frac{D_e^2 g}{d_b^5} \right)^{\frac{1}{4}}$$

$$= 4.5 \frac{0.811}{1.762} + 5.85 \left(\frac{0.204^2 \times 981}{1.762^5} \right)^{\frac{1}{4}}$$

$$= 9.8488$$

$$K_{ce} = 6.78 \left(\frac{\varepsilon_{mf} D_e u_b}{d_b^3} \right)^{\frac{1}{2}}$$

$$= 6.78 \left(\frac{0.5 \times 0.204 \times 40.75}{1.762^3} \right)^{\frac{1}{2}}$$

$$= 8.435$$

(6) 计算 $(K_r)_b$ 值

$$(K_r)_b = k_r \left[\gamma_b + \cfrac{1}{\cfrac{k_r}{K_{bc}} + \cfrac{1}{\gamma_c + \cfrac{1}{\cfrac{k_r}{K_{ce}} + \cfrac{1}{\gamma_e}}}} \right]$$

$$= 3.4 \left[0.01 + \cfrac{1}{\cfrac{3.4}{9.849} + \cfrac{1}{0.3221 + \cfrac{1}{\cfrac{3.4}{8.435} + \cfrac{1}{0.8435}}}} \right]$$

$$= 2.4694$$

(7) 计算出口气体中萘的转化率

$$x_{Af} = 1 - \exp \left[-\frac{(K_r)_b}{u_b} L_f \right]$$

$$= 1 - \exp \left[-\frac{2.4694}{0.4075} \times 0.5374 \right] = 0.9615$$

本章小结

1.流化床反应器直径由下式确定：

$$d_T = \sqrt{\frac{4V_G}{\pi u}} \tag{7.2-2}$$

式中，u 为气流在反应器内的空塔流速，其值介于初始流化速度（u_{mf}）与逸出速度（u_T）之间。

(1) 初始流化速度（u_{mf}）的确定

$$Re = \frac{d_P \rho u_{mf}}{\mu} = \left(33.7^2 + 0.0408 \frac{d_P^3 \rho (\rho_P - \rho)}{\mu^2} g \right)^{\frac{1}{2}} - 33.7 \tag{7.2-11}$$

(2) 逸出速度（u_T）由下式确定

$$Re_P < 2 \qquad C_D = \frac{24}{Re} \qquad u = \frac{d_P^2 (\rho_P - \rho) g}{18\mu} \tag{7.2-20}$$

$$2 < Re_P < 500 \qquad C_D = \frac{10}{Re^{0.5}} \qquad u = \left[\frac{4}{225} \frac{(\rho_P - \rho)^2 g^2}{\mu \rho} \right]^{\frac{1}{3}} d_P \qquad (7.2\text{-}21)$$

$$500 < Re_P \qquad C_D = 0.43 \qquad u = 5.52 \left(d_P \frac{\rho_P - \rho}{\rho} \right)^{\frac{1}{2}} \qquad (7.2\text{-}22)$$

2. 流化床反应器床高的确定

流化床高＝浓相段高度＋稀相段高度。

（1）浓相段高度（L_f）的估算

$$L_f = L_0 \frac{1 - \varepsilon_{mf}}{1 - \varepsilon_f} \qquad L_0 \approx L_{mf} \qquad (7.2\text{-}23)$$

$$\varepsilon_f = \left(\frac{u}{u_T} \right)^{\frac{1}{n}} \qquad (7.2\text{-}24)$$

$$0.2 < Re_P < 1 \text{ 时，} \qquad n = \left(4.35 + 17.5 \frac{d_P}{d_T} \right) Re^{-0.03} \qquad (7.2\text{-}25)$$

$$1 < Re_P < 200 \text{ 时，} \qquad n = \left(4.45 + 18 \frac{d_P}{d_T} \right) Re^{-0.1} \qquad (7.2\text{-}26)$$

$$200 < Re_P < 500 \text{ 时，} n = 4.45 Re^{-0.1} \qquad (7.2\text{-}27)$$

$$500 < Re_P \text{ 时，} \qquad n = 2.39 \qquad (7.2\text{-}28)$$

（2）稀相段床高（L_2）的确定

$$L_2 = 1.2 \times 10^3 L_0 Re_P^{1.55} Ar^{-1.1} \qquad (7.2\text{-}29)$$

3. 流化床反应器的模型化估算

选用鼓泡床模型解决反应关键组分转化率（x_{Af}）与催化剂用量之间关系。

对于一级反应过程：

$$c_{Af} = c_{A0} \exp \left[-\frac{(K_r)_b}{u_b} L_f \right] \qquad (7.3\text{-}9)$$

$$x_{Af} = 1 - \exp \left[-\frac{(K_r)_b}{u_b} L_f \right] \qquad (7.3\text{-}10)$$

其中：

$$(K_r)_b = k_r \left\{ \gamma_b + \cfrac{1}{\cfrac{k_r}{K_{bc}} + \cfrac{1}{\gamma_c + \cfrac{1}{\cfrac{k_r}{K_{ce}} + \cfrac{1}{\gamma_e}}}} \right\} \qquad (7.3\text{-}8)$$

γ_b、γ_c、γ_e 为相中固含率；K_{bc}、K_{ce} 为相间传质系数。

具体计算关系为经验方程，见正文。

习 题

1. 某合成反应的催化剂，其粒度分布如下：

$d_P \times 10^6$/m	40.0	31.5	25.0	16.0	10.0	5.0
质量分数/%	4.60	27.05	27.95	30.07	6.49	3.84

已知 $\varepsilon_{mf}=0.55$，$\rho_P=1300kg \cdot m^{-3}$。在 120℃ 及 101.3kPa 下，气体的密度 $\rho=1.453kg \cdot m^{-3}$，$\mu=1.368 \times 10^{-2}mPa \cdot s$。求初始流化速度。

2. 计算粒径为 $80 \times 10^{-6}m$ 的球形颗粒在 20℃ 空气中的逸出速度。已知颗粒密度 $\rho_P=2650kg \cdot m^{-3}$，20℃ 空气的密度 $\rho=1.205kg \cdot m^{-3}$，空气此时的黏度为 $\mu=1.85 \times 10^{-2}mPa \cdot s$。

3. 在流化床反应器中，催化剂的平均粒径为 $51 \times 10^{-6}m$，颗粒密度 $\rho_P=2500kg \cdot m^{-3}$，静床空隙率为 0.5，初始流化时床层空隙率为 0.6，反应气体的密度为 $1kg \cdot m^{-3}$，黏度为 $4 \times 10^{-2}mPa \cdot s$。试求：

（1）初始流化速度

（2）逸出速度

（3）操作气速

4. 在一直径为 2m，静床高为 0.2m 的流化床中，以操作气速 $u=0.3m \cdot s^{-1}$ 的空气进行流态化操作，已知数据如下：$d_p=80 \times 10^{-6}m$，$\rho_P=2200kg \cdot m^{-3}$，$\rho=2kg \cdot m^{-3}$，$\mu=1.90 \times 10^{-2}mPa \cdot s$，$\varepsilon_{mf}=0.5$。求床层的浓相段高度及稀相段高度。

5. 例 7-3 中如果要求出口气体中关键组分转化率为 $x_{Af}=0.98$，催化剂用量应取多少？

6. 例 7-3 中如果将操作气速由 $u=0.12m \cdot s^{-1}$ 提高到 $0.2m \cdot s^{-1}$，出口气体中关键组分转化率是多少？床层高度有何变化？

8

气液相反应过程与反应器

8.1 概述

气液相反应过程是指气相中的组分必须进入到液相中才能进行反应的过程。反应组分可能是一个在气相，另一个在液相，也可能两个都在气相，但需进入含有催化剂的溶液中才能进行反应。众所周知的化学吸收就是气液相反应过程的一种。

气液相反应过程在工业上通常被用于：①制取化工产品，例如用乙烯与氯气通入悬浮有三氯化铁的二氯乙烷溶液中制取二氯乙烷，用乙烯和氧气通入 $PbCl_2$-$CuCl_2$ 的醋酸水溶液制取乙醛，用氧气通入含醋酸锰的乙醛溶液制醋酸等；②除去气相中某一有害组分，例如合成氨生产中除去原料气中硫化氢、二氧化碳等，硫酸厂及燃料锅炉厂尾气中消除二氧化硫等；③从尾气中回收有用组分等。总之，在石油化工、无机化工及生物化学工程等领域有许多气液反应过程的实例并越来越显示它们的重要性。

本章将就气液反应过程的特点及所采用的反应器进行较为详细的介绍。

8.1.1 气液反应的步骤

气液反应过程必然是反应物中有一个或一个以上组分存在于气相，但并非所有反应组分均在气相，因此在气相中并没有化学反应发生。在反应过程中气相中反应组分必须进入到液相，与液相中反应组分相接触才能进行反应。气相组分进入液相的过程是个传质过程，为方便问题的叙述，将气相中组分进入液相的过程用双膜模型来描述。

气液反应过程的步骤如下：

(1) 气相中反应组分由气相主体透过气膜扩散到气液界面。

(2) 该组分进入液相后通过液膜扩散到液相主体。

(3) 进入液相的该组分与液相中反应组分进行反应生成产物。

(4) 产物由液相主体透过液膜扩散到气液界面。

(5) 产物从气液界面透过气膜扩散到气相主体。

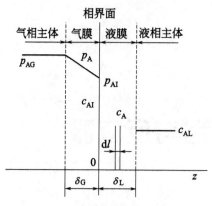

相界面

气相主体｜气膜｜液膜｜液相主体

图 8-1　双膜模型组分 A 相际
传质的示意图

p_{AG}、p_A、p_{AI}—组分 A 在气相主体、气膜和相界面的分压；c_{AL}、c_A、c_{AI}—组分 A 在液相主体、液膜和相界面的浓度；z—扩散途径的坐标；δ_G、δ_L—气膜和液膜的厚度

如果产物不挥发则无四、五两步。上述气液反应过程的五步中仅第三步为反应过程，第一、二步及第四、五步均为传递过程。

8.1.2　气液反应过程的计算关系式

双膜模型组分 A 相际传质如图 8-1 所示。气相主体中反应物 A 的分压为 p_{AG}；气液界面处反应物 A 的分压为 p_{AI}；气液界面处液相中 A 的浓度为 c_{AI}；液相主体中 A 组分浓度为 c_{AL}。

按照双膜模型，在气液界面处，A 组分达到平衡状态。即：

$$H_A p_{AI} = c_{AI}$$

式中，H_A 为溶解度系数。

A 组分由气相主体扩散到气液界面的速率方程为：

$$-\frac{dn_A}{dt} = \frac{D_{AG}}{\delta_G}(p_{AG} - p_{AI})S$$

式中，S 为气液相接触面积。

根据气膜传质系数定义

$$k_{AG} = \frac{D_{AG}}{\delta_G}$$

则

$$-\frac{dn_A}{dt} = k_{AG}(p_{AG} - p_{AI})S = k_{AL}(c_{AI} - c_{AL})S$$

$$= \frac{(p_{AG} - p_{AI})S}{\dfrac{1}{k_{AG}}} = \frac{(c_{AI} - c_{AL})S}{\dfrac{1}{k_{AL}}} \tag{8.1-1}$$

将 $H_A p_{AI} = c_{AI}$ 代入上式可得

$$-\frac{dn_A}{dt} = \frac{1}{\dfrac{1}{k_{AG}} + \dfrac{1}{H_A k_{AL}}}\left(p_{AG} - \frac{c_{AL}}{H_A}\right)S = K_{AG}\left(p_{AG} - \frac{c_{AL}}{H_A}\right)S \tag{8.1-2}$$

$$K_{AG} = \frac{1}{\dfrac{1}{k_{AG}} + \dfrac{1}{H_A k_{AL}}}$$

式中，K_{AG} 为气相传质总系数。

当液膜中反应物 A 存在化学反应，使液膜较纯物理过程的液膜变薄，为 δ_L' 时（见图 8-2），则：

$$-\frac{dn_A}{dt} = k_{AG}(p_{AG} - p_{AI})S$$

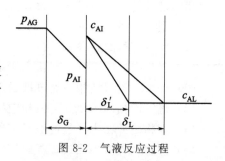

图 8-2　气液反应过程

$$H_A p_{AI} = c_{AI}$$

$$-\frac{dn_A}{dt} = k'_{AL}(c_{AI} - c_{AL})S$$

$$k'_{AL} = \frac{D_{AL}}{\delta'_L} = \frac{D_{AL}}{\delta_L}\frac{\delta_L}{\delta'_L} = k_{AL}\frac{\delta_L}{\delta'_L}$$

令

$$\beta = \frac{\delta_L}{\delta'_L}$$

β 称为化学增强因子。

则

$$-\frac{dn_A}{dt} = k_{AG}(p_{AG} - p_{AI})S$$

$$= k'_{AL}(c_{AI} - c_{AL})S = k_{AL}\beta(c_{AI} - c_{AL})S$$

$$-\frac{dn_A}{dt} = \frac{1}{\dfrac{1}{k_{AG}} + \dfrac{1}{\beta H_A k_{AL}}}\left(p_{AG} - \frac{c_{AL}}{H_A}\right)S \qquad (8.1\text{-}3)$$

令

$$K_G = \frac{1}{\dfrac{1}{k_{AG}} + \dfrac{1}{\beta H_A k_{AL}}}$$

可得：

$$-\frac{dn_A}{dt} = K_G\left[p_{AG} - \frac{c_{AL}}{H_A}\right]S \qquad (8.1\text{-}4)$$

由此可知，气液反应过程与普通物理吸收过程相比较，两者计算相近，仅差一化学增强因子，该化学增强因子的计算将在 8.2 中评述。

8.2　气液反应动力学

本节的内容是解决化学增强因子 β 的计算，讨论增强因子与有关因素的关系等问题。

8.2.1　气液反应过程的基础方程

假定气相中 A 组分与液相中 B 组分的反应过程按双膜模型进行。即：气相 A 从气相主体通过气膜向气液界面扩散；气液界面处 A 进入液相后通过液膜向液相主体扩散；在液相中（包括液膜）组分 A 与 B 进行化学反应。在液膜内 B 组分浓度由于反应，较主体中浓度低，因此，存在 B 组分由液相主体向界面扩散。假定 B 是不挥发的，所以不存在 B 组分向气相扩散。气相中 A 组分由主体向气液界面扩散，根据费克定律，其扩散速率为：

$$-\frac{dn_{AG}}{dt} = \frac{D_{AG}}{\delta_G}(p_{AG} - p_{AI})S$$

令

$$k_{AG} = \frac{D_{AG}}{\delta_G}$$

则

$$-\frac{dn_{AG}}{dt} = k_{AG}(p_{AG} - p_{AI})S \qquad (8.2\text{-}1)$$

式中，$-\dfrac{\mathrm{d}n_{AG}}{\mathrm{d}t}$ 为单位时间内由气相主体向气液界面传递的 A 组分量，mol·s^{-1}；k_{AG} 为气相中 A 组分的传质系数，mol·m^{-2}·Pa^{-1}·s^{-1}；D_{AG} 为气相中 A 组分的扩散系数，mol·m^{-1}·Pa^{-1}·s^{-1}；δ_G 为气膜厚度，m；S 为气液接触面积，m^2。

A 组分由气液界面向液相主体扩散时的速率方程为：

$$-\frac{\mathrm{d}n_{AL}}{\mathrm{d}t}=\frac{D_{AL}}{\delta_L}(c_{AI}-c_{AL})S=k_{AL}(c_{AI}-c_{AL})S \tag{8.2-2}$$

式中，$-\dfrac{\mathrm{d}n_{AL}}{\mathrm{d}t}$ 为单位时间内从气液界面向液相主体传递的 A 组分量，mol·s^{-1}；D_{AL} 为液相中 A 组分的扩散系数，m^2·s^{-1}；S 为气液接触面积，m^2；δ_L 为液膜厚度，m。

$$k_{AL}=\frac{D_{AL}}{\delta_L}$$

过程在定常态下操作时：

$$-\frac{\mathrm{d}n_{AG}}{\mathrm{d}t}=-\frac{\mathrm{d}n_{AL}}{\mathrm{d}t} \tag{8.2-3}$$

组分 A 与 B 在液相中进行化学反应，其化学反应式为：

$$\alpha_A A+\alpha_B B\longrightarrow \alpha_R R$$

其动力学方程完全可依据液相均相反应过程予以测定，可得：

$$r=\frac{-r_A}{\alpha_A}=kc_A^m c_B^n \tag{8.2-4}$$

由于液膜厚度变化时，组分 A 和 B 的浓度随之变化。为了确定在液膜内组分 A 和 B 的浓度分布及反应速率，可在液膜内离相界面 l 处取一厚度为 $\mathrm{d}l$，与传质方向垂直的面积为 S 的体积作为体积元，对该体积元作 A 组分的物料衡算，在单位时间内

由扩散进入体积元的 A 量：$-D_{AL}S\dfrac{\mathrm{d}c_A}{\mathrm{d}l}$

由扩散离开体积元的 A 量：$-D_{AL}S\dfrac{\mathrm{d}}{\mathrm{d}l}\left[c_A+\dfrac{\mathrm{d}c_A}{\mathrm{d}l}\mathrm{d}l\right]$

在体积元内反应消耗的 A 量：$(-r_A)S\mathrm{d}l$

在体积元内积累的 A 量：0

可得：

$$-D_{AL}S\frac{\mathrm{d}c_A}{\mathrm{d}l}+D_{AL}S\frac{\mathrm{d}}{\mathrm{d}l}\left[c_A+\frac{\mathrm{d}c_A}{\mathrm{d}l}\mathrm{d}l\right]=(-r_A)S\mathrm{d}l \tag{8.2-5}$$

假定 A 组分的液相扩散系数 D_{AL} 为定值，上式可简化成为：

$$D_{AL}\frac{\mathrm{d}^2c_A}{\mathrm{d}l^2}=-r_A \tag{8.2-6}$$

同理，对该体积元作 B 组分的物料衡算

$$D_{BL}\frac{\mathrm{d}^2c_B}{\mathrm{d}l^2}=-r_B=\frac{\alpha_A}{\alpha_B}(-r_A) \tag{8.2-7}$$

边值条件为：

$$l=0 \qquad c_A=c_{AI}=H_A p_{AI} \qquad \frac{\mathrm{d}c_B}{\mathrm{d}l}=0$$

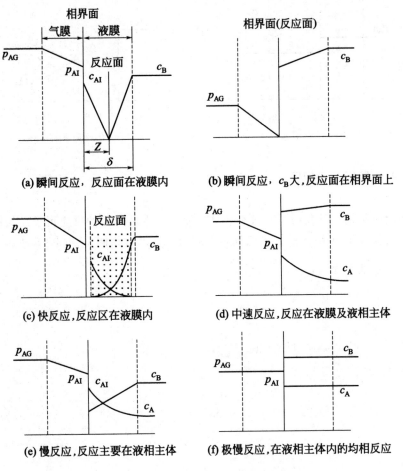

(a) 瞬间反应，反应面在液膜内

(b) 瞬间反应，c_B 大，反应面在相界面上

(c) 快反应，反应区在液膜内

(d) 中速反应，反应在液膜及液相主体

(e) 慢反应，反应主要在液相主体

(f) 极慢反应，在液相主体内的均相反应

图 8-3　气液反应的六种类型示意图

上述二阶微分方程应该有两个边值条件，第二个边值条件将根据不同情况有不同的值，大体可分为下列六种，如图 8-3 所示。下面就这六种类型分别予以叙述。

8.2.2　极慢反应过程

所谓极慢反应是指 A 组分由气相主体向气液界面扩散的速率以及 A 组分由气液界面向液相主体的扩散速率远远大于 A 组分在化学反应过程中的消耗速率。因此化学反应速率是整个过程的控制步骤，膜与主体的浓度差消失，如图 8-4 所示，则：

$$p_{AG} = p_{AI} = \frac{c_{AI}}{H_A} = \frac{c_{AL}}{H_A}$$

过程速率为：

$$-\frac{dn_A}{dt} = -r_A V = k_0 \exp\left(\frac{-E}{RT}\right) V (H_A p_{AG})^m c_{BL}^n \qquad (8.2\text{-}8)$$

由于这类反应过程类似于液相均相反应过程，通常选用间歇反应器 BR。

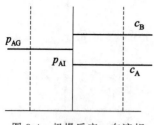

图 8-4 极慢反应，在液相
主体内的均相反应

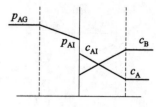

图 8-5 慢反应，反应主要
在液相主体

8.2.3 慢反应过程

慢反应是指化学反应将在液相主体内发生，在液膜内的反应可予以忽略，则在液膜内仅发生 A 组分的扩散过程，因此与物理吸收相同，如图 8-5 所示。

此时基础方程为：
$$D_{AL}\frac{d^2 c_A}{dl^2}=-r_A=0$$

$$D_{BL}\frac{d^2 c_B}{dl^2}=-r_B=0$$

$$l=0 \qquad c_A=c_{AI}=H_A p_{AI} \qquad \frac{dc_B}{dl}=0$$

$$l=\delta_L \text{ 时，} c_A=c_{AL}, \qquad c_B=c_{BL}$$

解方程
$$\frac{d^2 c_A}{dl^2}=0$$

$$\frac{dc_A}{dl}=M$$

$$c_A=M\delta_L+N$$

式中，M、N 为积分常数，用边值条件代入得：$N=c_{AI}$，$M=\dfrac{c_{AL}-c_{AI}}{\delta_L}$。
显然，c_A 在液膜区内随 l 的变化是线性关系。

在气液界面处存在
$$D_{AL}\left[\frac{dc_A}{dl}\right]_l=k_{AL}(c_{AI}-c_{AL})$$

可得：
$$k_{AL}=\frac{D_{AL}}{\delta_L}$$

同理可得：

$$k_{BL}=\frac{D_{BL}}{\delta_L}$$

$$k_{AG}=\frac{D_{AG}}{\delta_G}$$

这时在液膜区无化学反应，即物理吸收过程的规律。此时
$$\beta=\frac{\delta_L}{\delta'_L}=1$$

$$-\frac{dn_A}{dt}=\frac{1}{\dfrac{1}{k_{AG}}+\dfrac{1}{H_A k_{AL}}}\left(p_{AG}-\frac{c_{AL}}{H_A}\right)S \qquad (8.2\text{-}9)$$

8.2.4 中速反应过程

中速反应过程是指反应不仅发生在液膜区而且在主体相中也存在化学反应，如图 8-6 所示。其基础方程为：

$$D_{AL}\frac{d^2 c_A}{dl^2}=-r_A$$

边值条件 $l=0$ 时，$c_A=c_{AI}$

$l=\delta_L$ 时，$c_A=c_{AL}$

对于一级反应，即 $-r_A=kc_A$ 方程有解析解。

$$D_{AL}\frac{d^2 c_A}{dl^2}=-r_A=kc_A$$

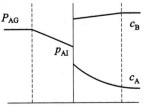

图 8-6　中速反应，反应在
液膜及液相主体

令 $z=\dfrac{l}{\delta_L}$，在 $l=\delta_L$ 时，$z=1$

$$\frac{d^2 c_A}{dz^2}=\left(\frac{k\delta_L^2}{D_{AL}}\right)c_A$$

令

$$\gamma=\sqrt{\frac{k\delta_L^2}{D_{AL}}}=\frac{\sqrt{kD_{AL}}}{k_{AL}} \tag{8.2-10}$$

γ 称膜内转换系数，也称八田准数。

则方程转换为：$\dfrac{d^2 c_A}{dz^2}=\gamma^2 c_A$

此式为二阶齐次微分方程，其特征方程为：

$$\lambda^2=\gamma^2$$
$$\lambda=\pm\gamma$$

方程通解为：$c_A=M_1\exp(\gamma z)+M_2\exp(-\gamma z)$

积分常数 M_1，M_2 可由边值条件代入求得，

当 $l=0$ 时，$z=0$，$c_A=c_{AI}$

则 $c_{AI}=M_1+M_2$

当 $l=\delta_L$ 时，$z=1$，$c_A=c_{AL}$

则 $c_{AL}=M_1\exp(\gamma)+M_2\exp(-\gamma)$

联解可得：

$$M_1=\frac{c_{AL}-c_{AI}\exp(-\gamma)}{\exp(\gamma)-\exp(-\gamma)}$$

$$=\frac{1}{2}\frac{c_{AL}-c_{AI}\exp(-\gamma)}{\sinh(\gamma)}$$

$$M_2=-\frac{c_{AL}-c_{AI}\exp(\gamma)}{2\sinh(\gamma)}$$

则

$$c_A=\frac{c_{AL}\exp(\gamma z)-c_{AI}\exp[-\gamma(1-z)]-c_{AL}\exp(-\gamma z)+c_{AI}\exp[\gamma(1-z)]}{2\sinh(\gamma)}$$

$$=\frac{c_{AI}\sinh[\gamma(1-z)]+c_{AL}\sinh(\gamma z)}{\sinh(\gamma)}$$

$$-\frac{\mathrm{d}c_A}{\mathrm{d}z}=\gamma\,\frac{c_{AI}\cosh\left[\gamma(1-z)\right]-c_{AL}\cosh(\gamma z)}{\sinh(\gamma)}$$

$$-\frac{\mathrm{d}n_A}{\mathrm{d}t}=-D_{AL}S\left(\frac{\mathrm{d}c_A}{\mathrm{d}l}\right)_{l=0}=D_{AL}S\,\frac{\gamma}{\delta_L}\,\frac{c_{AI}\cosh(\gamma)-c_{AL}}{\sinh(\gamma)}$$

$$=\left(\frac{D_{AL}}{\delta_L}\right)S\gamma\,\frac{\cosh(\gamma)}{\sinh(\gamma)}\left(c_{AI}-\frac{c_{AL}}{\cosh(\gamma)}\right)$$

$$=k_{AL}S(c_{AI}-c_{AL})\frac{\gamma}{\tanh(\gamma)}\frac{c_{AI}-\dfrac{c_{AL}}{\cosh(\gamma)}}{c_{AI}-c_{AL}} \qquad (8.2\text{-}11)$$

可知

$$\beta=\frac{\gamma}{\tanh(\gamma)}\frac{c_{AI}-\dfrac{c_{AL}}{\cosh(\gamma)}}{c_{AI}-c_{AL}} \qquad (8.2\text{-}12)$$

8.2.5 快反应过程

快反应过程是指反应仅发生在液膜区，A 组分在液膜区已全部被反应掉，在液相主体区没有 A 组分，故液相主体无化学反应发生，如图 8-7 所示。

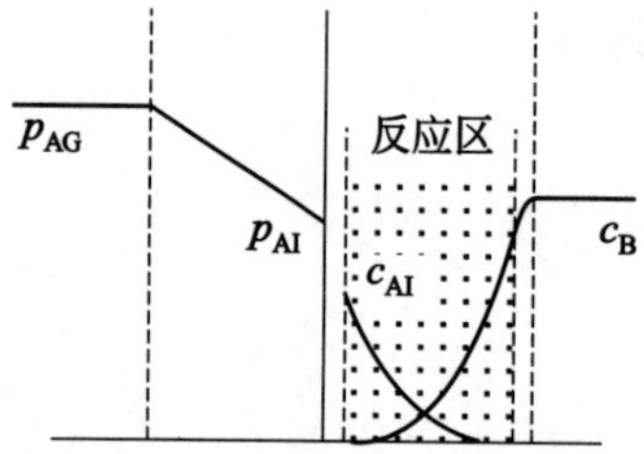

图 8-7 快反应，反应区在液膜内

基础方程的边值条件为：

$l=0$ 时，　　$z=0$，$c_A=c_{AI}$

$l=\delta_L$ 时，　$z=1$，$c_A=0$

将边值条件代入中速反应过程计算式中可得：

$$\beta=\frac{\gamma}{\tanh(\gamma)} \qquad (8.2\text{-}13)$$

8.2.6 瞬时反应过程

瞬时反应过程是指 A 与 B 之间的反应进行得极快，以致在液相中 A 组分与 B 组分不能共存，如图 8-8 所示。

在液膜区存在一反应面，在此面上 A 组分浓度为零，B 组分浓度亦为零。

在 $0<l<\delta_R$ 的液膜区内，液膜中仅有组分 A 而没有组分 B。则在该区内基础方程为：

$$D_{AL}\frac{\mathrm{d}^2c_A}{\mathrm{d}l^2}=0$$

则　　　　　$$\frac{\mathrm{d}c_A}{\mathrm{d}l}=M$$

$$c_A=Ml+N$$

边值条件　$l=0$ 时，　　$c_A=c_{AI}$

　　　　　$l=\delta_R$ 时，　$c_A=0$

代入　$N=c_{AI}$　$M=-\dfrac{c_{AI}}{\delta_R}=\dfrac{\mathrm{d}c_A}{\mathrm{d}l}$

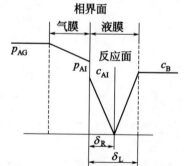

图 8-8　瞬时反应，反应面在液膜内

在 $\delta_R < l < \delta_L$ 的液膜区内，液膜中仅有组分 B 而没有组分 A，在该区内基础方程为：

$$D_{BL}\frac{d^2 c_B}{dl^2} = -r_B = 0$$

则

$$\frac{dc_B}{dl} = M$$

$$c_B = Ml + N$$

边值条件 $l = \delta_R$ 时，　$c_B = 0$

　　　　　$l = \delta_L$ 时，　$c_B = c_{BL}$

代入得：

$$M = \frac{c_{BL}}{\delta_L - \delta_R} = \frac{dc_B}{dl}$$

$$N = \frac{c_{BL}\delta_R}{\delta_R - \delta_L}$$

因为

$$(-r_B) = \frac{\alpha_B}{\alpha_A}(-r_A)$$

所以

$$\frac{dn_A}{dt} = \frac{\alpha_A}{\alpha_B}\frac{dn_B}{dt}$$

$$-D_{AL}\frac{dc_A}{dl} = D_{BL}\frac{\alpha_A}{\alpha_B}\frac{dc_B}{dl}$$

则

$$\frac{c_{AI}}{\delta_R} = \frac{\alpha_A}{\alpha_B}\frac{c_{BL}}{\delta_L - \delta_R}\frac{D_{BL}}{D_{AL}}$$

$$c_{AI} = \frac{\delta_R}{\delta_L - \delta_R}\left(\frac{\alpha_A}{\alpha_B}\right)\left(\frac{D_{BL}}{D_{AL}}\right)c_{BL}$$

$$\beta - 1 = \frac{\delta_L}{\delta_R} - 1 = \left(\frac{\alpha_A}{\alpha_B}\right)\left(\frac{D_{BL}}{D_{AL}}\right)\frac{c_{BL}}{c_{AI}}$$

可得：

$$\beta = 1 + \left(\frac{\alpha_A}{\alpha_B}\right)\left(\frac{D_{BL}}{D_{AL}}\right)\frac{c_{BL}}{c_{AI}} = 1 + \left(\frac{\alpha_A}{\alpha_B}\right)\left(\frac{k_{BL}}{k_{AL}}\right)\frac{c_{BL}}{c_{AI}} \qquad (8.2\text{-}14)$$

当气相中 A 组分浓度（分压）降低或液相中 B 组分浓度升高时，反应面 R 将向气液界面移动，在气相中 A 组分浓度足够低或液相中 B 组分浓度足够高时，反应面将与相界面重合，此时的 B 组分浓度称为在该气相 A 分压值条件下的临界浓度（c_{BL}^0），在液相中已无 A 组分，即：

$$\frac{D_{BL}}{\delta_L}(c_{BL}^0 - 0) = \frac{\alpha_B}{\alpha_A}k_{AG}(p_{AG} - 0)$$

$$c_{BL}^0 = \left(\frac{\alpha_B}{\alpha_A}\right)\left(\frac{k_{AG}}{k_{AL}}\right)\left(\frac{D_{AL}}{D_{BL}}\right)p_{AG} \qquad (8.2\text{-}15)$$

若 c_{BL} 值大于 c_{BL}^0，则液相中将不再有 A，且反应面在界面处，如图 8-9 所示。

此时，$p_{AI} = 0$，

$$\beta \to \infty \qquad -\frac{dn_A}{dt} = k_{AG}Sp_{AG} \qquad (8.2\text{-}16)$$

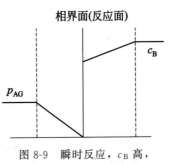

图 8-9　瞬时反应，c_B 高，
反应面在相界面上

8.2.7　气液反应过程的重要参数

（1）化学增强因子 β

根据定义，有：$\beta = \dfrac{表观反应速率}{物理传质速率}$

对于不同反应过程，β 的计算式亦不同，归纳起来如下。

瞬时反应过程：$c_{BL}^0 = \left(\dfrac{\alpha_B}{\alpha_A}\right)\left(\dfrac{k_{AG}}{k_{AL}}\right)\left(\dfrac{D_{AL}}{D_{BL}}\right)p_{AG}$

若 $c_{BL} > c_{BL}^0$ 　　　　$\beta \to \infty$

　　　$c_{BL} < c_{BL}^0$ 　　　　$\beta = 1 + \left(\dfrac{\alpha_A}{\alpha_B}\right)\left(\dfrac{k_{BL}}{k_{AL}}\right)\left(\dfrac{c_{BL}}{c_{AI}}\right)$

快反应过程：$\beta = \dfrac{\gamma}{\tanh(\gamma)}$

式中，$\gamma = \dfrac{\sqrt{k D_{AL}}}{k_{AL}}$。

中速反应过程：$\beta = \dfrac{\gamma}{\tanh(\gamma)}\dfrac{c_{AI} - \dfrac{c_{AL}}{\cosh(\gamma)}}{c_{AI} - c_{AL}}$

慢反应过程：$\beta = 1$

极慢反应过程，按均相反应计算：

$$-R_A = k c_{BL}^n (H_A p_{AG})^m$$

（2）膜内转换系数（八田准数）γ

对一级反应 $\gamma = \dfrac{\sqrt{k D_{AL}}}{k_{AL}}$

按定义式　　　　$\gamma^2 = \dfrac{k D_{AL}}{k_{AL}^2} = \dfrac{k \delta_L}{k_{AL}} = \dfrac{k \delta_L S c_{AI}}{k_{AL} S(c_{AI} - 0)}$

$$= \dfrac{液膜内最大反应消耗 A 量}{液膜内最大传质量}$$

由此可见，膜内转换系数反映出膜内进行反应的那部分量占总反应量的比例，所以可以利用此系数判别反应快慢的程度，通常 $\gamma > 2$ 时，可认为反应属于在液膜内进行的瞬间反应及快反应过程，因为反应快慢是相对于传质速率而言的。此时：

$$-r_A = \beta k_{AL} c_{AI} \sigma = k_{AG}(p_{AG} - p_{AI})\sigma$$

式中，σ 为单位体积具有的表面积，$m^2 \cdot m^{-3}$。

在 $\gamma > 2$ 时，$\beta = \gamma$，故：

$$-r_A = \gamma k_{AL} c_{AI} \sigma = \sqrt{k D_{AL}}\,\sigma c_{AI}$$

由此式可知这时的反应速率与 σ 成正比，而与 k_{AL} 无关。故这类反应过程宜用填料塔式反应器。

在 $\gamma < 0.02$ 时，反应全部在液相主体中进行，属慢反应，此时 $\beta = 1$。

在 $0.02 < \gamma < 2$ 时，为中速反应。主体内反应的量大于液膜区的反应量，希望有较多的主体量，使液相为连续相，有较大的存液，故宜选用鼓泡式反应器。

例 8-1 已知气液相反应

$$A(g)+B(l)\longrightarrow R(l)$$

其化学反应动力学方程为：

$$-r_A=20c_Ac_B\text{ mol}\cdot\text{cm}^{-3}\cdot\text{s}^{-1}$$

在反应器内将含 A10%（体积分数）总压 202.6kPa 的气体，通入温度 70℃的液体。已知 $\sigma=3\text{cm}^2\cdot\text{cm}^{-3}$，$\varepsilon_G=0.15$，$D_{AL}=2.2\times10^{-5}\text{cm}^2\cdot\text{s}^{-1}$，$K_A=1.115\times10^4\text{kPa}\cdot\text{L}\cdot\text{mol}^{-1}$，$k_{AL}=0.070\text{cm}\cdot\text{s}^{-1}$。若气相传质阻力可以忽略，求在 $c_B=3\text{mol}\cdot\text{L}^{-1}$ 时，单位容积床层的宏观反应速率。

解： 因为液相中 B 组分的浓度很大，可近似地视为常数，本征速率将是拟一级反应

$$-r_A=20c_Ac_B=20\times0.003c_A=0.06c_A\text{ mol}\cdot\text{cm}^{-3}\cdot\text{s}^{-1}$$

计算 γ 值：

$$\gamma=\frac{\sqrt{kD_{AL}c_{BL}}}{k_{AL}}=\frac{\sqrt{20\times3.0\times10^{-3}\times2.2\times10^{-5}}}{0.07}=0.0164<0.02$$

由 γ 值知，该反应属慢反应，即 $\beta=1$

$$-R_A=k_{AL}\sigma(c_{AI}-c_{AL})=(1-\varepsilon_G)kc_{AL}c_{BL}$$

$$c_{AI}=\frac{p_A}{K_A}=\frac{py_A}{K_A}=\frac{202.6\times0.1}{1.115\times10^4}\text{mol}\cdot\text{L}^{-1}=1.818\times10^{-3}\text{mol}\cdot\text{L}^{-1}$$

$$=1.818\times10^{-6}\text{mol}\cdot\text{cm}^{-3}$$

$$c_{AL}=\frac{c_{AI}}{1+(1-\varepsilon_G)\dfrac{kc_{BL}}{k_{AL}\sigma}}$$

$$=\frac{1.818\times10^{-6}}{1+(1-0.15)\times20\times\dfrac{0.003}{0.07\times3}}\text{mol}\cdot\text{cm}^{-3}$$

$$=1.462\times10^{-6}\text{mol}\cdot\text{cm}^{-3}$$

$$-R_A=k_{AL}\sigma(c_{AI}-c_{AL})=0.07\times3\times(1.818-1.462)\times10^{-6}\text{mol}\cdot\text{cm}^{-3}\cdot\text{s}^{-1}$$

$$=7.467\times10^{-8}\text{mol}\cdot\text{cm}^{-3}\cdot\text{s}^{-1}$$

$$=7.467\times10^{-5}\text{mol}\cdot\text{L}^{-1}\cdot\text{s}^{-1}$$

例 8-2 氨与硫酸的反应为飞速不可逆反应，若氨的分压为 6.08kPa，硫酸浓度为 0.4kmol·m⁻³，试计算总反应速率。

已知：$k_{AG}=3.45\times10^{-3}\text{kmol}\cdot\text{m}^{-2}\cdot\text{s}^{-1}\cdot\text{kPa}^{-1}$，$k_{AL}=0.005\text{m}\cdot\text{s}^{-1}$，氨的溶解度系数 $H_A=0.74\text{kmol}\cdot\text{m}^{-3}\cdot\text{kPa}^{-1}$，假定硫酸及氨在液相中扩散系数相等，即 $D_{AL}=D_{BL}$。

解： 氨与硫酸的化学反应式

$$NH_3+\frac{1}{2}H_2SO_4=\!=\!=\frac{1}{2}(NH_4)_2SO_4$$

$$(A)\qquad(B)\qquad\qquad(R)$$

由反应式知：$\alpha_A=-1$，$\alpha_B=-0.5$。因为反应是飞速瞬时反应，首先计算 c_{BL}^0。

$$c_{BL}^0=\left(\frac{\alpha_B}{\alpha_A}\right)\left(\frac{k_{AG}}{k_{AL}}\right)\left(\frac{D_{AL}}{D_{BL}}\right)p_{AG}$$

$$=\frac{1}{2}\times\frac{3.45\times10^{-3}\times6.08}{0.005}\text{kmol}\cdot\text{m}^{-3}=2.10\text{kmol}\cdot\text{m}^{-3}$$

因：$c_{BL} = 0.4\text{kmol} \cdot \text{m}^{-3} < 2.1\text{kmol} \cdot \text{m}^{-3}$

故：

$$\beta = 1 + \left(\frac{\alpha_A}{\alpha_B}\right)\left(\frac{k_{BL}}{k_{AL}}\right)\left(\frac{c_{BL}}{c_{AI}}\right)$$

$$c_{AI} = H_A p_A = 0.74 \times 6.08\text{kmol} \cdot \text{m}^{-3} = 4.50\text{kmol} \cdot \text{m}^{-3}$$

$$\beta = 1 + 0.5 \times \frac{0.4}{4.5} = 1.04$$

$$\begin{aligned}
-R_A &= \left(\frac{1}{k_{AG}} + \frac{1}{H_A k_{AL} \beta}\right)^{-1} p_A \\
&= \left(\frac{1}{3.45 \times 10^{-3}} + \frac{1}{0.74 \times 0.005 \times 1.04}\right)^{-1} \times 6.08\text{kmol} \cdot \text{m}^{-2} \cdot \text{h}^{-1} \\
&= 0.011\text{kmol} \cdot \text{m}^{-2} \cdot \text{h}^{-1}
\end{aligned}$$

例 8-3 如果例 8-2 溶液中硫酸浓度为 $3\text{kmol} \cdot \text{m}^{-3}$，求总反应速率。

解：因 $c_{BL} = 3\text{kmol} \cdot \text{m}^{-3} > c_{BL}^0$，则 $\beta \rightarrow \infty$。

$$-R_A = k_{AG} p_A = 3.45 \times 10^{-3} \times 6.08\text{kmol} \cdot \text{m}^{-2} \cdot \text{h}^{-1} = 0.021\text{kmol} \cdot \text{m}^{-2} \cdot \text{h}^{-1}$$

8.3 气液反应器

气液反应器的种类很多并各有特色，由于不同反应特性不同，难以找到一个对所有气液反应过程均为首选的反应器。本节将首先介绍目前常用的气液反应器，然后介绍如何根据不同气液反应特点来合理选择反应器类型，最后介绍几种常用反应器的计算。

8.3.1 工业上常用的气液反应器

常用气液反应器的类型如图 8-10 所示。

填料塔是广泛应用于气体吸收的设备，也可用作气液反应器，其结构在化工原理中已详细介绍过。由于液体沿填料表面下流，在填料表面形成液膜而与气相接触进行反应，故液相主体量较少，适于瞬时反应及快反应过程。填料塔气体压降很小，液体返混极小，是一种比较好的气液反应器。

喷淋塔的结构比较简单，是将液体以细小液滴的方式分散于气体中，气体为连续相，液相是分散相，持液量小且返混很少，它适于生成固体的反应过程。

板式塔中液体是连续相而气体是分散相，借助于塔板，气相分散成小气泡而与板上液体相接触进行反应。液体在塔内存液量较多即液相主体量较多，故适用于中速及慢反应，且根据浓度推动力的要求希望分级的过程。

鼓泡塔是应用很广的气液反应器，器内充满液体，气体从反应器底部通入，分散成气泡沿着液相上升，既与液相接触进行反应，又能搅动液体以增加传质速率。在鼓泡塔中气体由顶部排出而液体由底部引出。这类反应器适用于主体相也参与反应的中速及慢反应过程。鼓泡塔结构简单、造价低、易控制、易维修、防腐问题易解决，在高压时使用也无困难。但鼓泡塔内液体返混严重，气泡易产生

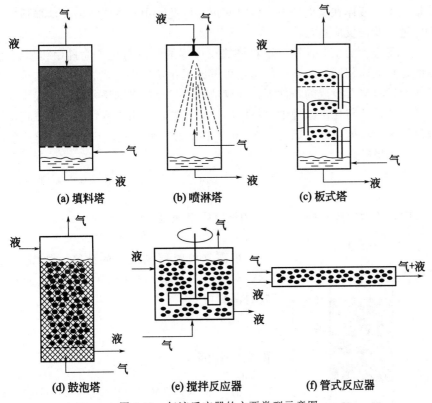

图 8-10　气液反应器的主要类型示意图

聚合，故效率较低。

　　搅拌反应器是在鼓泡塔的基础上加上机械搅拌以增大传质效果，在机械搅拌的作用下反应器内气体能较好的分散成细小的气泡，增大气液接触面积，但由于机械搅拌使反应器内液体流动接近于全混流，同时能耗较高。

　　如果气液混合很好，在反应器内又属平推流，对于多数反应过程是最理想的。管式反应器最能接近这种情况，但管式反应器的压降较大且气液混合并不十分理想。表 8-1 列出了气液相接触设备的典型数据。

表 8-1　气液相接触设备的典型数据

型　式		$\dfrac{相界面积}{液相容积}/m^2 \cdot m^{-3}$	$\dfrac{相界面积}{反应器体积}/m^2 \cdot m^{-3}$	液含率
低持液量	填料塔	1200	100	0.08
	板式塔	1000	150	0.15
	喷淋塔	1200	60	0.05
高持液量	鼓泡塔	20	20	0.98
	搅拌釜	200	200	0.90

8.3.2　填料塔式反应器的计算

　　(1) 反应器的特点　①液体在填料表面呈液膜状向下流动，主体相的量很少；②气液相的接触面积近似为填料的表面积；③气液相的传质过程可按双膜模型计算。

　　(2) 反应器的应用　由于反应器内持液量较少，有较大相接触界面，但液相主体量较少，液体在反应器内停留时间短。因此，填料塔式气液反应器适用于瞬间反应过程及快反应过程。

（3）反应器的工艺计算　填料塔式反应器的计算与化工原理中传质设备-填料塔的计算大体相同，所不同的是这里考虑了化学反应速率的影响。在已知气体与液体的进料量及组成的条件下，计算填料塔式反应器的塔径与填料层高度。

塔径的计算与化工原理中填料塔的计算相同，即由埃克特图（或方程）计算出液泛气速，再取液泛气速的 0.6～0.8 倍作为填料塔式反应器的空塔速度，由此可计算出塔径。

$$d_t = \sqrt{\frac{4V}{\pi u}} \tag{8.3-1}$$

式中，V 为气体体积流量；u 为适宜空塔速度。

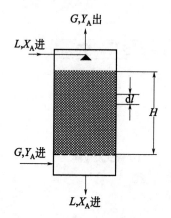

图 8-11　填料塔高计算示意图

塔高（填料层高度）的计算，如图 8-11 所示。对塔内微元体（截面积为 S_t，高度为 $\mathrm{d}l$）作物料衡算：

$$\left(-\frac{\mathrm{d}n_A}{\mathrm{d}t}\right)S_t\mathrm{d}l = -F\mathrm{d}Y_A$$

由传质速率：

$$-\frac{\mathrm{d}n_A}{\mathrm{d}t} = k_{AG}S(p_{AG}-p_{AI}) = k_{AL}\beta S(c_{AI}-c_{AL})$$

$$= \frac{p_{AG}-\dfrac{c_{AL}}{H_A}}{\dfrac{1}{k_{AG}}+\dfrac{1}{\beta H_A k_{AL}}} \tag{8.3-2}$$

因为填料塔通常用于快反应及瞬时反应：

$$c_{AL} = 0$$

又因为微元体内相接触界面积为：

$$S = \frac{\pi}{4}d_t^2\sigma\mathrm{d}l$$

式中，σ 为填料的比表面积。

气相中 A 分压用比摩尔分数表示时

$$p_A = p\frac{p_A}{p_A+p_I} = p\frac{Y_A}{Y_A+1}$$

式中，p 为总压；p_I 为惰气分压；$Y_A = \dfrac{p_A}{p_I}$。

将上述关系代入可得：

$$\mathrm{d}l = \frac{-F}{\dfrac{\pi}{4}d_t^2\sigma p}\left(\frac{1}{k_{AG}}+\frac{1}{\beta H_A k_{AL}}\right)\frac{1+Y_A}{Y_A}\mathrm{d}Y_A \tag{8.3-3}$$

边值条件$l=0$ 时，$Y_A = Y_{A1}$

$l=H$ 时，$Y_A = Y_{A2}$

$$H = \frac{-4F}{\pi d_t^2\sigma p}\int_{Y_{A1}}^{Y_{A2}}\left(\frac{1}{k_{AG}}+\frac{1}{\beta H_A k_{AL}}\right)\frac{1+Y_A}{Y_A}\mathrm{d}Y_A \tag{8.3-4}$$

若认为 β 在全塔为常数，则：

$$H=\frac{4F}{\pi d_t^2\sigma p}\left(\frac{1}{k_{AG}}+\frac{1}{\beta H_A k_{AL}}\right)\left(Y_{A1}-Y_{A2}+\ln\frac{Y_{A1}}{Y_{A2}}\right) \tag{8.3-5}$$

式中，k_{AG} 与 k_{AL} 分别是 A 组分在气相及液相中的传质系数。
此式可计算出填料塔的填料层高度。同时根据实验测定，k_{AG} 和 k_{AL} 的值可通过下两式计算得到：

$$\frac{k_{AG}p}{G}=\frac{5.33}{M_A}(d_0)^{-1.7}\left(\frac{Gd_0}{\mu_G}\right)^{-0.3}\left(\frac{\mu_G}{\rho_G D_{AG}}\right)^{-\frac{2}{3}} \tag{8.3-6}$$

$$k_{AL}\left(\frac{\rho_L}{\mu_L g}\right)^{\frac{1}{3}}=0.005\left(\frac{G_L}{\sigma_w\mu_L}\right)^{\frac{2}{3}}\left(\frac{\mu_L}{\rho D_{AL}}\right)^{-\frac{1}{2}}(d_0)^{0.4} \tag{8.3-7}$$

式中，G、G_L 为气体、液体质量流速；p 为总压；M_A 为 A 组分相对分子质量；d_0 为填料当量直径；D_{AG}、D_{AL} 分别为 A 组分在气体或液体中扩散系数；σ_W 为单位填料堆积体积内的浸润面积。

σ_W 与填料层的比表面积 σ 有如下关系：

$$\frac{\sigma_W}{\sigma}=1-\exp\left[-1.45\left(\frac{\sigma_C}{\sigma_L}\right)^{0.75}\left(\frac{G_L}{\sigma\mu_L}\right)^{0.1}\left(\frac{G_L^2\sigma}{\rho_L g}\right)^{0.05}\left(\frac{G_L^2}{\rho_L\sigma\sigma_L}\right)^{0.2}\right] \tag{8.3-8}$$

式中，σ_L 为液相表面张力；σ_C 为临界表面张力。

例 8-4 在一逆流操作的填料塔中用吸收法把某一尾气中有害组分 A 的含量从 0.1% 降至 0.02%，已知填料中，某些参数如下：

$\sigma k_{AG}=0.3158\,kmol\cdot m^{-3}\cdot h^{-1}\cdot kPa^{-1}$

$\sigma k_{AL}=0.11\,h^{-1}$

$H_A=0.0789\,kmol\cdot m^{-3}\cdot kPa^{-1}$

$L\approx L_{inert}=700\,kmol\cdot m^{-2}\cdot h^{-1}$

$F\approx F_I=100\,kmol\cdot m^{-2}\cdot h^{-1}$

$p=101.3\,kPa$（系统总压）

使用总浓度为 $56\,kmol\cdot m^{-3}$ 的水作为吸收剂，试求填料层高度。

解： 对塔顶和塔内某一截面作物料衡算，如图例 8-4 所示。

$$F\frac{p_A-p_{A1}}{p}=L\frac{c_A-c_{A1}}{c_T}$$

$$100\times\frac{p_A-101.3\times0.0002}{101.3}=700\frac{c_A-0}{56}$$

$$7.895\times10^{-2}p_A-1.6\times10^{-3}=c_A$$

对全塔作物料衡算，可求出液体出口处的浓度。

$$c_{A2}=(7.895\times10^{-2}\times101.3\times0.001-1.6\times10^{-3})\,kmol\cdot m^{-3}$$

$$=6.4\times10^{-3}\,kmol\cdot m^{-3}$$

选择几个 p_A 值，再计算出 c_A 值，利用亨利定律求得与 c_A 相平衡的 p_A^*，再算出推动力 $\Delta p=p_A-p_A^*$，列于表例 8-4 中。

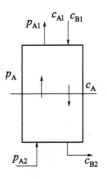

图例 8-4 物料衡算示意图

总体积传质系数用下式计算：

$$\frac{1}{K_{AG}\sigma}=\frac{1}{k_{AG}\sigma}+\frac{1}{H_A k_{AL}\sigma}=\frac{1}{0.3158}+\frac{1}{0.0789\times0.11}=118.4\,kPa\cdot m^3\cdot h\cdot kmol^{-1}$$

表例 8-4　填料塔计算数据表

位置	p_A/kPa	$c_A/kmol \cdot m^{-3}$	$p_A^* = \dfrac{c_A}{H_A}/kPa$	$\Delta p = p_A - p_A^*/kPa$
塔顶	0.02026	0	0	0.02026
塔中某处	0.06078	3.2×10^{-3}	0.0406	0.02026
塔底	0.10133	6.4×10^{-3}	0.0811	0.02026

$$K_{AG}\sigma = 8.450 \times 10^{-3} kmol \cdot m^{-3} \cdot kPa^{-1} \cdot h^{-1}$$

$$F dY_A = F \frac{dp_A}{p} = K_{AG}\sigma (p_A - p_A^*) dz$$

$$Z = \frac{F}{p K_{AG}\sigma} \int_{p_{A2}}^{p_{A1}} \frac{dp_A}{p_A - p_A^*}$$

$$= \frac{100}{101.33 \times 8.450 \times 10^{-3}} \int_{0.02027}^{0.1013} \frac{dp_A}{p_A - p_A^*} \approx 467 m$$

显然，采用纯水作为吸收剂是不合适的。

例 8-5　若用高浓度组分 B（$c_{B1} = 0.8 kmol \cdot m^{-3}$）的水溶液吸收组分 A，反应过程属 $c_{BL} > c_{BL}^0$ 的瞬间反应。同时设 $k_{AL} = k_{BL}$，$\alpha_A = -1$，$\alpha_B = -1$，其他条件与例 8-4 相同。求填料层高度。

解： 由物料衡算

$$F \frac{p_A - p_{AI}}{p} = L \frac{c_{B1} - c_{B2}}{c_T}$$

$$p_A - p_{AI} = \frac{L}{F} \frac{p}{c_T}(c_{B1} - c_B) = \frac{700}{100} \times \frac{101.3}{56}(0.8 - c_{B2})$$

$$p_A = 10.133 - 12.666 c_{B2}$$

则 $c_{B2} = \dfrac{10.133 - p_{A2}}{12.666} = \dfrac{10.133 - 101.3 \times 0.001}{12.666} kmol \cdot m^{-3} = 0.7920 kmol \cdot m^{-3}$

因为是 $c_{BL} > c_{BL}^0$ 的瞬间反应

$\beta \to \infty$，$p_{AI} = 0$，$K_{AG}\sigma = k_{AG}\sigma$

$$Z = \frac{F}{p k_{AG}\sigma} \int_{p_{A2}}^{p_{A1}} \frac{dp_A}{p_A} = \frac{F}{p k_{AG}\sigma} \ln \frac{p_{A2}}{p_{A1}}$$

$$= \left[\frac{100}{101.3 \times 0.3158} \ln \left(\frac{1 \times 10^{-3} \times 101.3}{2 \times 10^{-4} \times 101.3} \right) \right] m = 5.03 m$$

8.3.3　鼓泡塔式反应器的计算

鼓泡塔式反应器分为两种类型：半连续操作的鼓泡塔式反应器与连续操作的鼓泡塔式反应器。现对两种反应器分别加以叙述：

（1）半连续操作的鼓泡塔式反应器的计算半连续操作的鼓泡塔式反应器是指液体一次加入，气体连续通入反应器底部，以气泡形式通过床层，最后从顶部逸出，直到液相中组成达到要求时停止送气且将液体作为成品排出反应器。在这种反应器中气体是连续操作，液体是间歇操作，故称为半连续操作的鼓泡塔式反应器，显然这种反应器的操作状态是非稳态的，与均相间歇反应器一样，每个操作周期可分成反应时间与辅助生产时间。在本节中对这种反应器的工艺计算是计算其反应时间。

半连续操作的鼓泡塔式反应器中物料的流动极其复杂，为简化计算起见，提出如下物理模型作为计算依据：①气相在反应器内流动为平推流，气体分压随高度呈线性变化；②液相在塔内为全混流，在操作过程中液体的物性参数是不变的。

在半连续操作的鼓泡塔式反应器中气相是分散相而液相是连续相，故反应器内有较多存液，即主体量较多，适于主体相内进行主要反应过程的中速反应及慢反应过程。瞬时反应与快反应在主体相中不反应，因此采用这类反应器是不合适的。本节中反应器的计算将根据中速反应及慢反应过程进行讨论。

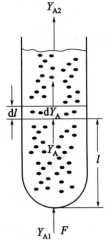

图 8-12 半连续气液
反应器物料衡算图

如图 8-12 所示，取反应器截面积 S_t 及微分高度 dl，作为物料衡算的体积单元。

$$-F dY_A = (-r_A)(1-\varepsilon_g) S_t dl$$

$$-r_A = k c_{AL}^m c_{BL}^n$$

式中，$-r_A$ 为本征反应消耗速率。

可得：

$$-F dY_A = k c_{AL}^m c_{BL}^n (1-\varepsilon_g) S_t dl \qquad (8.3-9)$$

式中，F 为气相中惰性气体的摩尔流量；Y_A 为气相中反应组分 A 的比摩尔分数；ε_g 为反应器内气含率。

边值条件　$l=0$　$Y_A=Y_{A1}$

$\qquad\qquad l=H$（混合液层高）　$Y_A=Y_{A2}$

解此方程可求得气体出口的组成。

又因：

$$\frac{dc_B}{dt} = \frac{\alpha_B}{\alpha_A} \frac{1}{V_L} \frac{dn_A}{dt} = \frac{-\alpha_B}{\alpha_A} \frac{1}{\frac{V_L}{S}} k_{AL} \beta (c_{AI}-c_{AL}) \qquad (8.3-10)$$

$$dt = \frac{-\alpha_A}{\alpha_B} \frac{V_L}{S} \frac{dc_B}{k_{AL} \beta (c_{AI}-c_{AL})}$$

式中，V_L 为反应器中液相容积；S 为相界面积。

边值条件　$t=0$　$c_B=c_{B1}$

$\qquad\qquad t=t$　$c_B=c_{B2}$

$$t = \frac{\alpha_A}{\alpha_B} \frac{1-\varepsilon}{\sigma k_{AL}} \int_{c_{B2}}^{c_{B1}} \frac{dc_B}{\beta (c_{AI}-c_{AL})} \qquad (8.3-11)$$

由此可计算出反应时间。

在计算式中需要鼓泡过程的一些参数，如气含率 ε_g、比相界面积 σ、传质系数 k_{AL} 等，可用下述经验式计算。

① 气泡直径。气体流量较小时，在单孔口形成的气泡长大到它的浮力与所受表面张力相等时，气泡就离开孔口上升，如果气泡是球形的。则：

$$V_b = \frac{\pi}{6} d_b^3 = \frac{\pi d_0 \sigma_L}{(\rho_L - \rho_G) g}$$

可得：

$$d_b = 1.82 \left[\frac{d_0 \sigma_L}{(\rho_L - \rho_G) g} \right]^{\frac{1}{3}} \qquad (8.3-12)$$

实际上大气泡并非球形,而是笠帽形,并且是螺旋式地摆动上升。在鼓泡反应器中气泡大小不一,在计算时采用平均气泡直径,即当量比表面积平均直径,其计算式为:

$$d_V = \frac{\sum n_i d_i^3}{\sum n_i d_i^2}$$

实验证明,平均直径可按下式进行计算:

$$d_V = 26 Bo^{-0.5} Ga^{-0.12} \left(\frac{u_{0G}}{\sqrt{g d_t}} \right)^{0.12} \tag{8.3-13}$$

式中,$Bo = \dfrac{g d_t^2 \rho_L}{\sigma_L}$ 为朋特数;$Ga = \dfrac{g d_t^2}{\nu_L}$ 为伽利略数;ν_L 为液体运动黏度;d_t 为鼓泡塔式反应器内径。

② 气泡的上升速度。由力的平衡可导出气泡的自由浮升速度 u_t:

$$u_t = \left[\frac{4}{3} \frac{g(\rho_L - \rho_G) d_b}{C_D \rho_L} \right]^{\frac{1}{2}} \tag{8.3-14}$$

式中,$C_D = 0.68 \sim 0.773$ 为曳力系数。

工业上鼓泡塔式反应器内的气泡浮升速度可用下式计算:

$$u_t = \left(\frac{2\sigma_L}{d_V \rho_L} + \frac{1}{2} d_V g \right)^{\frac{1}{2}} \tag{8.3-15}$$

③ 气含率。在塔径大于 30cm 时:

$$\varepsilon = \frac{0.7 u_{0G}}{u_t + \dfrac{u_{0L}}{1-\varepsilon}} \tag{8.3-16}$$

式中,u_{0G} 为空塔气速;u_{0L} 为空塔液速。

④ 比相界面积。比相界面积是指单位反应器有效容积内具有的气液相界面积。

在一定气含率及气泡直径时,由下式可计算出比相界面积值:

$$\sigma = \frac{n \pi d_V^2}{H S_t} = \frac{n \dfrac{\pi}{6} d_V^3}{H S_t} \frac{6}{d_V} = \frac{6\varepsilon_g}{d_V} \tag{8.3-17}$$

或

$$\sigma = 26 \left(\frac{H_0}{d_t} \right)^{-0.3} \frac{\rho_L \sigma_L^2}{g \mu^4}^{-0.003} \varepsilon_g \tag{8.3-18}$$

式中,H_0 为静液层高。

⑤ 液相传质系数 k_{AL}。根据实验数据归纳成如下准数方程:

$$Sh = 2.0 + 0.0187 \left[Re_P^{0.484} Sc_L^{0.339} \left(\frac{d_b g^{\frac{1}{3}}}{D_L^{\frac{2}{3}}} \right)^{0.072} \right]^{1.61} \tag{8.3-19}$$

式中,$Re_P = \dfrac{d_b u_{0G} \rho_L}{\mu_L}$;$Sc_L = \dfrac{\mu_L}{\rho_L D_L}$;$Sh = \dfrac{k_{AL} d_b}{D_L}$。

由此可计算出 k_{AL} 值。

(2) 连续操作的鼓泡塔式反应器计算　当鼓泡塔气体与液体均为连续操作,且塔高与塔径之比较大时,则气体可视为平推流而液体为全混流。计算内容是:在气体和液体流量已知的条件下,进入物与排出物的组成亦被确定时,计算塔内气液混合物层所需的高度。与半连续操作过程类似,由 A 组分的物料衡算可得:

$$F dY_A = (-r_A)\sigma S_t dl$$

$$L = \int_0^L dl = \frac{F}{S_t}\int_{Y_{A0}}^{Y_{A1}}\frac{dY_A}{(-r_A)\sigma} \tag{8.3-20}$$

这与填料塔的计算类似，差别仅在 $-r_A$ 计算上。在填料塔内 A 组分与 B 组分的浓度随填料层高度的变化而变化；在鼓泡塔中 $-r_A$ 将随气相与液相中 A 组分浓度的改变而有不同值，但液相是全混流，故当气体通过时，塔内液相将被充分搅拌而形成充分返混。

$-r_A$ 值的计算在前面已详细作了介绍，本章不再重复。

本章小结

气液反应过程中化学反应发生在液相，可以视为液相均相反应。在溶液中 A 组分是由气相溶入液相的，溶解速率将影响液相中 A 组分的浓度，进而影响气液相总反应速率。

1. 气液相反应过程总反应速率与物理吸收速率相比增加一化学增强因子，即：

$$-\frac{dn_A}{dt} = K_G\left(p_{AG} - \frac{c_{AL}}{H_A}\right)S \tag{8.1-4}$$

不同反应过程化学增强因子将有不同计算关系。

（1）极慢反应过程

$$-\frac{dn_A}{dt} = -r_A V = k_0\exp\left(\frac{-E}{RT}\right)V(H_A p_{AG})^m c_{BL}^n \tag{8.2-8}$$

（2）慢反应过程

$$-\frac{dn_A}{dt} = \frac{1}{\frac{1}{k_{AG}} + \frac{1}{H_A k_{AL}}}\left(p_{AG} - \frac{c_{AL}}{H_A}\right)S \tag{8.2-9}$$

即 $\beta = 1$

（3）中速反应过程

$$\beta = \frac{\gamma}{\tanh(\gamma)}\frac{c_{AI} - \dfrac{c_{AL}}{\cosh(\gamma)}}{c_{AI} - c_{AL}} \tag{8.2-12}$$

$$\gamma = \frac{\sqrt{k D_{AL}}}{k_{AL}} \tag{8.2-10}$$

（4）快反应过程

$$\beta = \frac{\gamma}{\tanh(\gamma)} \tag{8.2-13}$$

（5）瞬间反应过程

$$c_{BL}^0 = \left(\frac{\alpha_B}{\alpha_A}\right)\left(\frac{k_{AG}}{k_{AL}}\right)\left(\frac{D_{AL}}{D_{BL}}\right)p_{AG} \tag{8.2-15}$$

若 $c_{BL} \geqslant c_{BL}^0$　则 $\beta \to \infty$

$$-\frac{dn_A}{dt} = k_{AG}S p_{AG} \tag{8.2-16}$$

$$c_{BL} < c_{BL}^{0} \qquad \beta = 1 + \left(\frac{\alpha_A}{\alpha_B} \right) \left(\frac{k_{BL}}{k_{AL}} \right) \frac{c_{BL}}{c_{AI}} \tag{8.2-14}$$

2. 填料塔式反应器计算（填料层高计算）

$$H = \frac{4F}{\pi d_t^2 \sigma p} \left(\frac{1}{k_{AG}} + \frac{1}{\beta H_A k_{AL}} \right) \left(Y_{A1} - Y_{A2} + \ln \frac{Y_{A1}}{Y_{A2}} \right) \tag{8.3-5}$$

3. 鼓泡塔式反应器计算（略）

深入讨论

本章关于气液反应过程的讨论都是基于双膜理论的。双膜理论的前提是存在一个稳定的气液相界面。何谓稳定？研究成果表明，在气液相界面形成几十毫秒之后，相界面及两侧的膜传质达到稳定。也就是说，相界面形成几十毫秒后，就算稳定了。

双膜理论的一个基本思想是在相界面处气液两相达到平衡，不存在传质阻力，传质的全部阻力存在于界面两侧的气膜和液膜之中。强化传质所采取的措施是增加界面湍动、增加相对流速以减少液膜厚度及加速液膜表面的更新。

可以设想，在液膜形成之初的几十毫秒内，气液两相以主体浓度相接触，即使界面处瞬时达到平衡，膜内浓度梯度尚未达到稳定，此时气膜内的反应物浓度接近主体浓度，远高于稳定传质时具有线性分布特性的平均浓度；与之类似，液膜之内亦远低于平均浓度；宏观传质强度将远大于稳定状态。没有化学反应的物理吸收情况与之大致相同。

另外，根据现有传质理论，气液相界面两侧膜的厚度是在几十微米数量级，超过这一厚度的部分视为气液相主体。可以设想，如果将液相或气相尤其是液相分散到物理尺度与膜厚相近的程度，传统传质理论中的液相主体就不存在了，宏观传质强度亦会大大提高。

本章之所以主要介绍稳定的膜内传质，是因为目前广泛使用的传质设备，无论是填料塔还是鼓泡反应器，相界面的寿命都远超过毫秒数量级，而且要想缩短相界面寿命即增大相界面的更新频率几无可能。近年来，出现了一种新型的传质与反应设备——超重力反应器。这种设备通过机械旋转产生的离心力，将液体在多孔填料中分散成微米尺度的液膜、液滴或液线，而且以毫秒计的时间间隔更新重组。这就使得宏观传质速率较填料塔或鼓泡塔有了数量级上的提高。关于超重力反应器，请参阅其它文献。

习 题

1. 以 25℃ 的水用逆流接触的方法吸收空气中的 CO_2，试求在操作时

（1）气膜和液膜的相对阻力是多少？

（2）采用哪种最简单形式的速率方程来设计计算吸收塔。

已知 CO_2 在空气和水中的传质数据如下：

$k_{AG} = 0.789 \text{mol} \cdot \text{h}^{-1} \cdot \text{m}^{-2} \cdot \text{kPa}^{-1}$

$k_{AL}=0.025 \text{m} \cdot \text{h}^{-1}$

$H_A=0.329 \text{mol} \cdot \text{m}^{-3} \cdot \text{kPa}^{-1}$

2.若采用 NaOH 水溶液吸收空气中的 CO_2，反应过程属瞬间反应

$$CO_2+2OH^- \Longrightarrow H_2O+CO_3^{2-}$$

吸收温度为 25℃（题 1 数据可用），请计算：

(1) 当 $p_{CO_2}=1.0133 \text{kPa}$，$c_{NaOH}=2 \text{mol} \cdot \text{L}^{-1}$ 时的吸收速率；

(2) 当 $p_{CO_2}=20.244 \text{kPa}$，$c_{NaOH}=0.2 \text{mol} \cdot \text{L}^{-1}$ 时的吸收速率；

(3) 它们与纯水吸收 CO_2 比较，速率比是多少？

3. 用纯水分别吸收氮气中的 NH_3，以及 CO 和 O_2，已知在操作温度（10℃）下 NH_3 的溶解度系数 $H_A=990 \text{mol} \cdot \text{m}^{-3} \cdot \text{kPa}^{-1}$；CO、$O_2$ 溶解度系数 $H_A=9.9 \times 10^{-3} \text{mol} \cdot \text{m}^{-3} \cdot \text{kPa}^{-1}$。假定 NH_3、CO、O_2 在水中即液相中传质系数相等，且 $k_{AG}=1.458 \times 10^{-4} \text{mol} \cdot \text{h}^{-1} \cdot \text{m}^{-2} \cdot \text{kPa}^{-1}$；$k_{AL}=0.36 \text{m} \cdot \text{h}^{-1}$。试求：

(1) 气膜和液膜阻力各为多少？

(2) 应采用哪种形式的速率式？

(3) 采用化学吸收是否都可用？为什么？

4. 在填料塔中用浓度为 $0.25 \text{mol} \cdot \text{L}^{-1}$ 的甲胺水溶液来吸收气体中的 H_2S，反应式如下：

$$H_2S+RNH_2 \longrightarrow HS^-+RNH_3^+$$
$$\text{(A)} \qquad \text{(B)} \qquad \text{(R)} \qquad \text{(S)}$$

反应可按瞬间不可逆反应处理，在 20℃时的数据如下：$F=3 \times 10^{-3} \text{mol} \cdot \text{cm}^{-2} \cdot \text{s}^{-1}$；$c_T=55.5 \text{mol} \cdot \text{L}^{-1}$；$p_T=101.3 \text{kPa}$；$k_{AL}\sigma=0.03 \text{s}^{-1}$；$k_{AG}\sigma=5.92 \times 10^{-7} \text{mol} \cdot \text{cm}^{-3} \cdot \text{kPa}^{-1} \cdot \text{s}^{-1}$；$D_{AL}=1.5 \times 10^{-5} \text{cm}^2 \cdot \text{s}^{-1}$；$D_{BL}=1 \times 10^{-5} \text{cm}^2 \cdot \text{s}^{-1}$。为使气体中 H_2S 浓度由 1×10^{-3}（摩尔分数）降到 1×10^{-6}（摩尔分数），求最小液气比和所需填料高度。

5. 已知气液反应 $A(g)+B(l) \longrightarrow P(l)$ 的本征动力学方程是 $-r_A=k_2 c_A c_B \text{mol} \cdot \text{cm}^{-3} \cdot \text{s}^{-1}$，反应在 70℃下进行时，$k_2=20 \text{cm}^3 \cdot \text{mol}^{-1} \cdot \text{s}^{-1}$。在一搅拌充分的反应器内，将含 A 为 20% 的气体在总压为 101.3kPa 下通入，若比表面积 $\sigma_{GL}=3.0 \text{cm}^2 \cdot \text{cm}^{-3}$，$\varepsilon_L=0.85$，$D_{AL}=2.2 \times 10^{-5} \text{cm}^2 \cdot \text{s}^{-1}$，$H_A=8.929 \times 10^{-5} \text{mol} \cdot \text{kPa}^{-1} \cdot \text{L}^{-1}$，$k_{AL}=0.07 \text{cm} \cdot \text{s}^{-1}$。气相阻力可忽略不计，求当 $c_B=4.0 \times 10^{-3} \text{mol} \cdot \text{cm}^{-3}$ 时的以单位容积床层计的宏观反应速率。

6. 在半间歇鼓泡塔中进行苯氯化生产一氯化苯的反应：

$$Cl_2(G)+C_6H_6(L) \longrightarrow C_6H_5Cl+HCl$$
$$\text{(A)} \qquad \text{(B)} \qquad \text{(R)}$$

为了控制副反应，确定苯的最终转化率为 0.45。某装置年生产能力为 8 万吨一氯化苯（每年以 7000h 计）。反应生成一氯化苯的选择性 $S_R=0.95$。在操作条件下，已知 $D_{AL}=7.57 \times 10^{-9} \text{m}^2 \cdot \text{s}^{-1}$；$c_{AI}=1.03 \text{kmol} \cdot \text{m}^{-3}$；$k_{AL}=3.7 \times 10^{-4} \text{m} \cdot \text{s}^{-1}$；$-r_A=-r_B=k c_A c_B$；$k=2.08 \times 10^{-4} \text{m}^3 \cdot \text{kmol}^{-1} \cdot \text{s}^{-1}$；$\rho_B=810 \text{kg} \cdot \text{m}^{-3}$；比表面积 $\sigma=200 \text{m}^2 \cdot \text{m}^{-3}$；装填系数 $\varphi=0.7$；平均气含率 $\varepsilon_G=0.2$，每批料辅助生产时间 $t'=15 \text{min}$，计算所需鼓泡塔反应器容积。

9

反应器的热稳定性和参数灵敏性

连续流动反应器一般是按定常态设计的，即规定了进料流量、组成和温度；反应器内物料浓度、温度、冷却（或加热）介质的温度、流量不随时间发生变化。实际生产过程中，上述诸参数不可能恒定不变，当出现某种干扰时，生产能否在最佳或接近最佳条件下进行，是值得注意的问题。

在前几章讨论过，反应速率随温度呈非线性变化，而传热速率却随温度呈线性变化。因此，进料组成或温度的任何波动，都可能引起反应放热与排除热量的不相适应，进而引起反应器内操作状态的变化。在热效应大、反应物初始浓度高、反应速率快的反应中尤为突出。

外部的干扰，造成反应器内可能出现二种情况。一种是反应器本身热稳定性良好，外部干扰不会引起系统操作状况大的变化，反应仍可在接近最佳状态下运行，一旦干扰除去，马上又恢复到原定常态下运行。这种定态称为稳定的定态。另一种情况是微小的干扰就足以使反应器的操作状态极大地偏离原先的定态，即使扰动消除，系统也不能恢复到原来状态。反应器的这种定态，称为不稳定的定态。反应器应设计在稳定的定态下运行。

全混流反应器内诸参数均一，数学处理较简单。本章首先讨论全混流反应器的热稳定性，接着讨论管式反应器的稳定性和参数灵敏性，并阐述热稳定性和参数灵敏性的一些基本概念。

9.1 全混流反应器的热稳定性

9.1.1 全混流反应器的热量衡算

全混流反应器的热量衡算式在 1.5.3 节中已经推出，得到：

$$Gc_p(T_1-T_2)+KA(T_w-T_2)+(-r_A)(-\Delta H_r)V_R=0 \qquad (1.5-6)$$

式中，G 为进口物流质量流量，$G=V_0\rho$，为混合物密度；c_p 为进口物流平均质量比热容；T_2 为反应器内温度；T_1 为进口物流温度；$-\Delta H_r$ 为反应的焓变；K 为总传热膜系数；A 为反应器传热面积；T_w 为冷却（或加热）面的壁温；$-r_A$ 为反应速率；V_R 为反应器内物料的体积。

将转化率关系式（1.4-29）代入式（1.5-6），在进口转化率为 0 时，可得反应过程的温度与转化率的关系如下：

$$V_0[\rho c_p(T_1-T_2)+c_{A0}x_A(-\Delta H_r)]=KA(T_2-T_w) \qquad (9.1-1)$$

进料在一定温度下反应达到所规定转化率时，需移走（放热反应）或供给（吸热反应）的热量不难由式（9.1-1）算出，从而可确定必需的换热介质用量。

9.1.2 全混流反应器的定态

定态下操作的全混流反应器，其操作温度和达到的转化率应满足物料及热量衡算式。设所进行的反应为一级不可逆放热反应，则：

$$-r_A=k_0\exp\left(\frac{-E}{RT}\right)c_A=k_0\exp\left(\frac{-E}{RT}\right)c_{A0}(1-x_A) \qquad (9.1-2)$$

$$V_R=\frac{V_0 x_A}{k_0\exp\left(\dfrac{-E}{RT}\right)(1-x_A)} \qquad (9.1-3)$$

将式（9.1-3）代入式（9.1-1）中，可得：

$$V_0[\rho c_p(T_1-T_2)+c_{A0}x_A(-\Delta H_r)]=KA(T_2-T_w)$$

$$V_0\rho c_p(T_1-T_2)+(\Delta H_r)k_0\exp\left(\frac{-E}{RT}\right)c_{A0}(1-x_A)V_R=KA(T_2-T_w)$$

$$\qquad (9.1-4)$$

联立求解式（9.1-3）、式（9.1-4），便得到定态操作温度及转化率。因为 $\tau=\dfrac{V_R}{V_0}$，则根据式（9.1-3）可得：

$$x_A=\frac{k_0\tau\exp\left(\dfrac{-E}{RT}\right)}{1+k_0\tau\exp\left(\dfrac{-E}{RT}\right)} \qquad (9.1-5)$$

代入式（9.1-4）得：

$$V_0\rho c_p(T_2-T_1)+KA(T_2-T_w)=\frac{V_R c_{A0}(-\Delta H_r)k_0\exp\left(\dfrac{-E}{RT}\right)}{1+k_0\tau\exp\left(\dfrac{-E}{RT}\right)} \qquad (9.1-6)$$

若反应为放热反应，则式（9.1-6）左边为移热速率 q_r，它由两项组成，第一项为使物料从温度 T_1 升高到操作温度 T_2 所需的热量，第二项则为冷却介质所带走的热量，即：

$$q_r=V_0\rho c_p(T_2-T_1)+KA(T_2-T_w) \qquad (9.1-7)$$

式（9.1-6）右边则为反应的放热速率 q_g，即：

$$q_g=\frac{V_R c_{A0}(-\Delta H_r)k_0\exp\left(\dfrac{-E}{RT}\right)}{1+k_0\tau\exp\left(\dfrac{-E}{RT}\right)} \qquad (9.1-8)$$

式（9.1-6）为 T 的非线性代数方程，解此式即得定态操作温度。如用作图法求解，分别以 q_r 和 q_g 对 T 作图，如图 9-1 所示。图 9-1 中移热速率线为一直

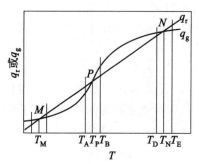

图 9-1 全混流反应器的
定态操作温度

线，这一点由式（9.1-7）可看出。该直线的斜率为 $V_0\rho c_p + KA$。由式（9.1-8）知，放热速率曲线为一 S 形曲线。曲线与直线的交点 M、P 及 N 所对应的温度即为定态操作温度，因为只有两者的交点才能满足 $q_r = q_g$ 的要求。这种情况，便属于多定态。T_M、T_P 及 T_N 均满足物料及热量衡算式，显然按 T_M 操作，转化率最低；按 T_N 操作，转化率最高。

三个定态点除了温度和转化率不同之外，还具有另一种不同的特性，即稳定性问题。所谓稳定性，指的是反应器操作受到外来干扰后的自衡能力。例如进料温度波动，必然引起反应温度波动，从而偏离了原来的定态。当进料温度恢复正常后，反应温度能否恢复到原来的定态温度？如果能，则称该定态点是稳定的定态点，否则为不稳定的定态点。

结合图 9-1，首先分析定点 N，其温度为 T_N，由于外来的干扰，温度上升至 T_E，但由图可见，$q_r > q_g$，移热速率大于放热速率，当扰动消除后，反应物系必然降温恢复到 T_N。同样，如由于干扰而降温到 T_D，此处 $q_r < q_g$，扰动消除后，必定升温至 T_N。所以，定态点 N 是稳定的。同样，对 M 点作分析，也可得出 M 点是稳定的结论。然而 P 点的情况就不一样了，当温度波动上升至 T_B 时，由于 $q_r < q_g$，纵使扰动消失，温度仍会继续上升至 T_N 为止。如由于波动而使温度降到 T_A，因为 $q_r > q_g$，必然继续降温，直至等于 T_M 为止。所以 P 点为不稳定的定态点。因此，设计全混流反应器时，应选择在稳定的定态点操作，一般选择在上定态点 N。M 点虽稳定，但转化率低，失去了实际价值。

由图 9-1 可见，在稳定的定态点 M 及 N 处，移热线的斜率大于放热曲线的斜率，即：

$$\frac{dq_r}{dT} > \frac{dq_g}{dT} \tag{9.1-9}$$

这是定态操作稳定的必要条件，但不是充分条件。也就是说，如果满足式（9.1-9），则定态可能是稳定的，若不满足该式，则定态一定是不稳定的。

随着操作条件的改变，定态温度也改变，图 9-2 为进料温度 T_0 与定态温度 T 的关系示意图。当进料温度从 T_G 慢慢地增加至 T_E 时，定态温度的变化如图中曲线 $GAFDE$ 所示。值得注意的是曲线在 F 点处是不连续的。定态温度突然增高，这一点称为着火点。继续提高进料温度时定态温度的升高不再出现突跃现象。若将进料温度逐渐降低，例如从 T_E 降至 T_G，定态温度则沿曲线 $EDBAG$ 曲线下降。这条曲线也存在一个间断点 B，此处定态温度出现突降。这点称为熄火点。着火与熄火现象对于反应器操作控制甚为重要，特别是开停工的时候。例如，若操作温度是在着

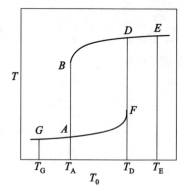

图 9-2 全混流反应器的着
火点和熄火点

火点附近，进料温度稍有改变，便会产生超温，可能破坏操作，烧坏催化剂或者可能产生爆炸等事故。在熄火点附近操作，则易产生突然降温以致反应终止。

由图 9-2 可见，当进料温度在 T_A 与 T_D 的范围内时，则产生多定态现象。在此温度范围之外，定态温度是唯一的。进料温度为 T_A 时，存在二个定态，即为图 9-2 中 A 点与 B 点相对应的温度，同样 T_D 时也存在二个定态。定态点数目的多少，取决于所进行化学反应的特征和反应器的操作条件，如进料温度和流量，反应器与环境的换热情况等。只有放热反应才可能出现多定态现象，而吸热反应的定态总是唯一的。

9.2 管式反应器的热稳定性

流体在管式反应器内作非理想流动，由于逆向扩散而产生返混。当轴向扩散系数很大时，反应器接近全混流反应器，有可能存在多重态操作和热稳定性问题。该问题可用上节阐明的原理去解决。本节只讨论轴向返混很小的管式反应器热稳定性问题。

返混较小的管式反应器，任一局部发生扰动，必然会引起局部的温度变化，该温度变化将影响反应器下游的工作状态，最终波及反应器出口。然而，该扰动的影响对上游部分影响很小，且随着扰动的影响向下游方向移动，最终至出口而"排出"时，整个反应器又恢复到原来由上游工况所决定的状态。这类反应器不会造成整体的多态操作和不稳定性。

对于具有良好壁面传热的管式反应器，传热方式主要是径向，轴向传热可忽略。局部稳定性问题将是局部（某一截面上）的径向温度分布引起的稳定性问题。

9.2.1 径向传热管式反应器的热量衡算方程

先用二维拟均相模型来讨论：

$$\lambda_r \left(\frac{\partial^2 T}{\partial r^2} + \frac{1}{r} \frac{\partial T}{\partial r} \right) + \lambda_Z \frac{\partial^2 T}{\partial l^2} - u\rho_g c_p \frac{\partial T}{\partial l} = (1-\varepsilon_B)(-R_A)(-\Delta H)$$

(6.3-4)

若不考虑轴向热量传递时，上式可简化为：

$$\lambda_r \left(\frac{d^2 T}{dr^2} + \frac{1}{r} \frac{dT}{dr} \right) = (1-\varepsilon_B)(-R_A)(-\Delta H)$$ (9.2-1)

边值条件 $r=0$，$\dfrac{dT}{dr}=0$

$r=\dfrac{d_t}{2}$，$T=T_W$

解式（9.2-1）可获得床内径向温度分布。

若动力学方程为：

$$(-R_A) = \eta f(c_{AS}) k_0 \exp\left[\frac{-E}{RT}\right]$$ (9.2-2)

并将式中变量改用无因次量表示：

$$z = \frac{r}{\frac{d_t}{2}}, \quad dz = \frac{dr}{\frac{d_t}{2}}, \quad \theta = \frac{T - T_w}{\frac{RT_w^2}{E}}$$

令

$$\delta = \frac{E d_t^2}{4 R T_w^2} \frac{\eta k_0}{\lambda_r} f(c_{AS}) \exp\left(\frac{-E}{RT_w}\right) (-\Delta H)(1 - \varepsilon_B) \qquad (9.2\text{-}3)$$

则式(9.2-1) 可化简为：

$$\frac{d^2\theta}{dz^2} + \frac{1}{z} \frac{d\theta}{dz} = -\delta \exp\left[-\frac{E}{R}\left(\frac{T_w - T}{T_w T}\right)\right] \qquad (9.2\text{-}4)$$

近似处理：

$$\frac{T_w - T}{T_w T} \approx \frac{T_w - T}{T_w^2}$$

可得：

$$\frac{d^2\theta}{dz^2} + \frac{1}{z} \frac{d\theta}{dz} = -\delta \exp(\theta) \qquad (9.2\text{-}5)$$

边值条件 $z = 0, \dfrac{d\theta}{dz} = 0$

$\qquad z = 1, \theta = 0$

微分方程式(9.2-5)，在 $\delta > 2.0$ 时，得不到有限解，这表明在 $\delta > 2.0$ 时，反应器的操作是不稳定的。因此，管式反应器的热稳定条件是：

$$\delta \leqslant 2.0 \qquad (9.2\text{-}6)$$

9.2.2 管式反应器允许的最大温度差及允许管径

管式反应器的热稳定条件是 $\delta \leqslant 2.0$，δ 为 2.0 时，方程的解为：

$$\theta_{max} = 1.37 \qquad (9.2\text{-}7)$$

因

$$\theta = \frac{T - T_w}{\frac{RT_w^2}{E}}$$

故

$$\frac{(T - T_w)_{max}}{\frac{RT_w^2}{E}} = 1.37$$

最大允许温差为：

$$(T - T_w)_{max} = 1.37\left(\frac{RT_w^2}{E}\right) \qquad (9.2\text{-}8)$$

管式反应器允许最大床层直径 d_{max} 也可由 $\delta = 2.0$ 求得。

令 $\qquad\qquad Q = (1 - \varepsilon_B)(-R_A)(-\Delta H) \qquad (9.2\text{-}9)$

Q 是单位床层体积内放出的热量，称为放热强度。有：

$$\delta = \frac{E d_{tmax}^2}{4 R T_w^2} \frac{Q}{\lambda_r} = 2$$

故 $\qquad\qquad d_{tmax} = \left(\frac{8 R T_w^2 \lambda_r}{EQ}\right)^{\frac{1}{2}} \qquad (9.2\text{-}10)$

式(9.2-8) 和式(9.2-10) 是管式反应器热稳定条件限制的最大径向温差和最大床层直径。这也能解释管式反应器设计控制的条件。

(1) 一些强放热反应，$(-\Delta H)$ 值很大，放热强度大（Q 值很大），及时取走反应热极为重要。然而，该类反应器却往往用较高温度的热载体作为冷却介质。表面上看来似乎是难以理解的，实际上由式(9.2-8) 可知，T_w 的下降，$(T-T_w)_{max}$ 一定时，反应器内温度 T 只能取低值，这显然对反应过程是不利的。

(2) 由式(9.2-10) 可知，催化剂活性大，放热强度 Q 大，要求床层直径减小。通常反应管直径不小于 20mm，因此，过大的催化剂活性不仅没有好处，反而有害。在已选定反应器后，催化剂活性应控制在一定范围内，以适应反应器的要求。

9.2.3 管式反应器的热点

现在讨论反应器的轴向温度分布规律。以一维拟均相理想流动模型为基础进行讨论，反应器的热平衡方程为：

$$\frac{dT}{dl} = \frac{1}{u_m \rho_g c_p}\left[(-\Delta H)(-R_A)(1-\varepsilon_B) - 4\frac{h_0}{d_t}(T-T_w)\right] \qquad (6.2-2)$$

当反应放热值与壁面传热值相等时，床层沿轴向无温度变化。若反应放热值大于壁面传热值时，床层沿轴向将有温度的升高。反之则下降。

流体刚进入反应器时，反应物的浓度较高，反应速度较快，反应放热也多。若此时壁面能全部将反应放出的热量移走，随着过程的进行，反应物浓度下降，使反应速率下降，反应放热量减少，而壁面传热量仍维持原值则必然造成床层温度的下降。

若在进口处壁面传热不能将反应放出的热量全部移走，则必然会造成床层沿轴向有温度的升高。随着过程的进行，由于床层温度的升高而加大了传热温差，使壁面传热量也随之增大，而反应放热量却因反应物浓度的下降而减少，使得床层温度沿轴向升高到一定值后，又随之下降。温度分布规律如图9-3所示。温度沿床层轴向分布曲线有极大值，此极大值称为热点。

若温度沿轴向升高很快，尽管随反应的进行，反应物浓度下降会使反应速率下降，但由于温度升高加大了反应速率常数值，总结果使反应速率不仅没有减慢，甚至迅速增快，而热量又不能及时通过壁面移走，就造成温度沿轴向急剧升高，以致失去控制，这种情况称为飞温。

影响热点温度的因素很多，操作过程中的进口温度、进口物料浓度和冷却介质的温度对热点均有很大影响。

热点温度如果控制适当，对过程是有利的。例如，可逆放热反应过程，其平衡转化

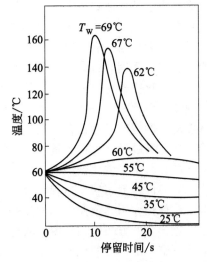

图9-3 管式反应器轴向温度分布

率随温度升高而下降，而反应速率在一定转化率时，随温度变化有极大值，即有最适宜温度值。对该类过程，如操作条件选择适当，有可能使床层沿轴向温度分布曲线与最佳温度曲线大体吻合，从而使反应器处于最佳操作状态。

9.3 反应器参数的灵敏性

床层内参数的灵敏性是一个极为重要的问题，它与反应器的安全性紧密相关。在这一节里讨论这一问题。

9.3.1 反应器的安全性

每个反应器的设计师和每个化工厂的操作人员都极为关心反应器的安全性。多数反应器都能按照为它们设计的操作方式平稳地进行操作，而少数反应器会发生严重的操作失常，这时就可能发生致命的事故。操作安全的反应器难得有人记住，而对反应器爆炸事故的痛苦回忆，会长久地留在人们的脑中。因此反应器设计师有责任检验和确保反应器平稳安全地操作。

催化反应器发生事故可能有各种原因。下面简要介绍其中最常见的几种。

（1）机械制造上的缺陷　已经知道，一些反应器事故是由于有的焊接工人不认真，错用电焊条，或由于管理不善和检验不严，未发现焊接缺陷，以至接缝焊接不良所造成的。这种反应器发生事故往往没有先兆。只要准备操作使用这种反应器的公司派出检验人员，在压力容器制造期间始终对每个过程进行严格的监督，这类错误是可以避免的。

（2）催化剂再生时温度过高超过额定值　器内再生催化剂的反应器，设计时要求适应两组条件：①稳态过程的温度和压力；②催化剂再生阶段的温度和压力。催化剂再生通常是用氮气或蒸汽稀释的氧气烧去其表面上的积炭。氧气的使用浓度约为 0.5%。燃烧反应以热峰的形式从反应器入口逐渐移到出口。这种反应必须小心地控制，不要使热峰的温度过高。如果催化剂直接与反应器接触，反应器器壁的设计则必须能承受热峰的预定温度。有时由于控制不好，燃烧温度可能升高到大大超过允许极限，并且可能未及时被操作人员发现。温度超过额定值会减弱焊缝强度，也许在反应器调回到正常操作后不久，压力容器就爆炸了。如果设计的反应器能够经受较高的再生温度，再生时又加以极其严密的监控，这类事故是可以预防的。记录再生温度将保证及时发现温度过高，避免反应器在壳体强度降低的情况下返回正常操作。当然，不在器内再生可以完全防止上述问题产生，反应器的设计可以只适合于一组条件，即稳态操作过程的条件。

（3）再生时催化剂破碎　现已知道，一定的再生方法会影响某些催化剂的强度，致使催化剂床层中出现粉尘。在随后的操作中，粉尘对某些未知的放热副反应会起催化作用，致使发生剧烈的温升，有时甚至导致反应器发生事故。通常是用改进再生的方法来预防粉尘的生成，如果做不到这一点，可以在每次再生后将催化剂筛一下，把催化剂粉尘取出反应器。

（4）有危险的反应　某些催化反应具有明显的危险性，有的对温度敏感，有的容易产生危险的副反应，而另一些则没有明显诱因也会偶然发生爆炸。如果这类反应的反应产物在工业上很重要，那么就会有人从事于这类危险反应的反应器的设计。设计师能够做到的最多是保证在压力容器的设计方面和制造方面，或者是再生方面的问题。为了安全，人们通常就把反应器放置在屏障或钢筋混凝土墙的后面，反应器中每一过程的操作和控制都必须在远距离处进行。这样，即使反应器发生爆炸，也不会伤人。爆炸的可能性导致保险费用提高，使化工产品的成本提高。

（5）过程控制问题　有时，设计完善、制造精确的反应器也会因为过程控制系统不适当而出现事故。在大多数放热过程中，某些参数，如组分比例、热交换条件等应该极严格地加以控制。如果这些参数控制不恰当，那么温度就可能大大超出额定值，使反应器出故障。

通常，在开始设计工作以前，都非常希望对反应系统进行分析并建立模型。良好的模拟程序能够准确指出温度超过额定值的可能性和动态过程控制中的薄弱环节，并防止出现控制问题。建立模型还能揭示参数敏感性方面的问题。

人们也常常会碰到因操作条件改变而对收率产生影响，并使反应器灵敏性发生变化，产生一连串"如果……怎么办？"等伤脑筋的问题。放大时不仅需要找出操作条件的适宜范围，而且还要通过试验决定不利的范围。

9.3.2　反应器参数的灵敏性

当反应器系统一个参数的微小变化引起其它参数有重大变化时，这种现象称为参数的灵敏性。例如图 9-4 表示的非恒温非绝热固定床反应器，当冷却剂温度（壁温）稍微提高，催化床层的最高温度（热点）有很大提高，即热点温度对冷却剂温度很敏感。在这里，首先讨论绝热反应器的灵敏性问题，然后再定性说明非等温非绝热反应器的灵敏性问题。

9.3.2.1　绝热式反应器的参数灵敏性

绝热式固定床反应器的返混很小，不存在反应器整体的热稳定性。它与壁面之间无热量传递，因此，也可忽略径向温度差。对放热反应过程，沿床层轴向温度始终是递增的，故不存在热点温度。反应器各处状态仅决定于进口条件。绝热固定床反应器床内参数的灵敏性是一个重要的问题。

假设绝热式固定床反应器径向温度均一，对该类反应器的讨论，可采用一维拟均相理想流动模型。

物料衡算为：

$$\frac{dx_A}{dl} = \frac{-R_A(1-\varepsilon_B)}{u_{m0}c_{A0}} \qquad (6.2\text{-}1)$$

热量衡算为：

$$\frac{dT}{dl} = \frac{1}{u_m\rho_g c_p}\left[(-\Delta H)(-R_A)(1-\varepsilon_B) - 4\frac{h_0}{d_t}(T-T_w)\right] \qquad (6.2\text{-}2)$$

在绝热条件下两式相除得：

$$\frac{dT}{dx_A} = \frac{(-\Delta H)c_{A0}}{\rho_g c_p} = \Delta T_{ab} \qquad (9.3\text{-}1)$$

式中，ΔT_{ab} 为绝热温升。

下面分别讨论进口温度、浓度的改变对过程的影响。

(1) 进口温度对床层参数的影响 若流体进口温度为 T_0，出口温度为 T，若进口温度有 dT_0 的变化，则出口气体温度也将出现 dT 的变化。dT/dT_0 称为温度灵敏度。

若反应动力学方程为：

$$-r_A = k_0 \exp\left(\frac{-E}{RT}\right) f(c_A)$$

其中

$$\exp\left(\frac{-E}{RT}\right) = \exp\left(\frac{-E}{RT_0}\frac{1}{1+\frac{T-T_0}{T_0}}\right)$$

$$\approx \exp\left[\frac{-E}{RT_0}\left(1-\frac{\Delta T}{T_0}\right)\right]$$

$$= \exp\left(\frac{-E}{RT_0}\right)\exp\left(\frac{E\Delta T}{RT_0^2}\right)$$

若令 $\delta = \dfrac{E\Delta T}{RT_0^2}$ 为灵敏性指数，可得：

$$k = k_0 \exp\left(\frac{-E}{RT_0}\right)\exp(\delta) = k_{T_0}\exp(\delta) \tag{9.3-2}$$

将式(9.3-2) 代入热平衡方程，且将反应物浓度近似看成常数，可得积分解：

$$\frac{RT_0^2}{E}(1-e^{-\delta}) = \Delta T_{ab}\left[\frac{k_{T_0}f(c_A)}{c_{A0}}\right](1-\varepsilon_B)L \tag{9.3-3}$$

对 T_0 求导得：

$$2\frac{RT_0}{E}(1-e^{-\delta}) + e^{-\delta}\left(\frac{d\Delta T}{dT_0} - \frac{2\Delta T}{T_0}\right) = 1-e^{-\delta} \tag{9.3-4}$$

通常 $\dfrac{E}{RT_0} \gg 2$，且 $\dfrac{\Delta T}{T_0}$ 值也较小，将上述两项忽略不计，式(9.3-4) 可简化为：

$$\frac{d\Delta T}{dT_0} = e^{\delta} - 1$$

由此可得：

$$\frac{dT}{dT_0} = e^{\delta} \tag{9.3-5}$$

对于绝热式固定床反应器，可根据工艺条件、操作特性及控制调节能力等确定一个合理的灵敏度 $\left(\dfrac{dT}{dT_0}\right)$，由此可计算出反应器允许的进出口流体温度差值：

(2) 进口气体浓度对床层参数的影响 根据热平衡方程与物料衡算方程联解可得：

$$\frac{dT}{dx_A} = \frac{(-\Delta H)c_{A0}}{\rho_g c_p} = \Delta T_{ab} \tag{9.3-1}$$

或

$$\Delta x_A = \frac{\Delta T}{\Delta T_{ab}} = \frac{\rho_g c_p \Delta T}{(-\Delta H)c_{A0}} \tag{9.3-6}$$

由于反应器的灵敏度决定了流体进、出口的温差值，希望通过绝热反应器获得较高转化率只能从降低绝热温升着手。对于已确定的反应过程，反应热是恒定的，定压热容变化也不大，故最好的办法是在原料气中掺入惰性气体（不参与反应的气体），这样可以降低反应物的浓度，从而降低了绝热温升值，达到提高反应转化率的目的。工业上通常采用水蒸气作为稀释剂，出口气体经冷却冷凝便可除去水分。

9.3.2.2 非恒温非绝热反应器的灵敏性

前面已提到，稍微提高非恒温非绝热固定床反应器的冷却剂温度，催化剂床层的最高温度（热点）就有很大提高，即热点温度对冷却剂的温度很敏感。非恒温非绝热固定床反应器还有许多其他的参数敏感性，如入口温度和浓度。Froment 曾计算过理想的单相非恒温非绝热固定床反应器在单级反应器壁温恒定，流体密度恒定，流体和固体间无温差和压差情况下的敏感性。反应温度 T 对分压 p 的敏感性示于图 9-4 中。从图中可看到，在 p 值低时，几乎没有什么热点。当 p 上升超过 1.6kPa 时，温度开始越过 650K。在 $p=1.8$kPa 时，在反应器长度 0.7m 处产生热点，温度约 680K。敏感性在这里形成峰值。p 值只需再增加 0.02kPa，热点就增加 37K。当 p 达到 1.9kPa 时，温度就会失控。图 9-5 示出了反应温度 T 对进口温度 T_0 的敏感性（设 T_0 等于器壁温度 T_w），可以看到，温度从 625K 到 627K 时，热点看不出有什么大的提高。但是只要将温度再提高 1K，就会形成 766K 的热点峰值。在设计这种或其他型式的反应器时，设计师首先必须研究所有的敏感性，最好方法是进行模拟分析并建立模型。工艺设计师必须通过合理控制各种参数努力使这些敏感性减到最少，还必须利用适当的过程控制手段防止温度失控。从上述情况可以得出结论，参数敏感性和反应器安全是密切相关的。

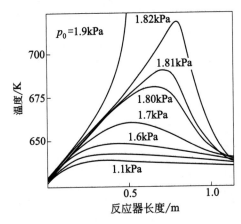

图 9-4 非恒温非绝热固定床反应器
内温度曲线图，表示温度对
反应物分压的敏感性

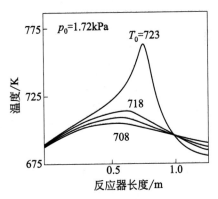

图 9-5 非恒温非绝热固定床反应器
内温度曲线图，表示温度对进口
温度 T_0 的敏感性
（$T_w = T_0$，T_w 为反应器壁温）

习 题 答 案

第 1 章

5. (1) $r_A = -k_1 c_A c_B^2 + k_2 c_C - k_3 c_A c_C + k_4 c_D$

$r_B = -2k_1 c_A c_B^2 + 2k_2 c_C$

$r_C = k_1 c_A c_B^2 - k_2 c_C - k_3 c_A c_C + k_4 c_D$

$r_D = k_3 c_A c_C - k_4 c_D$

6. $k_P = 1.655 \times 10^{-12} \, mol \cdot m^{-3} \cdot s^{-1} \cdot Pa^{-3}$

7. 二级反应，$-\dfrac{dc_A}{dt} = kc_A^2$

8. $N_C = 0.15 kmol$

9. 三级反应

10. $\dfrac{dp_{总}}{dt} = (3p_{A0} - p_{总})$

11. 二级反应，$k = 1.0898 \times 10^{-5} \, m^3 \cdot kmol^{-1} \cdot s^{-1}$

12. $\dfrac{dp_R}{dt} = 0.48 MPa \cdot s^{-1}$，$\dfrac{dn_S}{dt} = 0.032 kmol \cdot s^{-1}$，$-\dfrac{dy_A}{dt} = 0.8 s^{-1}$

13. $t = 2s$

14. $V_R = 1.2 m^3$

15. $t = 30.6 min$

16. $V_R = 0.1077 m^3$

17. $t = 12.7 min$

18. $E = 7421 J \cdot mol^{-1}$

19. $\varepsilon_A = -1/3$

20. $S_V = 0.09 s^{-1}$，$V_R = 1.075 m^3$

21. $x_A = 0.9264$

22. $V_{R1} = 0.025 m^3$，$V_{R2} = 0.051 m^3$，$V_{R3} = 0.029 m^3$

23. $x_A = 50\%$，$V_R = 2 \times 10^{-3} m^3$，$x_A = 38.2\%$

24. $c_B = 0.2 kmol \cdot m^{-3}$，$c_D = 1.1 kmol \cdot m^{-3}$，$k_1 = 2.963 \times 10^{-3} m^3 \cdot$
kmol $\cdot s^{-1}$，$k_2 = 4.889 \times 10^{-3} m^3 \cdot kmol^{-1} \cdot s^{-1}$

第 2 章

3. $\dfrac{V_m}{V_p} = \dfrac{-x_A}{(1-x_A)\ln(1-x_A)}$

4. $v_A = v_B = 0.24 m^3 \cdot h^{-1}$

5. $(-r_A) = -\dfrac{dc_A}{dt} = 0.05776 c_A - 0.02888 c_P$

6. $c_{P1} = 0.5 kmol \cdot m^{-3}$，$c_{P2} = 1.25 kmol \cdot m^{-3}$，$c_{P3} = 0.81 kmol \cdot m^{-3}$

7. $\tau_1 = 4.76\text{min}$，$\tau_2 = 9.2\text{min}$，$\tau_3 = 3.91\text{min}$，$\tau_4 = 1.71\text{min}$

8. 略

9. 0.9955

10. $c_{R1} = 1\text{mol} \cdot \text{m}^{-3}$，$c_{R2} = 0.462\text{mol} \cdot \text{m}^{-3}$

11. 一级可逆反应，$-r_A = 0.131p_A - 0.0327(p_{A0} - p_A)$

12. $T_{opt} = \dfrac{3560}{\ln\left(3.37 \times 10^{11} \dfrac{p_R}{p_A p_B}\right)}$

当 $p_{A0} = p_{B0}$，$p_{R0} = 0$ 时

$$T_{opt} = \dfrac{3560}{\ln\left(3.37 \times 10^{11} \dfrac{x_A(1 - 0.5x_A)}{p_{A0}(1 - x_A)^2}\right)}$$

13. $x_{Af} = \dfrac{2k\tau}{1 + 2k\tau}$ $c_{A0} x_{Af} \dfrac{v_0}{2} = \dfrac{kc_{A0}V_R}{1 + 2k\tau}$

14. 三并十一串，$x_A = 65.14\%$

15. $c_B = 0.3338\text{kmol} \cdot \text{m}^{-3}$

16. $\dfrac{\mathrm{d}x_A}{\mathrm{d}t} = kc_{A0}^2(1 - x_A)\left(\dfrac{3 - 2x_A}{1 - 0.5x_A}\right)^2$

17. (1) $-r_A = k_1 p_A^a p_B^b (RT)^{-(a+b)} - k_2 p_R^r p_S^s (RT)^{-(r+s)}$

(2) $-r_A = k_1 y_A^a y_B^b \left(\dfrac{p}{RT}\right)^{(a+b)} - k_2 y_R^r y_S^s \left(\dfrac{p}{RT}\right)^{(r+s)}$

(3) $-r_A = k_1 c_{A0}^a (1 - x_A)^a \left(c_{B0} - \dfrac{1}{2} c_{A0} x_A\right)^b (1 + \varepsilon_A x_A)^{-(a+b)} -$

$k_2 \left(c_{R0} + \dfrac{1}{2} c_{A0} x_A\right)^r \left(c_{S0} + \dfrac{1}{2} c_{A0} x_A\right)^s (1 + \varepsilon_A x_A)^{-(r+s)}$

18. $V_{R1} = 5.41\text{m}^3$，$V_{R2} = 8.382\text{m}^3$

19. 67 根并联

20. $\tau = 78.02\text{s}$，$\bar{t} = 70.3\text{s}$

21. 5m^3

22. $\tau = 2.65\text{s}$

23. $c_A = 0.05\text{kmol} \cdot \text{m}^{-3}$，$c_B = 0.0234\text{kmol} \cdot \text{m}^{-3}$，$c_C = 0.0066\text{kmol} \cdot \text{m}^{-3}$，$c_{P1} = 0.0066\text{kmol} \cdot \text{m}^{-3}$，$c_{P2} = 0.0434\text{kmol} \cdot \text{m}^{-3}$

24. $c_S = 9.333\text{kmol} \cdot \text{m}^{-3}$

25. $y_{O_2} = 0.057$，$y_{NO} = 0.017$，$y_{NO_2} = 0.068$，$y_{N_2} = 0.858$

26. $t_r = 341\text{min}$

27. $c_A = 0.6\text{kmol} \cdot \text{m}^{-3}$，$c_R = 0.28\text{kmol} \cdot \text{m}^{-3}$，$c_S = 2.12\text{kmol} \cdot \text{m}^{-3}$，$V_R = 37.5\text{m}^3$

28. $F_P = 3.413\text{kmol} \cdot \text{h}^{-1}$，$V_R = 2.549\text{m}^3$

第 3 章

1. $\bar{t} = 33.33\text{min}$，$\sigma_t^2 = 272.2\text{min}^2$

2. $\bar{t} = 7.68\text{min}$，$\sigma_t^2 = 10.14\text{min}^2$

3. $\bar{\theta}=1$, $\sigma_\theta^2=0.245$

4. $x_A=0.7308$, $c_A=c_B=5.384\text{mol} \cdot \text{m}^{-3}$, $c_D=14.616\text{mol} \cdot \text{m}^{-3}$, $\text{PFR}_{x_A}=0.7692$, $\text{CSTR}_{x_A}=0.5821$

5. 凝集流模型 $x_{A1}=0.7475$

多级混合槽模型 $x_{A2}=0.7556$

PFR $x_{A3}=0.811$

CSTR $x_{A4}=0.625$

6. 闭-闭边界 $Pe=6.993$，$\bar{x}_A=0.7578$

7. （1）1，∞，0，0，0

（2）0.632，0.368，0.551，0.449，0.301

（3）1，0，0，∞，$\bar{\theta}$

8. $c_{\text{PFR}}=2\times10^{-4}\text{mol} \cdot \text{m}^{-3}$，$c_{\text{CSTR}}=1.3976\times10^{-4}\text{mol} \cdot \text{m}^{-3}$

9. 略

10. 损失 1.264kmol

11. $x_A=0.8154$

$c_A=0.5538\text{kmol} \cdot \text{m}^{-3}$，$c_B=c_C=1.496\text{kmol} \cdot \text{m}^{-3}$，$c_D=0.977\text{kmol} \cdot \text{m}^{-3}$

12. 含 A 39.5%

第 4 章

1. （1）$A+\sigma \rightleftharpoons A\sigma$

$B+\sigma \rightleftharpoons B\sigma$

$A\sigma+B\sigma \rightleftharpoons C\sigma+\sigma$（控制步骤）

$C\sigma \rightleftharpoons C+\sigma$

（2）$A+\sigma_1 \rightleftharpoons A\sigma_1$

$B+\sigma_2 \rightleftharpoons B\sigma_2$

$A\sigma_1+B\sigma_2 \longrightarrow C\sigma_2+\sigma_1$（控制步骤）

$C\sigma_2 \rightleftharpoons C+\sigma_2$

（3）$A+\sigma \rightleftharpoons A\sigma$

$B+\sigma \rightleftharpoons B\sigma$

$A\sigma+B \longrightarrow C+\sigma$（控制步骤）

（4）$B+\sigma \rightleftharpoons B\sigma$

$A+B\sigma \longrightarrow C\sigma$（控制步骤）

$C\sigma \rightleftharpoons C+\sigma$

2. 设为表面反应控制

（a）$A+\sigma \rightleftharpoons A\sigma$

$A\sigma \longrightarrow R\sigma+S$（控制步骤）或（$A\sigma \rightarrow R+S\sigma$）

$R\sigma \rightleftharpoons R+\sigma$

（b）$A+\sigma \rightleftharpoons A\sigma$

$A\sigma \longrightarrow R+S+\sigma$（控制步骤）

（c）$A+\sigma \rightleftharpoons A\sigma$（控制步骤）

$A\sigma \rightleftharpoons R\sigma+S$

$$r_0 = \frac{k_S K_A p_{A0}}{1 + K_A p_{A0}}$$

$$\frac{p_{A0}}{r_0} = \frac{1}{k_S K_A} + \frac{p_{A0}}{k_S}$$

由实验数据作 $\frac{p_{A0}}{r_0}$-$\frac{p_{A0}}{k_S}$ 图得一直线，故与所设机理相符。

3. (1)a 为控制步骤 $\quad r = \dfrac{k_1 p_A - k_2 \dfrac{K_3}{K_2} p_S p_R}{\dfrac{K_3}{K_2} p_S p_R + K_3 p_R + 1}$

     c 为控制步骤 $\quad r = \dfrac{k_5 K_1 K_2 p_A / p_S - k_6 p_R}{1 + K_1 p_A + K_3 K_1 K_2 p_A / p_S}$

(2)b 为控制步骤 $\quad r = \dfrac{k_3 K_1 p_A - k_4 K_3 p_S p_R}{K_3 p_R + K_1 p_A + 1}$

当吸附很弱时，$K_1 \ll 1$，$K_3 \ll 1$

则 $r = k_3 K_1 p_A - k_4 K_3 p_S p_R$

对丁二烯是一级反应。

4. 提示 $\theta_M \neq 0$，$\theta_S = 0$，$\theta_A = \theta_H$

5. $r = r_1 = \dfrac{k_1 p_{CO} - k_1' \dfrac{K_3 K_4}{K_2^2} \dfrac{p_{CH_3OH}}{p_{H_2}^2}}{1 + K_2 p_{H_2} + \dfrac{K_3 K_4}{K_2^2} \dfrac{p_{CH_3OH}}{p_{H_2}^2} + K_4 p_{CH_3OH}}$

$$r = r_3 = \frac{k_3 K_1 K_2^2 p_{CO} p_{H_2}^2 - k_3' K_4 p_{CH_3OH}}{(1 + K_1 p_{CO} + K_2 p_{H_2} + K_4 p_{CH_3OH})^3}$$

$$r = r_4 = \frac{k_4 K_1 K_2^2 K_3 p_{CO} p_{H_2}^2 - k_4' p_{CH_3OH}}{1 + K_1 p_{CO} + K_2 p_{H_2} + K_1 K_2^2 K_3 p_{CO} p_{H_2}^2}$$

6.(1) CO 均匀表面吸附为控制步骤：

$$r = r_1 = \frac{k_1 p_{CO} - \dfrac{k_1' K_3 K_4 K_5}{K_2} \dfrac{p_{CO} p_{H_2}}{p_{H_2O}}}{1 + K_2 p_{H_2O} + K_4 p_{CO_2} + K_5 p_{H_2} + \dfrac{K_3 K_4 K_5}{K_2} \dfrac{p_{CO_2} p_{H_2}}{p_{H_2O}}}$$

(2) 焦姆金 CO 表面非均匀吸附模型：

令 $\alpha = \dfrac{g}{g+h}$ $\beta = \dfrac{h}{h+g}$ $\alpha + \beta = 1$

$\vec{k} = k_a \left(\dfrac{K_2}{K_0}\right)^\alpha$ $\overleftarrow{k} = k_d \left(\dfrac{K_0}{K_2}\right)^\beta$

$$r = (-r_{CO}) = \vec{k} p_{CO} \left(\frac{p_{H_2O}}{p_{CO_2} p_{H_2}}\right)^\alpha - \overleftarrow{k} \left(\frac{p_{CO_2} p_{H_2}}{p_{H_2O}}\right)^\beta$$

α，β 由实验决定

7. 提示：第（1）、(2)步反应速率相等

$$r = \frac{k_1(k_2 + k_1') p_A - k_1' \left[k_1 p_A + \dfrac{R_2' p_B}{k_3}\right]}{k_2 + k_1' + k_1 p_A + \left[(k_2 + k_1' + k_2')/K_3\right] p_B}$$

第 5 章

1. $D_e = 1.145 \times 10^{-3} \text{cm}^2 \cdot \text{s}^{-1}$

2. $D_e = 1.55 \times 10^{-3} \text{cm}^2 \cdot \text{s}^{-1}$

3. $\eta_1 = 0.228$，$\eta_3 = 0.5373$

4. $\eta = 0.7052$

5. $d_{max} = 0.18 \text{cm}$

6. $\eta = 0.201$

7. $\eta = 0.3346$，$\Delta T_{max} = -4.812K$

8. 第一步必须确定消除内、外扩散的颗粒粒度及气流速度和装置；第二步测定本征动力学；第三步在循环反应器中测定原颗粒的宏观动力学。

9. 定义式 $(-R_A) = \dfrac{\displaystyle\int_0^{V_S} (-r_A) \, dV_S}{\displaystyle\int_0^{V_S} dV_S}$ 计算式 $-R_A = \eta(-r_{AS})$

两者都反映了宏观反应速率与本征反应速率之间的关系。颗粒内实际反应速率受颗粒内浓度、温度分布影响，用定义式是难于计算的。而计算式将过程概括为颗粒表面反应速率与效率因子的关系，而效率因子通过颗粒内扩散、颗粒内浓度、温度分布规律可以计算，得到总体颗粒的宏观速率。

第 6 章

1. $\Delta p = 3296 \text{Pa}$

2. $V_R/(V_R)_C = 14.24$

3. $W_1 = 5.75 \text{kg}$，$W_2 = 9.06 \text{kg}$，$W_3 = 23.087 \text{kg}$

4. $\eta = 0.3976$

5. (1) 在 AMN 线上，M 为最大速率点，N 为最小速率点。

   (2) 在 BCD 线上，C 为最大速率点，D 为最小速率点。

6.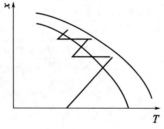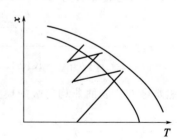

第 7 章

1. $u_{mf} = 1.929 \times 10^{-4} \text{m} \cdot \text{s}^{-1}$

2. $u_T = 1.4 \text{m} \cdot \text{s}^{-1}$

3. (1) $u_{mf} = 9.661 \times 10^{-3} \text{m} \cdot \text{s}^{-1}$ (2) $u_T = 0.08856 \text{m} \cdot \text{s}^{-1}$

   (3) $u = 0.044 \text{m} \cdot \text{s}^{-1}$

4. $L_f = 0.909 \text{m}$，$L_2 = 10.938 \text{m}$

5. 催化剂用量增加 15.5%

6. $x_A = 0.9896$，$L_2 = 2.7363 \text{m}$

第 8 章

1. 气膜阻力占 1.03%，液膜阻力占 98.97%，$-r_A = k_{AL}S(H_A p_A - c_{AL})$

2. （1）$-R_A = 0.8\text{mol} \cdot \text{m}^{-2} \cdot \text{h}^{-1}$

   （2）$-R_A = 2.285\text{mol} \cdot \text{m}^{-2} \cdot \text{h}^{-1}$

   （3）速率比为 97；速率比为 13.87

3. （1）对 NH_3

   气膜阻力 $247\text{m}^2 \cdot \text{kPa} \cdot \text{h} \cdot \text{mol}^{-1}$，占 71%

   液膜阻力 $101\text{m}^2 \cdot \text{kPa} \cdot \text{h} \cdot \text{mol}^{-1}$，占 29%

   对 CO 和 O_2

   气膜阻力 $247\text{m}^2 \cdot \text{kPa} \cdot \text{h} \cdot \text{mol}^{-1}$，占 0.00244%

   液膜阻力 $1.01 \times 10^7 \text{m}^2 \cdot \text{kPa} \cdot \text{h} \cdot \text{mol}^{-1}$，占 99.76%

   （2）对 CO、O_2 微溶气体 $-\dfrac{dn_A}{dt} = k_{AL}S(H_A p_{AG} - c_{AL})$

   对 NH_3 易溶气体 $-\dfrac{dn_A}{dt} = \dfrac{S\Delta p}{\dfrac{1}{k_{AG}} + \dfrac{1}{H_A k_{AL}}}$

   （3）对易溶气体，气膜阻力为主，化学吸收增强不显著。对难溶气体，液膜阻力为主，化学吸收增强显著。

4. $L/G \geqslant 0.22$，$H = 2.3\text{m}$

5. $-R_A = 9.29 \times 10^{-5}\text{kmol} \cdot \text{m}^{-3}\text{s}^{-1}$

6. $V_R = 42.81\text{m}^3$

符 号 表

A 关键组分；面积

A_T 反应管（床）截面积

Ar 阿基米德（Archemedas）数
$$\left(=\frac{d_P^3\rho g(\rho_P-\rho)}{\mu^2}\right)$$

a, b, …化学反应式计算系数

B，R，…反应组分

Bo 朋特（Bodenstein）数$\left(=\frac{gd_t^2\rho_L}{\sigma_L}\right)$

c 组分浓度

c_{BL}^0 组分临界浓度

C_D 曳力系数

c_p，$\overline{c}_p$ 分别为定压热容、平均热容

D、d 直径

D、D_e、D_k 分别为分子扩散系数、有效扩散系数和克努森扩散系数

Da 坦克莱（Damköhler）数$\left(=\frac{\eta V_S k}{k_g S_S\varphi}\right)$

d_0 微孔孔径

E 活化能

$E(t)$ 停留时间分布密度函数

E_r，E_z 分别为径向和轴向混合扩散系数

F 摩尔流量

Fr 弗鲁特（Froude）数$\left(Fr_{mf}=\frac{u_{mf}^2}{d_p g}\right)$

$F(t)$ 停留时间分布函数

G 质量流量

Ga 伽利略（Galileo）数$\left(=\frac{gd_t^2}{\nu_L}\right)$

g 重力加速度

H 液层高；填料高；亨利常数

ΔH 焓变

h 给热系数

I 任意组分或惰性组分

I_0，I_1 第一类0阶1阶贝塞耳函数

i 变量，相界面

J_D 传质J因子

J_H 传热J因子

K 化学平衡常数；吸附平衡常数；相平衡常数；总传热系数

K_G，K_L 分别为以气相或液相推动力为基准的总括传质系数

k 反应速率常数

k_c、k_p 分别以浓度或压力为基准的反应速率常数

k_0 频率因子

k_G、k_L 分别为气膜及液膜传质系数

L 床高；管长，液体的衡摩尔流量

L_P 催化剂比活性

l 长度变量

M 相对分子质量

m 反应级数或催化剂质量

m_T 示踪剂总量

N 釜数，段数

Nu 努塞尔（Nusselt）数$\left(=\frac{hD}{\lambda}\right)$

n 物质的量或反应级数或反应管数

p 压力

Δp 压降

Pe 彼克列（Peclet）数$\left(=\frac{d_t U}{E_z}\right)$

Pr 普兰特（Prandtl）数$\left(=\frac{C_p\mu}{\lambda}\right)$

$p*$ 与液相主体浓度相平衡的气相分压

q_g，q_r 反应放热速率，散热速率（第九章）

q 吸附热

R 管、床、粒子半径

R 气体常数（$=8.314J\cdot K^{-1}mol^{-1}$）；宏观反应速率

Re 雷诺（Reynolds）数$\left(=\frac{du\rho}{\mu}\right)$

r 反应速率；半径

S 相界面；表面积

S_g 粒子的比表面积

S_p，$\overline{S}_p$ 分别为瞬时选择性和平均选择性

Sc 施米特（Schmidt）数$\left(=\frac{\mu}{\rho D}\right)$

Sh 谢沃尔（Sherwood）特数$\left(=\frac{k_L d}{D}\right)$

S_v 空速

T 温度

$\bar{t}$ 平均停留时间

t' 辅助生产时间

U 总括传热系数

u，u_0，u_m 分别为流速、进口流速和平

均流速

u_b 气泡上升速度

u_{mf} 初始流化速度

u_T 逸出速度

V 体积

V_0 入口体积流量

v 扩散体积

x 转化率

Y 比摩尔分数

y 摩尔分数；收率

z 轴向坐标

a 化学方程计量系数

β 循环比；能量释放系数；化学增强因子

γ 膜内转化系数；阿累尼乌斯数

γ_b，γ_c，γ_e 气泡内、气泡晕、乳化相中颗粒体积与气泡体积之比

δ 膨胀因子

δ_G，δ_L 分别为气膜及液膜厚度

ε 空隙率；膨胀率；气含率

ε_B，ε_P 分别为床层空隙率和粒子空隙率

ε_G，ε_L 分别为气含率和液含率

η 催化剂有效因子

θ，$\bar{\theta}$ 分别为无因次时间和无因次平均停留时间

θ_v，θ_I 分别为空位率和I组分覆盖率

λ 热导率；分子平均自由程；摩擦系数；绝热温升

μ 黏度

ρ 密度

σ 表面张力；活性中心；比相界面

σ^2 方差

τ 空间时间；形状因子；曲折因子

φ_s 西勒模数

φ 颗粒外表面利用系数，形状系数，装填系数

ξ 反应程度

υ 运动黏度

下标

A，B，…不同组分

B 床层

a 吸附

ad 绝热

av 平均

b 积累量；气泡

C 浓度

c 计算；催化剂

d 解吸

e 平衡态；有效；实验

f 出口

G，g 气相

h 传热

I 惰性组分或任意组分

i 相界面上

in 进入

L 液相

m 全混流；平均值；修正值；空塔；混合物

max 极大值

min 极小值

NO 标准态

0 初始态；进料；分布器孔

opt 最佳态

out 离开

P 粒子；平推流

p 目的产物

R 反应器

r 反应，径向

S 固体、比表面，表面

s 副产物

T，t 总的；反应器（管）

V 体积

W 壁

Z 轴向

1 进口，始态

2 出口，终态

参 考 文 献

[1] 李绍芬. 反应工程. 第 2 版. 北京：化学工业出版社，2000.

[2] 陈甘棠. 化学反应工程. 第 2 版. 北京：化学工业出版社，1990.

[3] 朱炳辰. 化学反应工程. 第 4 版. 北京：化学工业出版社，2007.

[4] 张濂，许志美，袁向前. 化学反应工程原理. 上海：华东理工大学出版社，2000.

[5] 姜信真. 化学反应工程简明教程. 西安：西北大学出版社，1987.

[6] 拉塞 F. 化学反应器设计. 北京：化学工业出版社，1982.

[7] Forgler H. Elements of Chemical Reaction Engineering. 4th ed. 北京：化学工业出版社，2006.

[8] 福格特 H. 化学反应工程. 李术元，朱建华译. 原著第 3 版. 北京：化学工业出版社，2005.

[9] Missen W，Mims A，Saville A. Introduction to Chemical Reaction Engineering and kinetics. Chichester：John Wiley & Sons，1999.

[10] Froment G F. Bischoff K B. 反应器分析与设计. 邹仁鋆等译. 北京：化学工业出版社，1985.

[11] Charles G. Hill JR. An Introduction to Chemical Engineering Kinetics & Reactor Design. Chichester：John wiley & sons，1977.

[12] Octave Levenspiel. Chemical Reaction Engineering. 3rd ed. Chichester：John Wiley & Sons，1999.

[13] 刘宝鸿，杨雷库. 化学反应器. 第 2 版. 北京：化学工业出版社，2003.

[14] 周波，张荣成. 反应过程与技术. 北京：高等教育出版社，2006.

[15] 陈炳和，许宁. 化学反应过程与设备. 北京：化学工业出版社，2005.

[16] 佟泽民. 化学反应工程. 北京：中国石化出版社，1993.

[17] 屠雨恩，周为民，许根慧. 有机化工反应工程. 北京：中国石化出版社，1995.

[18] 罗康碧，罗明河，李沪萍. 反应工程原理. 北京：科学出版社，2005.

[19] 尹芳华，李为民. 化学反应工程基础. 北京：中国石化出版社，2000.

[20] 张濂，许志美. 化学反应器分析. 上海：华东理工大学出版社，2005.

[21] 梁斌等. 化学反应工程. 北京：科学出版社，2006.

[22] 朱开宏，房鼎业. 工业反应过程分析导论. 北京：中国石化出版社，2003.

[23] 张军，张守臣，王立秋. 反应工程. 大连：大连理工大学出版社，2004.

[24] Nauman E 著. 反应器的设计、优化和放大. 朱开宏，李伟，张元兴译. 北京：中国石化出版社，2004.

[25] 朱开宏，袁渭康. 化学反应工程分析. 北京：高等教育出版社，2002.

[26] 朱开宏. 化学反应工程分析例题与习题. 上海：华东理工大学出版社，2005.

[27] 廖晖，辛峰，王富民. 化学反应工程习题精解. 北京：科学出版社，2003.

[28] Octave Levenspiel 著. 化学反应工程习题题解. 施百先，张国泰译. 上海：上海科学技术文献出版社，1983.

[29] 王安杰，周裕之，赵蓓. 化学反应工程学. 北京：化学工业出版社，2005.

[30] 毛在砂. 陈家镛. 化学反应工程学基础. 北京：科学出版社，2004.

[31] 张濂，许志美，袁向前. 化学反应工程原理. 上海：华东理工大学出版社，2000.

[32] 张濂，许志美，袁向前. 化学反应工程原理例题与习题. 上海：华东理工大学出版社，2002.

[33] 丁百全，房鼎业，张海涛. 化学反应工程例题与习题. 北京：化学工业出版社，2001.

[34] 王承学，胡永琪. 化学反应工程. 第二版. 北京：化学工业出版社，2015.